21 世纪电子商务与现代物流管理系列教材

计算机网络与商务网站技术

主　编　刘卫东

中国水利水电出版社
www.waterpub.com.cn

内 容 提 要

本书知识覆盖全面，侧重应用，全面阐述了计算机网络应用技术，由浅入深，将抽象的理论渗透到具体的应用实践中，易于理解、方便实用是本书的主要特点。本书共分8章，主要内容包括计算机网络应用基础、计算机网络设备配置、计算机网络操作系统、计算机网络安全技术、网络综合布线技术、网络工程技术、商务网站的组建技术、网站应用实例。

本书可作为高等职业技术学院、高等专科学校、成人高校等相关专业的计算机网络、计算机网络工程、计算机网络应用教材，也可以用作培训机构、民办高校的计算机网络应用教材，还可供本科院校、计算机网络工程技术人员和爱好者参考使用。

本书配有免费电子教案，读者可以从中国水利水电出版社网站以及万水书苑下载，网址为：http://www.waterpub.com.cn/softdown 或 http://www.wsbookshow.com/。

图书在版编目（ＣＩＰ）数据

计算机网络与商务网站技术 / 刘卫东主编. -- 北京：
中国水利水电出版社，2014.1
21世纪电子商务与现代物流管理系列教材
ISBN 978-7-5170-1455-3

Ⅰ. ①计… Ⅱ. ①刘… Ⅲ. ①计算机网络－高等学校
－教材②电子商务－网站－高等学校－教材 Ⅳ.
①TP393②F713.36

中国版本图书馆CIP数据核字(2013)第288309号

策划编辑：杨庆川   责任编辑：宋俊娥   加工编辑：刘晶平   封面设计：李 佳

书　　名	21世纪电子商务与现代物流管理系列教材 **计算机网络与商务网站技术**
作　　者	主　编　刘卫东
出版发行	中国水利水电出版社 （北京市海淀区玉渊潭南路 1 号 D 座　100038） 网址：www.waterpub.com.cn E-mail：mchannel@263.net（万水） 　　　　sales@waterpub.com.cn 电话：（010）68367658（发行部）、82562819（万水）
经　　售	北京科水图书销售中心（零售） 电话：（010）88383994、63202643、68545874 全国各地新华书店和相关出版物销售网点
排　　版	北京万水电子信息有限公司
印　　刷	三河市铭浩彩色印装有限公司
规　　格	184mm×260mm　16 开本　17.5 印张　457 千字
版　　次	2014 年 1 月第 1 版　2014 年 1 月第 1 次印刷
印　　数	0001—4000 册
定　　价	32.00 元

凡购买我社图书，如有缺页、倒页、脱页的，本社发行部负责调换
版权所有·侵权必究

前　　言

计算机网络与商务网站技术是一门工程应用性非常强，跨计算机网络、建筑施工、项目管理、数据库设计、网站设计等多学科的应用技术。本书的编写力求通俗易懂，方便易用，突出其工程性、实用性。本书作者参与了多个计算机网络系统集成项目的设计与实施，并且多年在高职院校从事计算机网络一线教学，有着坚实的理论基础和丰富的实践经验，本书通过多个具体的实例详细论述了计算机网络与商务网站应用的全过程。

本书共分 8 章。第 1 章计算机网络应用基础，主要介绍计算机网络的基本概念与基本原理，包括传输介质、网络拓扑结构、网络体系结构、局域网技术、广域网技术和数据通信技术等相关知识，为后续章节奠定坚实的理论基础；第 2 章计算机网络设备配置，从网络设备介绍、网络设备配置基础、交换机配置、路由器配置四个方面，由浅入深详细论述了常用网络设备的调试方法与调试技巧；第 3 章计算机网络操作系统，以 Windows Server 2003 为例讲述了网络操作系统的详细配置，主要包括 Windows Server 2003 的安装、用户与组的管理、权限管理、DNS 服务器配置、DHCP 服务器配置、Web 服务器配置、FTP 服务器配置、邮件服务器配置等；第 4 章计算机网络安全技术，从网络设备安全、网络操作系统安全配置、数据加密技术、计算机防病毒技术和防火墙技术等多个方面，详细地介绍了常用的网络安全防御方法与技巧，为计算机网络安全应用奠定基础；第 5 章网络综合布线技术，从网络综合布线的组成、设计、实施和测试等方面详细论述了综合布线的全过程；第 6 章网络工程技术，主要包括网络工程基础、网络工程规划、网络工程的招标与投标等；第 7 章商务网站的组建技术，从商务网站的规划、搭建商务网站网络软硬件平台等多个方面论述了商务网站常用的组建技术；第 8 章网站应用实例，通过一个具体的网站应用实例，详细阐述了网站设计、实施的全过程。本书的每一章课后都有大量的习题，由浅入深，方便读者消化吸收所学知识。

本书由刘卫东任主编，负责全书的统稿工作，其中第 1~4、8 章由刘卫东编写，第 5、7 章由李志彤编写，第 6 章由刘根钰编写。另外参加本书部分编写工作的还有郭淑芳、李伯勇、杨缨、李克娇、何丽斌、任元广、赫威、王冠虎、匡学东等。

在编写过程中参考了多个企业、学校的计算机网络系统集成方案和应用实例，并查阅了大量的相关书籍和资料，在此对提供资料的企业、学校表示感谢。

由于编者水平有限，加上时间仓促，书中难免有不妥和错误之处，恳请广大读者批评指正。

编　者
2013 年 10 月

目　　录

第 1 章　计算机网络应用基础

💬 知识点：

- 计算机网络、网络协议、传输介质、拓扑结构、OSI、TCP/IP
- 局域网、广域网、数据通信技术

✏ 难点：

- 拓扑结构、TCP/IP 协议
- 数据编码技术、数据交换技术

◆ 要求

熟练掌握以下内容：
- 计算机网络基本概念、传输介质、拓扑结构
- 计算机网络体系结构、计算机局域网、数据通信技术

了解以下内容：
- 计算机网络分类
- 计算机广域网

1.1　计算机网络概述

1.1.1　计算机网络的基本概念

现代人生活离不开网络，无论是学习、工作、生活还是娱乐，都与网络息息相关。网络改变人们传统的生活方式，是信息和服务的共享，是资源的宝库。

计算机网络是把地理位置分散、具有独立功能的计算机，通过通信设备和线路连接，通过网络协议实现信息传输和资源共享的系统。计算机网络是"通信技术"与"计算机技术"相结合的产物。数据交换是基础，资源交换是目的。

为了使不同厂商、不同结构的系统能够顺利进行通信，通信双方必须遵守共同一致的规则和约定，如通信过程的数据传输的顺序、数据格式、编码方式等。这些为完成网络中的数据交换而建立的规则、标准或约定称为网络协议。网络协议主要由语法、语义、时序三部分组成。

网络协议对于计算机网络来说是必不可少的。不同结构的网络、不同厂家的网络产品所使用的协议可以不一样，但必须遵循协议标准，以方便网络产品之间互连。在同一个网络中，建议采用相同的网络协议。如果网络协议不同，则需要借助于网关实现协议翻译，方可正常通信。

1.1.2　计算机网络的功能

建立计算机网络的目的就是实现数据的远程传递与共享，计算机网络最基本的功能是在传输的

源计算机和目标计算机之间实现无差错的数据传输。计算机网络主要功能包括以下几个方面。

1. 数据通信

计算机的数据通信功能使不同地区的用户、计算机及进程可以方便地通过网络进行对话，并交换数据和信息。计算机网络高效、快捷的通信手段改变了人们的传统生活方式，同时为企业创造惊人的经济效益，如电子邮件、网络聊天等。

2. 资源共享

资源共享是计算机网络的重要功能，它突破地理位置的限制，使网络资源得到高效利用，网络资源主要包括硬件资源、软件资源和数据资源。硬件资源主要指高性能的计算机（如服务器）、大容量的存储设备（如海量存储器）、特殊的外围设备（如打印机、绘图仪）；软件资源指程序设计语言、开发工具和应用程序等；数据资源指各种类型的数据库和应用数据文件等。资源共享既可以使用户减少投资，又可以提高这些计算机资源的利用率。

3. 高可靠性

在网络系统中，当通信线路或计算机出现故障时，网络中的备份线路或计算机可以立即接替，完成相关任务，如双机热备、RAID 技术、路由技术等。

4. 分布式网络处理和负载均衡

分布式处理是把处理任务分散到各个计算机上完成，利用可替代资源，提供连续的高可靠性服务，均衡使用网络资源，既降低了系统软硬件成本，又能提高系统效率，实现均衡负载，相互协作，如云计算。

1.1.3　计算机网络的发展史

计算机网络成几何级数迅速发展，从高不可攀的实验室尖端技术到家喻户晓。现如今，计算机网络已成为人们日常生活必不可少的重要组成部分，遍布于日常生活的各个领域。计算机网络的发展大致分四个阶段：面向终端的网络、计算机通信网、开放式标准化网络、网络互联与高速网络。

1. 面向终端的网络

它由一台主机和多台终端组成，只有一台有处理能力的主机，其作用是处理用户的作业、控制终端请求，解决了多个用户共享主机资源的问题。但终端只能与主机通信，终端间无法通信，主机负荷大，并且实现远程访问通信费用高。

2. 计算机通信网

随着计算机的高速发展，计算机大量的应用，资源共享的需求越来越紧迫，分组交换技术应运而生，分组交换技术将计算机网络分为通信子网和资源子网两部分。这一阶段典型的网络技术有 IBM 公司的 SNA 网络、DEC 公司的 DNA 网络、美国国防高级计划研究署 ARPANET 等。其中，ARPANET 是标志性计算机网络，它是现在流行的国际互联网的前身。

3. 开放式标准化网络

由于每个厂家的计算机网络产品互不兼容，采用不同的网络体系结构中的计算机主机之间无法互相连接和通信，导致技术垄断且发展缓慢。在 20 世纪 70 年代末期，国际标准化组织 ISO（International Standard Organization）成立了开放系统互联 OSI（Open System Interconnection）分委员会，提出了 ISO/OSI 开放系统互联网络体系结构参考模型，要求各厂家网络产品采用统一的网络体系结构，并遵循该模型开发出相应的网络软硬件产品，从而便于不同厂商的计算机网络软硬件产品方便互联与通信。

4. 网络互联与高速网络

ARPANET 的迅速发展，使支持异种网络互联、路由功能强大的 TCP/IP 协议逐渐成为网络通信的主流协议，并得到了广泛应用。现如今，Internet 网络、Intranet 网络、Extranet 网络均采用 TCP/IP 协议。

1.1.4　计算机网络的分类

计算机网络按照不同方式划分，有不同种类，常用的分类方法有覆盖的地理范围、使用的传输介质、通信的方式、企业和公司管理分类方式、服务的方式等。

1. 按照网络覆盖的地理范围分类

按照覆盖的地理范围，计算机网络分为局域网、城域网和广域网 3 种，这是最常用的划分方法。

（1）局域网（LAN）。局域网是在有限的地理区域内将各种计算机、终端与外部设备互联成网，连接成一个数据共享集体，实现各计算机间的数据通信。局域网一般是属于一个部门或一个单位的专用网络，范围一般不超过 10km，如一间办公室、一幢大楼、一个校园内、一个网吧等。局域网具有组建灵活、成本低廉、运行可靠、速度快、应用广泛等特点。

（2）城域网（MAN）。城域网的覆盖范围一般是一个城市，它是在局域网不断普及、网络产品增加、应用领域拓展等情况下兴起的。城域网的设计目的是满足几十公里范围内的大型企业、机关、公司共享资源的需要，从而可以在大量用户之间进行高效的数据、语音、图形图像及视频等多种信息的传输。城域网可视为数个局域网相连而成。例如，一个公司的各个分公司、专卖店分布在城市各处，各自拥有自己的局域网，将这些网络相互连接起来，便形成一个城域网。

（3）广域网（WAN）。广域网又称远程网，覆盖范围广阔，为规模最大的网络。它所覆盖的地理范围从几十公里到几千公里。可以覆盖一个城市、一个地区、一个省、一个国家甚至横跨几个洲，形成国际性的计算机网络。广域网通常可以利用公用网络（如公用数据网、公用电话网、光缆、卫星通信等）进行组建，将分布在不同国家和地区的局域网、城域网连接起来，提供跨地区、跨国或全球间的联系，达到资源共享的目的。例如，大型企业在全球各城市都设立分公司，各分公司的局域网相互连接，即形成广域网。广域网的传输距离远，更容易发生传输差错，连接速度通常低于局域网和城域网，使用的设备也相当昂贵。典型的广域网就是 Internet。

2. 按照传输介质分类

按照传输介质分类，计算机网络分为有线网和无线网两种。

（1）有线网。采用有线传输介质，如同轴电缆、双绞线、光缆连接的计算机网。这是最常见的一种网络，数据传输速度快。

（2）无线网。用空气作传输介质，用电磁波作为载体传播数据，如无线局域网、手机上网、广播电视网、卫星网、微波网等。近些年，无线网发展非常迅速，但无线网的数据传输速度慢，对周围环境有一定的要求，安全性能较差，目前还无法替代有线网，是有线网的有效补充。

3. 按照通信方式分类

按照通信方式分类，计算机网络分为点到点网络和广播式网络两种。

（1）点到点网络。主机之间存在着若干对的相互连接关系时，便组成了点到点的网络。在点到点网络中，为了实现网络通信，将数据从信源发送到目的地，网络上的分组可能要通过一个或多个中间节点接收、存储和转发。因此，在点到点网络中采用何种路由算法选择最佳路径十分重要。

（2）广播式网络。只有一条通信信道，数据在共用的通信信道中传输。当从网络中任何一台主机发出一个数据包时，网上所有的主机都可以接收到该数据包，并且将自己的地址与数据包的目标地址进行比较，如果相同，则接收该数据包，否则将其丢弃。

广播式网络适用于传输距离短、网络内工作站点少的小型网络，而点到点网络适合于大型网络，如互联网。

4. 按照企业和公司管理分类

按照企业和公司管理分类，计算机网络分为内部网、内联网、外联网、因特网。

（1）内部网（Innernet）。内部网是指企业内部独立的网络。

（2）内联网（Intranet）。内联网也是企业内部独立的网络，内联网采用 TCP/IP 协议，利用 Internet 技术，为企业内部提供完整的网络解决方案。

（3）外联网（Extranet）。将 Intranet 的构建技术扩展到与自己相关的其他企业网，采用 Internet 技术，利用 TCP/IP 协议为企业与企业之间提供完整的网络解决方案。

（4）因特网（Internet）。国际互联网。

5. 按照服务方式分类

按照服务方式分类，计算机网络分为对等网、客户机/服务器模式和浏览器/服务器模式。

（1）对等网。关系对等，不设置专用服务器，每一台设备可以同时是客户机和服务器，各站点共享彼此的信息资源和硬件资源，易于实现和操作，不需要服务器和管理人员，成本较低。但采用对等网时数据分散存放，管理不太方便且无安全保障，适合于小型网络。

（2）客户机/服务器模式（C/S）。服务器是提供共享资源及服务的设备，数据集中存放在服务器上。客户机是获取资源和服务的设备，从服务器上下载需要的资源，在本机使用。

在客户机/服务器网络中，操作软件分为服务器端网络操作系统和客户端软件，它们分别运行在服务器和客户机上。采用客户机/服务器模式的网络数据集中管理，安全性高，但成本较高，一般需要配备专业的网络管理人员，适合于大型网络。

（3）浏览器/服务器模式（B/S）。共享资源集中存放在服务器上，与客户机/服务器模式不同的是，其全部业务处理都放在服务器上，且客户机不用安装专门的客户端软件，只需使用浏览器，通过浏览器向服务器发出请求，相关处理在服务器端完成，并返回相应的 HTML 页面给客户端浏览器。浏览器/服务器模式与软、硬件平台无关，是目前主要应用模式之一。

1.2　传输介质

传输介质是网络中发送方与接收方之间的物理通道。传输介质分为有线传输介质和无线传输介质两大类。有线传输介质主要包括双绞线、同轴电缆和光缆；无线传输介质主要包括无线电波、微波、红外线、激光。

1.2.1　双绞线

双绞线是最常用的一种传输介质，由多对按螺旋式结构排列的绝缘线组成。绝缘线采用的材质主要是铜或铜包着钢，其螺旋式结构排列提供了平衡的能量辐射，消除电磁干扰，可降低信号干扰的程度。

双绞线既可以用来传输模拟信号，也可以用来传输数字信号，特别适用于较短距离的数字信息传输。计算机网络使用的双绞线可以分为非屏蔽双绞线（UTP）和屏蔽双绞线（STP）两种。

非屏蔽双绞线抗干扰性不如屏蔽双绞线，易受外部干扰。但由于其价格低廉且易于安装和使用，广泛应用于建筑物内部的局域网。由于其材质为金属，信号在线路上传输时，需要消耗能量来克服传输介质上固有的电阻，形成信号衰减，并且距离越长，衰减越大，其传输距离为100m。目前，局域网使用的非屏蔽双绞线主要分为三类线、四类线、五类线、超五类线和六类线。这些非屏蔽双绞线外观很类似，但其传输质量、抗干扰能力有很大区别。其中，三类线、四类线主要用于10M网络的连接，五类线主要用于100M网络的连接，超五类线和六类线主要用于1000M网络的连接。图1-1是超五类非屏蔽双绞线的外观图，包含八芯线，两两双绞螺旋排列。

　　非屏蔽双绞线传输信息时要向周围辐射，信息很容易被窃听，屏蔽双绞线很好地解决了这个问题，其在绞线和外皮间夹有一层铜网或金属屏蔽层，以减小辐射。与非屏蔽双绞线相比，屏蔽双绞线价格较高、安装困难，但具有很强的抗电磁、抗干扰的能力。

　　使用双绞线联网，需要在其两端压制 RJ-45 接头，以便与网络设备连接。采用的线序通常为568B，如图1-2所示，从左至右依序为橙白、橙、绿白、蓝、蓝白、绿、棕白、棕。

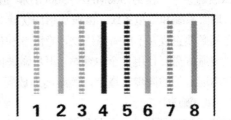

图 1-1　非屏蔽双绞线示意图　　　　　　　　图 1-2　568B 线序

1.2.2　同轴电缆

　　同轴电缆由两根同轴的导体组成，共有四层。最内层的中心导体主要成分是铜芯或铜线束，中心导体的外层为绝缘层，包着中心导体层。再向外一层为屏蔽层，主要成分是铜丝或铝箔，对中心导体起着屏蔽的作用，它能减少外部的干扰，提高传输质量。同轴电缆的最外部为外层保护套，可以保护内部两层导体和加强拉伸力。

　　局域网常用的同轴电缆有粗同轴电缆（简称粗缆）和细同轴电缆（简称细缆）两种，特征阻抗都为50Ω。细缆的直径为0.5cm，传输距离为185m；粗缆的直径较大，为1cm，如图1-3所示，传输距离为 500m。使用同轴电缆联网时，为了阻止信号反射，需要在网络的两端安装 50Ω的终结器。

图 1-3　粗同轴电缆示意图

1.2.3　光缆

　　光缆由光纤、包层、保护填充物、保护层等组成，如图1-4所示。光纤是传输光束的细而柔韧的介质，其折射率很高，成对使用，一根传送，另一根接收，通常由非常透明的石英玻璃拉成细丝而成；包层由折射率很低的玻璃或塑料组成。光线从高折射率的光密介质（光纤）射向低折射率的光疏介质（包层）时，由于折射角大于入射角，光线碰到包层时就会折射回光纤。这个过程不断重复，光也就沿着光纤一直传输下去。光缆利用全反射将光线限制在光导玻璃中，即使在弯曲的情况下，光也能传输很远的距离。

　　光纤按照轴芯的模式分为多模光纤和单模光纤两种。多模

图 1-4　光缆示意图

光纤轴芯较粗，为 50~100μm，由发光二极管驱动，光是发散的，多反射角，限制了传输距离，但成本较低，适用于短距离数据传输。单模光纤轴芯较细，为 5~10μm，使用注入型激光二极管，光束集中，单反射角，传输距离远，适用于长距离数据传输。

光缆是数据传输中最有效的一种传输介质，其频带宽，衰减较小，不受电源冲击、电磁干扰和电源故障的影响，电磁绝缘性能好，适合于室外布线和长距离数据传送。其缺点是安装复杂，成本较高。

1.2.4　无线介质

无线介质主要包括微波、激光、红外线等。

1. 微波通信

微波的频率范围为 300MHz~300GHz，但主要是使用 2~40GHz 的频率范围，有两种主要的方式：地面系统和卫星系统。微波通信的优点是通信容量大、误码率低、通信稳定可靠。缺点是相邻站之间必须直视，不能有障碍物，隐蔽性和保密性较差，对环境、气候敏感，费用较高，并且远距离微波通信需要使用多个中继站。卫星微波的通信距离更远，且通信费用与通信距离无关。只要在地球赤道上空的同步轨道上，等距离地放置 3 颗卫星，就能基本上实现全球通信。

2. 激光通信

激光通信把要传输的信号转换成激光信号直接在自由空间沿直线进行传播。激光通信的带宽高、方向性好、保密性能好，但其传输效率受天气影响较大，多用于短距离的数据传输。

3. 红外线通信

红外线通信把要传输的信号转换成红外光信号，直接在自由空间沿直线进行传播，不受电磁干扰和射频干扰的影响，不需要经过有关部门审批，可直接使用。红外线通信既可以进行点到点通信，也可以进行广播式通信，其数据传输速率较低，必须可视，不能穿越障碍物，适合于短距离、低速数据传输。

1.2.5　传输介质的选型

衡量传输介质性能的主要技术指标有传输距离、传输带宽、衰减、抗干扰能力、价格、可靠性、支持的数据类型、安装难易程度等。双绞线易于安装、价格低廉、传输速度快，但传输距离短，适用于楼宇内的结构化布线，是目前网络使用最广泛的传输介质。同轴电缆比双绞线传输的距离远，但材质较硬，折曲困难，安装复杂且传输速度较慢，适用于对速度要求不太高的网络布线，目前主要应用于电视数据传输。

与双绞线和同轴电缆相比，光缆的传输速度更高，其传输速度可以超过 2Gb/s。并且其传输的是光信号不是电脉冲，抗干扰能力强、抗雷击、安全可靠性高，适合于远距离数据传输和室外数据传输，是网络主干线路的首选。无线介质在速度、可靠性方面与有线介质相比有很大的差距。目前，无线介质是有线介质的补充，主要用在不适合布线的区域。

1.3　计算机网络拓扑结构

计算机网络拓扑结构是指网络中各节点相连接的方法和形式。节点即网络单元，常见的节点有工作站、服务器、集线器、交换机等。两个节点间的连线称为链路，物理链路是实际存在的通信连线，其对应的拓扑结构为物理拓扑。逻辑链路是在逻辑上起作用的网络通路，其对应的拓扑结构为逻辑拓扑。目前，常用的网络拓扑结构有总线型、星型、环型、树型和网状等。

1.3.1　总线型拓扑结构

总线型拓扑所有节点共享一台数据通道（总线），节点通过相应的硬件接口直接连接到该总线上，如图 1-5 所示。总线型拓扑采用广播方式在网络中传递信息，在同一时刻只允许一个站点向信道上发送数据。

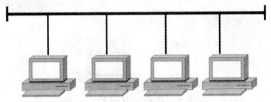

图 1-5　总线型拓扑结构示意图

总线两端安装有 50Ω的终结器，终结器的作用是吸收信号，阻止信号反射。当站点进行传输时，线路上信号自动向两个方向传播，若未遇终结器，则信号在到达总线节点后产生反射信号，进行反方向传输，从而一个信号传输可能占据所有可用的带宽，阻止其他站点传输。

总线型拓扑结构的优点是使用少量电缆，布线方便且价格低廉，易于扩展。其缺点是共享通道，同一时刻只允许一个站点发送数据，而且故障诊断、隔离困难。

1.3.2　星型拓扑结构

星型拓扑结构由中心设备和通过点到点链路连接到中心设备的各站点组成，如图 1-6 所示。在星型拓扑结构中，中心设备负责向目的站点传送信息，是网络中的关键设备，一旦失效将会导致全网络瘫痪，存在单点故障。常用的中心设备有集线器和交换机。

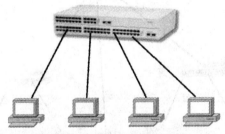

图 1-6　星型拓扑结构示意图

集线器采用广播方式将传输的数据发送到网络中，网络上所有的计算机都可以接收到该数据包，并且将自己的地址与数据包的目标地址进行比较，如果相同，则接收该数据包，否则将其丢弃。交换机采用交换方式将传输的数据直接发送到指定的目标计算机。

星型拓扑结构的优点是安装简单，故障隔离方便，易于维护和调试。缺点是所有站点都需要通过单独线路与中心设备连接，需要布放大量的电缆，工作量大，成本高，且中心设备存在单点故障。星型拓扑结构目前广泛地应用于计算机网络中，是最主要的一种拓扑结构。

1.3.3　环型拓扑结构

环型拓扑将网络中各站点通过点到点的通信线路连接成一个闭合环路，环中数据将沿一个方向逐站单向传送，是一种简单的对等局域拓扑结构，如图 1-7 所示。在环型拓扑结构中，每个网络节点都有两个连接，即离它最近的两个邻居。

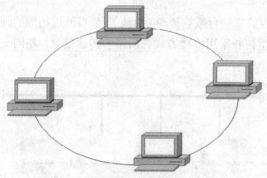

图 1-7   环型拓扑结构示意图

在环型拓扑结构中，所有节点共享同一个环形信道，环上传输的任何数据都必须经过所有节点，每个网络节点都作为一个中继器，接收并响应传送给它的数据包，并把数据包传递给环中的下一个网络节点。

对于环型拓扑结构，节点的增加、删除以及环路的维护和管理都比较复杂，并且环中只要有节点出现故障，将导致全网络瘫痪。

1.3.4   树型拓扑结构

树型拓扑结构中的各节点形成一个层次化的结构，如图 1-8 所示。树型结构是星型结构的扩展，其优点是易于扩展、故障隔离容易；缺点是对根的依赖性太大，如果根发生故障，则全网络瘫痪。

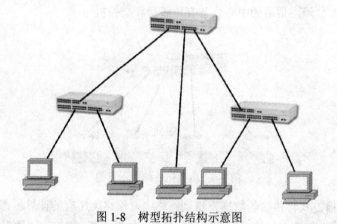

图 1-8   树型拓扑结构示意图

1.3.5   网状拓扑结构

网状拓扑结构中节点任意连接，没有规律，任意两个节点之间不一定有直接链路连接。此时，二者间的通信依靠其他节点转接，如图 1-9 所示，广域网基本上都采用网状拓扑结构。

网状拓扑结构的优点是节点之间有多条路径可供选择，局部故障不会影响整个网络的正常工作，可靠性高，并且易于扩充。其缺点是结构复杂，建设成本相应较高，必须采用流量控制法和路由选择算法来实现数据的传送。

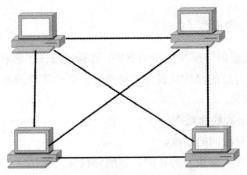

图 1-9　网状拓扑结构示意图

1.4　计算机网络体系结构

1.4.1　标准化组织

在计算机网络领域有很多标准化组织，负责制定网络相关标准，主要有 ISO、IEC、ANSI、IEEE 等。

1. ISO

国际标准化组织（ISO）是一个全球性非政府组织，由世界各地 90 多个不同的标准化组织构成。ISO 是国际标准化领域中一个十分重要的组织，成立于 1946 年，总部在瑞士日内瓦，定义所有领域的国际标准，开放系统互联参考模型就是由 ISO 制定的网络通信标准。

2. IEC

国际电工委员会（IEC）成立于 1909 年，总部在日内瓦，建立所有电气和电子领域国际标准，会员来自 40 多个国家。

3. ANSI

美国国家标准学会（ANSI）致力于国际标准化事业和实现消费品方面的标准化，是 ISO、IEC 的会员。

4. IEEE

电气电子工程师学会（IEEE）定义、出版电话通信和数据通信标准，开发可被 ANSI 接受的标准，是美国规模最大的专业学会，其最大成果是定义了局域网和城域网标准 802 系列。

1.4.2　网络体系结构

网络体系结构是计算机网络的分层、各层协议和层间接口的集合。其核心是网络系统的逻辑结构和功能分配定义。世界上第一个网络体系结构是 1974 年由 IBM 公司提出的系统网络体系结构（System Network Architecture，SNA）。以后其他计算机厂商也分别提出了各自的计算机网络体系结构，如 1975 年 DEC 公司提出了数字网络体系结构（Digital Network Architecture，DNA）。

1977 年，为支持计算机之间的互联所需的功能层，建立全球标准，ISO 成立了一个委员会，在现有网络的基础上，提出了不基于具体机型、操作系统或公司的网络体系结构，称为开放系统互联模型（Open System Interconnection，OSI），并陆续推出了有关协议的国际标准，从而使 OSI 网络体系结构更为完善。

1.4.3 开放系统互联参考模型（OSI）

OSI 参考模型是一个描述网络层次结构的框图，其标准保证了各种类型网络技术的兼容性、互操作性。OSI 参考模型采用分层的结构化技术，将通信会话中需要的不同进程分为 7 个不同的功能层，每一层解决一个不同问题。

1. OSI 参考模型划分层次的原则

（1）网络中各节点都有相同的层次。

（2）不同节点相同层次具有相同的功能，按照协议实现通信。

（3）同一节点相邻层间通过接口通信，每一层使用下层提供的服务，并向上层提供服务。

2. OSI 参考模型的结构

OSI 参考模型分层从低到高依次是物理层（Physical Layer）、数据链路层（Data Link Layer）、网络层（Network Layer）、传输层（Transport Layer）、会话层（Session Layer）、表示层（Presentation Layer）和应用层（Application Layer），如图 1-10 所示。

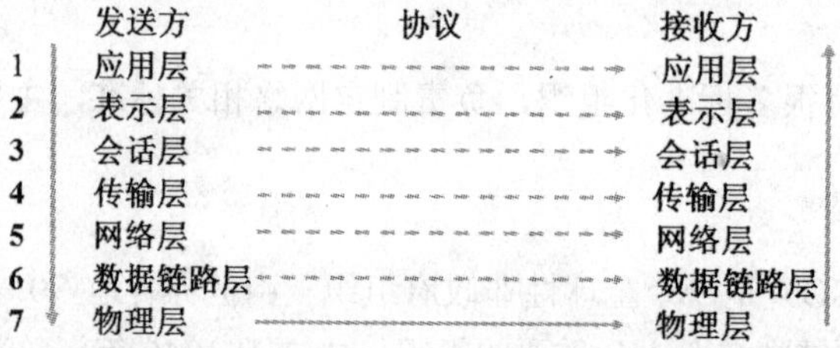

发送方	协议	接收方
1 应用层	- - - - - - →	应用层
2 表示层	- - - - - - →	表示层
3 会话层	- - - - - - →	会话层
4 传输层	- - - - - - →	传输层
5 网络层	- - - - - - →	网络层
6 数据链路层	- - - - - - →	数据链路层
7 物理层	———————→	物理层

图 1-10　OSI 的 7 层体系结构示意图

3. OSI 参考模型各层的主要功能

（1）物理层。

物理层是 OSI 参考模型的最低层，是唯一直接负责传输数据的层，它直接与传输介质相连。在局域网中，传输介质由用户自己安装，而在广域网中，传输介质由通信公司提供。物理层的任务就是为数据链路层提供一个物理连接，以便在相邻节点之间无差错地传输和接收二进制位流。物理层对高层屏蔽掉具体传输介质的差异，保证比特流的透明传输。与物理层相关的网络设备有中继器、集线器等。物理层协议主要定义硬件接口，物理层接口具有四个特性：机械特性、电气特性、功能特性、规程特性。

（2）数据链路层。

数据链路层是 OSI 参考模型的第二层，是 OSI 模型中非常重要的一层。数据链路层利用物理层提供的物理通路，将从物理层传来的位数据封装成帧，以帧为单位进行信息交换，按顺序传送各帧。创建数据链路层的主要目的就是将一条原始的、有差错的物理线路，通过帧变换并进行必要的同步控制、差错控制和流量控制，转变为对网络层无差错的数据链路，以保证通信质量。与数据链路层相关的网络设备有网桥、交换机和网卡等。

（3）网络层。

网络层位于数据链路层之上，属于 OSI 模型的第三层，是通信子网的关键层。数据链路层协议解决了同一子网内计算机的通信问题，而网络层是解决子网间计算机通信问题。

在点到点连接的通信子网中，数据从源端出发，要经过若干个中继节点的存储转发后，才能到达目的端。网络层要解决的关键问题是选择数据从源端到达目的端的路由。路由选择方法通常有两种，即使用网络中静态路由表的固定路由选择和根据网络负载情况变化的动态路由选择。

（4）传输层。

传输层是计算机通信体系结构中最关键的一层。把实际使用的通信子网与高层应用分开，负责传输端到端的完整性，向高层用户屏蔽下面通信各层的细节。与数据链路层不同的是，其在本地网段之外提供，将上层数据分段重组传给下层，重新排列以无序形式到达的包。

传输层使用多路复用技术、流量控制技术、差错控制技术优化网络，为会话层提供面向连接的和无连接的两种运输服务。传输层是保证数据通过通信子网的最后措施。任何在网络层以下解决不了的问题，在传输层都要得到解决。网络层提供的服务质量好，传输层协议简单，反之传输层协议复杂。

（5）会话层。

两个用户之间的连接或者两端应用程序间的连接称为会话，会话层的主要功能是建立两端之间的会话关系，并负责数据传送。会话层使用传输层提供的可靠的端到端通信服务实施会话，协调、组织、管理通信双方的会话过程。

（6）表示层。

表示层的功能是处理两个通信系统中交换信息的表示方式，解决数据交换中存在的数据格式不一致以及数据表示方法不同等问题，将数据转换成计算机应用程序相互理解的格式，包括编码的转换、数据加密与解密、数据压缩与恢复等。

（7）应用层。

应用层是 OSI 参考模型的最高层，也是最靠近用户的一层，它提供应用程序与网络服务间接口，完成网络服务应用，如域名解析、Web 浏览、虚拟终端、文件传送、电子邮件等。

在 OSI 网络体系结构中，除了物理层外，网络中数据的实际传输方向是垂直的。在发送方，数据由最高层逐渐向下层传递，每经过一层加上一些该层专用的信息（报头或报尾），这个过程称为封装。到达接收方后，数据由最低层逐渐向高层传递，每经过一层去掉该层所认识的信息（报头或报尾），传到最上层时恢复原貌，这个过程称为解封装。实际通信在最底层完成。

1.4.4 TCP/IP

1. TCP/IP 模型

TCP/IP 模型是由美国国防部创建的，是至今为止发展最成功的通信协议，它被用于构筑目前最大的、开放的互联网络系统 Internet。TCP/IP 分为 4 层，每一层负责不同的通信功能。由下而上分别为通信子网层、网络层、传输层、应用层，如图 1-11 所示。

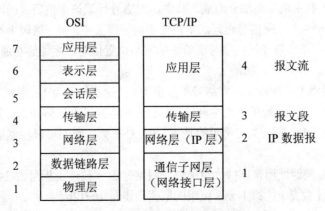

图 1-11 TCP/IP 的 4 层体系结构示意图

（1）通信子网层。

通信子网层，又名网络接口层。在 TCP/IP 模型中，通信子网层是 TCP/IP 模型的最低层，与 OSI 参考模型的物理层、数据链路层相对应。它负责传输经网络层处理过的 IP 数据包。TCP/IP 模型没有对通信子网层使用的协议作出特殊的规定，该层中所使用的协议一般为各通信子网本身固有的协议，如以太网的 802.3 协议、令牌环网的 802.5 协议以及分组交互网的 X.25 协议等。

（2）网络层。

网络层是 TCP/IP 模型结构的第二层，负责将传输层送来的分组组装成 IP 数据包，并把 IP 数据包传递给通信子网层。网络层的主要功能是为分组提供最佳路径的选择和交换功能，并处理传输过程中的拥塞问题，管理这层的特定协议称为互联网络协议（IP）。

（3）传输层。

传输层的作用是在源节点和目的节点的两个对等实体间提供端到端的数据通信，可以提供不同服务质量、不同可靠性保证的传输服务，并且协调发送端和目标端的传输速度差异。传输层有两个主要协议，即传输控制协议（Transport Control Protocol，TCP）和用户数据报协议（User Datagram Protocol，UDP）。

（4）应用层。

在 TCP/IP 模型中，将所有与应用程序相关的内容都归为应用层，应用层是最靠近用户的一层，为用户提供所需要的各种服务，如 Web 服务、远程登录、文件传输、电子邮件、网络管理等。

TCP/IP 模型和 OSI 模型均采用了层次结构，并且有类似的网络层、传输层和应用层。不同的是 OSI 模型包括 7 层，仅仅作为理论的参考模型，而 TCP/IP 模型只有 4 层，更加简单并解决了多种异构网的互联问题，TCP/IP 是 Internet 上使用的网络协议，已经成为网络互联的事实标准。

2．TCP/IP 协议

TCP/IP（传输控制协议/网际协议）是目前最流行的商业化网络协议，是因特网上的共同语言，因特网之所以能迅速发展，就是因为 TCP/IP 协议能够适应和满足世界范围内数据通信的需要。TCP/IP 是一个协议簇，包括 ARP、IP、ICMP、IGMP、UDP、TCP 等多个协议。TCP 和 IP 协议是其中最重要的两个网络协议。

（1）IP 地址。

在 TCP/IP 网络中，使用 IP 地址标识网络中的每台计算机，目前通用的版本是 IPv4。IP 地址是 32 位二进制串，采用带点的十进制标记法表示，即将 32 位二进制串中每个字节转换为十进制数字，并用"."隔开。

IP 地址由网络号和主机号两部分组成。其中，网络号标识该主机所在的网络，主机号标识在该网络上的一个特定的主机。网络号相同的主机处于同一网段中。同一网段中不允许有主机号相同的主机。网络通信时，路由器通过网络号所给出的网络位置信息，才能够在通信子网中为 IP 分组选择一条合适的路径。

IP 地址在整个网络上必须唯一，网络号不能全为 0，也不能全为 1；主机号不能全为 0，也不能全为 1；以 127 开始的 IP 地址用于回馈测试，不能分配给网络中任何一台计算机。在 Internet 中，IP 地址分为 A、B、C、D、E 五类，常用的是 A、B、C 三类。我们可以根据第一字节的前几位加以区分。

1）A 类地址。A 类地址用来支持大型网络，网络号占 8 位，主机号占 24 位。用二进制数表示时，A 类地址的第 1 位是 0，第 1 个 8 位组的取值范围是 1～126。

2）B 类地址。B 类地址用来支持中型网络，网络号占 16 位，主机号占 16 位。用二进制数表示时，B 类地址的前两位是 10，第 1 个 8 位组的取值范围是 128～191。

3）C 类地址。C 类地址用来支持小型网络，网络号占 24 位，主机号占 8 位。用二进制数表示时，C 类地址的前 3 位是 110，第 1 个 8 位组的取值范围是 192～223。

4）D 类地址。D 类地址用来支持组播，用来转发目的地址为预先定义的一组 IP 地址的分组。用二进制数表示时，D 类地址的前 4 位是 1110，第 1 个 8 位组的取值范围是 224～239。

5）E 类地址。Internet 工程任务组保留 E 类地址作为研究使用，用二进制数表示时，E 类地址的前 5 位是 11110，第 1 个 8 位组的取值范围是 240～255。

（2）子网划分。

由于因特网规模的急剧增长，对 IP 地址的需求激增，导致 IP 地址资源的严重匮乏，路由表规模的急速增长。通过划分子网，调整子网中的主机数，能够改善网络性能，提高 IP 地址利用率。

子网划分将一个给定的网络分为若干个更小的部分，这些更小的部分被称为子网。当网络中的主机总数未超出所给定的某类网络可容纳的最大主机数，但内部又要划分成若干个分段进行管理时，就可以采用子网划分的方法。划分子网实际上是把主机号一部分二进制位作为子网地址。此时，IP 地址是由网络号、子网号、主机号三部分组成。子网划分从主机号的高位开始划分，子网号不能全为 0，也不能全为 1。

（3）子网掩码。

子网掩码是一个与 IP 地址对应的 32 位数字，用来区分 IP 地址中的网络号（子网号）和主机号，对应 IP 地址的网络号（子网号）部分用 1 表示，对应 IP 地址的主机号部分用 0 表示。因此，A 类地址的子网掩码是 255.0.0.0，B 类地址的子网掩码是 255.255.0.0，C 类地址的子网掩码是 255.255.255.0。子网掩码既不能作为 IP 地址使用，也不能单独存在，必须结合 IP 地址一起使用。

（4）私有地址。

在 Internet 中，IANA（Internet 地址分配中心）负责分配 IP 地址，以确保不会发生公网地址重复使用的问题。公网地址重复将导致 Internet 的不稳定，而且使用重复地址在网络中传递数据报将会危及 Internet 的性能。

在内部网中，IP 地址由用户设置，内部 IP 地址与公网 IP 地址相同的可能性很大，这时地址便出现了二义性。为了解决这个问题，IETF 在 RFC 1918 中保留了一部分被称为私有地址的地址资源供内部网络使用。它们是 1 个 A 类地址段 10.0.0.0～10.255.255.255，16 个 B 类地址段 172.16.0.0～172.31.255.255，256 个 C 类地址段 192.168.0.0～192.168.255.255。根据规定，因特网上的所有路由器对私有地址的数据报都不进行转发，这些以私有地址作为逻辑标识的主机可以通过网络地址翻译（Network Address Translation，NAT）或应用代理（Proxy）方式转换为合法的公有地址后就可以访问互联网了。

（5）特殊的 IP 地址。

1）网络地址。网络地址是主机号部分为全"0"的 IP 地址，从来不分配给任何一个单个的主机，代表一个特定的网络，即表示该网络本身，如 16.0.0.0、156.1.0.0 和 200.1.1.0 分别代表了一个 A 类、B 类和 C 类的网络地址。通过 IP 地址与子网掩码做与运算可以求出网络地址。主机之间要能够通信，它们必须在同一子网内（即网络地址相同），否则需要使用路由器实现互联。

2）回送地址。以 127 开头的 IP 地址称为回送地址，它是一个保留地址，最常见的表示形式为 127.0.0.1。在每个主机上对应于 IP 地址 127.0.0.1 有个接口，称为回送接口。根据 IP 协议规定，含网络号 127 的分组不能出现在任何网络上，主机和路由器不能为该地址广播任何寻径信息。当任何程序用回送地址作为目的地址时，计算机上的协议软件不会把该数据报向网络上发送，而是把数据直接返回给本主机。回送地址的用途是：可以实现对本机网络协议的测试或实现本地进程间的通信。

3）广播地址。广播地址又分为两种：直接广播地址和有限广播地址。

①直接广播地址。在每一个子网中，主机地址部分为全 1 的地址称为直接广播地址。一台主机使用直接广播地址，可以向任何指定的网络直接广播它的数据报，很多 IP 协议利用这个功能向一个子网上广播数据。

②有限广播地址。32 位全为 1 的 IP 地址 255.255.255.255 称为有限广播地址，用于本网广播。在主机不知道本机所处的网络时，也可以使用有限广播地址向本子网上所有的主机发送消息。例如，无盘工作站启动时使用，通过有限广播地址从网络服务器处获得一个 IP 地址。

4）组播地址。D 类 IP 地址就是组播地址，其 IP 地址范围是 224.0.0.0～239.255.255.255，代表一组特定的主机。它只能作为 IP 报文的目的地址，表示该报文的一组接收者，而不能把它分配给某台具体的主机。组播地址指定一个主机组。它和广播地址的区别在于，广播地址是按主机的物理位置来划分各组，而组播地址指定一个逻辑组，参与该组的机器可能遍布整个 Internet 网。组播地址主要用于电视会议、视频点播等应用。实际上，一个组播 IP 地址唯一地标志一个逻辑组。每个要求参与组播接收的主机使用 IGMP 协议，主动登记到希望加入的组中去。广播地址和组播地址都不是指某一台具体的机器，而是指满足一定条件的一组机器。广播地址和组播地址都只能作为 IP 报文的目的地址，表示报文的一组接收者。

（6）TCP/IP 的协议集。

TCP/IP 是一个协议簇，包含多个协议，分布在其各个层次中。

1）通信子网层协议。TCP/IP 的通信子网层中包括各种物理网协议，如 Ethernet、令牌环、帧中继、ISDN 和分组交换网 X.25 等。当各种物理网被用作传输 IP 数据报的通道时，就可以认为是属于这一层的内容。

2）网络层协议。网络层包括多个重要协议，主要的有 IP 协议、IGMP 协议、ICMP 协议、ARP 协议和 RARP 协议等。

- IP（互联网络协议）。IP 协议具有良好的网络互联功能，得到广泛使用，成为支撑 Internet 的基础。IP 协议提供的是面向无连接的服务，数据包在经过网络传输时，有可能因为网络拥塞、链路故障等而丢失或出错。对此，IP 协议仅具有有限的报错功能，数据包的差错检测和恢复都由传输层协议 TCP 来完成。

- ICMP（网际控制报文协议）。ICMP 是一种差错和控制报文协议，用于传输错误报告和控制信息。ICMP 报文分为头部和数据两部分。ICMP 报文封装在 IP 数据包中进行传输。IP 包头中的包类型为 1 时，表示报文的数据部分为 ICMP 报文。
  网络测试工具"Ping"和"Tracert"都是基于 ICMP 实现的。Ping 命令使用 ICMP 请求/应答报文实现对网络的测试。如果能正确收到请求和应答，说明中间的传输系统和目的主机的 IP 协议栈工作正常。

- IGMP（网际组管理协议）。IGMP 是在多播环境下使用的协议，用来帮助多播路由器识别加入到一个多播组的成员主机。IGMP 使用 IP 数据报传递其报文，IGMP 协议包放在 IP 包的数据部分，协议类型为 2。

- ARP（地址解析协议）和 RARP（反向地址解析协议）。ARP 协议实现 IP 地址到 MAC 地址的动态转换，RARP 协议则实现 MAC 地址到 IP 地址的转换。

3）传输层协议。传输层主要协议有 TCP 协议和 UDP 协议。

- TCP 协议。TCP 即传输控制协议，是一种可靠的面向连接的协议，提供全双工的数据流传输服务。它负责把大量的用户数据按一定的长度组成多个数据包进行发送，并在接收到数据包之后按分解顺序重组和恢复用户数据。TCP 协议通过用三次握手和滑动窗口机制来保证传输的可靠性和进行流量控制。其传输速度较慢，适合于对传输质量要求较高的大量数据传输，在点到点的通信中通常采用 TCP 协议。

- UDP 协议。UDP 即用户数据报协议，是一种不可靠的无连接协议，它主要用于不要求按分组顺序到达的传输中，分组传输顺序检查与排序由应用层完成。其传输速度较快，适合于发送小尺寸数据的网络、在接收到数据后给出应答较困难的网络以及广播网络。

4）应用层协议。应用层是网络用户与 TCP/IP 网络的接口，用于解决 TCP/IP 应用所存在的共性问题，包括与应用相关的支撑协议和应用协议两大部分。常用的协议有 SMTP（简单邮件传送协议）、POP（邮局协议）、SNMP（简单网络管理协议）、Telnet（远程登录协议）、FTP（文件传输协议）、NNTP（电子新闻传输协议）、HTTP（超文本传输协议）、RIP（路由信息协议）、DNS（域名服务系统）、NFS（网络文件系统）等。

（7）TCP/IP 网络工具。

TCP/IP 提供多个网络命令管理网络，常用的命令有 Ping 命令、Tracert 命令、Netstat 命令、Ipconfig 命令、ARP 命令和 Hostname 命令等。

1）Ping 命令。Ping 命令是为了检查网络的连接状况而使用的网络工具之一， Ping 命令利用回应请求/应答 ICMP 报文来测试目的主机或路由器的可达性。各种操作系统都集成了 Ping 命令，但不同的操作系统对 Ping 命令的实现稍有不同。下面是使用 Ping 命令测试本机与 192.168.189.1 的连接状况时，系统显示的信息。

```
C:\>  ping   192.168.16.17
Pinging 192.168.16.17 with 32 bytes of data:
Reply from 192.168.16.17: bytes=32 time<1ms TTL=128
Reply from 192.168.16.17: bytes=32 time<1ms TTL=128
Reply from 192.168.16.17: bytes=32 time<1ms TTL=128
Reply from 192.168.16.17: bytes=32 time<1ms TTL=128
Ping statistics for 192.168.16.17:
      Packets: Sent = 4, Received = 4, Lost = 0 (0% loss),
Approximate round trip times in milli-seconds:
Minimum = 0ms, Maximum = 0ms, Average = 0ms
```

Ping 命令默认发送 4 个 32B 的数据包进行测试，以上信息表明该测试接收到 4 个数据包，丢包率为 0，时间小于 1ms，证明本机与 192.168.16.17 互通。

- 指定 Ping 命令发送测试报文的数量

在默认情况下，Ping 命令发送 4 个测试报文，使用 "-n　测试报文的数量" 选项可以修改默认的发送测试报文的数量。下面是将测试报文数修改为 6 的命令及使用该命令显示的信息。

```
C:\>  ping    192.168.16.17   -n  6
Pinging 192.168.16.17 with 32 bytes of data:
Reply from 192.168.16.17: bytes=32 time<1ms TTL=128
Reply from 192.168.16.17: bytes=32 time<1ms TTL=128
Reply from 192.168.16.17: bytes=32 time<1ms TTL=128
Reply from 192.168.16.17: bytes=32 time<1ms TTL=128
Reply from 192.168.16.17: bytes=32 time<1ms TTL=128
Reply from 192.168.16.17: bytes=32 time<1ms TTL=128
```

```
Ping statistics for 192.168.16.17:
    Packets: Sent = 6, Received = 6, Lost = 0 (0% loss),
Approximate round trip times in milli-seconds:
    Minimum = 0ms, Maximum = 0ms, Average = 0ms
```

以上信息表明，发送测试报文的数量已经修改为 6 次。如果想连续发送 Ping 测试报文，可以使用"-t"选项。下面是连续发送 Ping 测试报文命令及使用该命令显示的信息：

```
C:\>   ping    192.168.16.17   -t
Pinging 192.168.16.17 with 32 bytes of data:
Reply from 192.168.16.17: bytes=32 time<1ms TTL=128
Reply from 192.168.16.17: bytes=32 time<1ms TTL=128
Ping statistics for 192.168.16.17:
    Packets: Sent = 2, Received = 2, Lost = 0 (0% loss),
Approximate round trip times in milli-seconds:
    Minimum = 0ms, Maximum = 0ms, Average = 0ms
Control-Break
Reply from 192.168.16.17: bytes=32 time<1ms TTL=128
Reply from 192.168.16.17: bytes=32 time<1ms TTL=128
Reply from 192.168.16.17: bytes=32 time<1ms TTL=128
Ping statistics for 192.168.16.17:
    Packets: Sent = 5, Received = 5, Lost = 0 (0% loss),
Approximate round trip times in milli-seconds:
    Minimum = 0ms, Maximum = 0ms, Average = 0ms
Control-C
^C
```

以上信息表明系统在连续发送测试报文。如果要显示发送和接收 ICMP 报文的统计信息，可以按 Ctrl+break 组合键，结束 Ping 命令按 Ctrl+C 组合键。

● 指定 Ping 测试报文的长度

在默认情况下，Ping 命令使用的测试报文数据长度为 32B，使用"-l 数据报长度"选项可以修改默认的测试报文数据长度。下面是将测试报文数据长度修改为 128B 的命令及使用该命令显示的信息。

```
C:\>ping    192.168.16.17   -l   128
Pinging 192.168.16.17 with 128 bytes of data:
Reply from 192.168.16.17: bytes=128 time<1ms TTL=128
Reply from 192.168.16.17: bytes=128 time<1ms TTL=128
Reply from 192.168.16.17: bytes=128 time<1ms TTL=128
Reply from 192.168.16.17: bytes=128 time<1ms TTL=128
Ping statistics for 192.168.16.17:
    Packets: Sent = 4, Received = 4, Lost = 0 (0% loss),
Approximate round trip times in milli-seconds:
    Minimum = 0ms, Maximum = 0ms, Average = 0ms
```

以上信息表明，测试报文数据长度已经修改为 128B。为了避免发送过大的数据报导致网络阻塞，系统要求测试报文数据长度小于 65500B。如果超过该长度，系统将不执行该 Ping 命令，并提示错误信息。下面是指定 Ping 测试报文的长度为 1000000000B 时系统显示的报错信息。

```
C:\>ping    192.168.16.17   -l   1000000000000
Bad value for option -l, valid range is from 0 to 65500
```

2）Tracert 命令。Tracert 命令是路由跟踪实用程序，用于确定 IP 数据报访问目标所采取的路径。Tracert 命令用 IP 生存时间（TTL）字段和 ICMP 错误消息来确定从一个主机到网络上其他主机的路由。下面是使用 Tracert 命令测试本机到 202.99.96.68 所经过的路由的命令以及使用该命令显示的信息。

```
C:\> tracert   202.99.96.68
Tracing route to xslns7 [202.99.96.68]
over a maximum of 30 hops:
  1      2 ms      1 ms      1 ms   bogon [192.168.16.254]
  2      2 ms      1 ms      1 ms   bogon [192.168.254.6]
  3     <1 ms     <1 ms     <1 ms    bogon [192.168.168.253]
  4      2 ms      4 ms      2 ms   61.181.156.81
  5     10 ms      6 ms      6 ms   dns213.online.tj.cn [117.8.11.213]
  6      1 ms     <1 ms      1 ms   dns193.online.tj.cn [117.8.146.193]
  7      2 ms      1 ms      1 ms   dns149.online.tj.cn [117.8.109.149]
  8     <1 ms      1 ms      1 ms   dns162.online.tj.cn [117.8.1.162]
  9      2 ms      2 ms      2 ms   202.99.96.38
 10      1 ms      1 ms      1 ms   xslns7 [202.99.96.68]
Trace complete.
```

以上信息表明，本机通过 10 跳最终到达 202.99.96.68。

3）Netstat 命令。Netstat 是显示网络连接和有关协议的统计信息的工具。下面是使用 Netstat 命令显示本机网络连接及使用该命令显示的信息。

```
C:\> netstat   -a   -n
Active Connections
   Proto   Local Address            Foreign Address          State
   TCP     0.0.0.0:21               0.0.0.0:0                LISTENING
   TCP     0.0.0.0:80               0.0.0.0:0                LISTENING
   TCP     0.0.0.0:135              0.0.0.0:0                LISTENING
   TCP     0.0.0.0:443              0.0.0.0:0                LISTENING
   TCP     192.168.16.5:139         0.0.0.0:0                LISTENING
   TCP     192.168.16.5:1176        192.168.5.5:10403        ESTABLISHED
   TCP     192.168.16.5:1187        192.168.5.1:445          ESTABLISHED
   UDP     0.0.0.0:445              *:*
                 ……………
```

以上信息表明本机开启了多个端口，并与 192.168.5.5 和 192.168.5.1 建立了连接。

4）Ipconfig 命令。Ipconfig 命令可以显示当前计算机 IP 协议的一些基本配置属性。下面是使用 Ipconfig 命令显示的信息。

```
C:\>   ipconfig
Windows IP Configuration
Ethernet adapter  本地连接:
        Connection-specific DNS Suffix   . :
        IP Address. . . . . . . . . . . . : 192.168.16.5
        Subnet Mask . . . . . . . . . . . : 255.255.255.0
        Default Gateway . . . . . . . . . : 192.168.16.254
```

以上信息表明，Ipconfig 命令显示的基本配置属性包括 IP 地址、子网掩码、默认网关。输入 "ipconfig/all" 可以显示当前计算机 IP 协议的所有配置属性。

```
C:\>   ipconfig/all
Windows IP Configuration

Host Name . . . . . . . . . . . : B4JF-Teacher
```

```
            Primary Dns Suffix  . . . . . . . :
            Node Type . . . . . . . . . . . . : Unknown
            IP Routing Enabled. . . . . . . : No
            WINS Proxy Enabled. . . . . . . : No
            Ethernet adapter 本地连接：
            Connection-specific DNS Suffix   . :
            Description . . . . . . . . . . . : Realtek RTL8139 Family PCI Fast Ethernet NIC
            Physical Address. . . . . . . . : 50-78-4C-1E-15-0E
            Dhcp Enabled. . . . . . . . . . : No
            IP Address. . . . . . . . . . . : 192.168.16.5
            Subnet Mask . . . . . . . . . . : 255.255.255.0
            Default Gateway . . . . . . . . : 192.168.16.254
            DNS Servers . . . . . . . . . . : 192.168.5.1
```

以上信息表明，ipconfig/all 命令显示的所有配置属性包括主机名、网卡型号、MAC 地址、IP
地址、子网掩码、默认网关、DNS 服务器等。

    ●   释放已申请到的 IP 地址。

在运行 DHCP 的系统中，使用命令"ipconfig/release"可以释放已申请到的 IP 地址。

```
        C:\> ipconfig/release
        Windows IP Configuration
        Ethernet adapter 本地连接：
            Connection-specific DNS Suffix   . :
            IP Address. . . . . . . . . . . : 0.0.0.0
            Subnet Mask . . . . . . . . . . : 0.0.0.0
            Default Gateway . . . . . . . . :
```

以上信息表明使用"ipconfig/release"命令后，释放了申请到的 IP 地址，本地连接就没有 IP
地址了。

    ●   重新申请 IP 地址。

在运行 DHCP 的系统中，使用命令"ipconfig/renew"可以重新申请 IP 地址。

```
        C:\> ipconfig/renew
        Windows IP Configuration
        Ethernet adapter 本地连接：
            Connection-specific DNS Suffix   . :
            IP Address. . . . . . . . . . . : 192.168.16.131
            Subnet Mask . . . . . . . . . . : 255.255.255.0
            Default Gateway . . . . . . . . : 192.168.16.254
```

以上信息表明使用"ipconfig/renew"命令后，重新申请到了 IP 地址。

5）ARP 命令。使用"ARP -a"命令可以显示高速 Cache 中的 ARP 表。如果高速 Cache 中的
ARP 表为空，则输出的结果为"NO ARP Entries Found"；如果 ARP 表中存在 IP 地址和 MAC 的映
射关系，则显示该映射关系。下面是使用"ARP   -a"显示本机 ARP 表的信息。

```
        C:\> arp   -a
        Interface: 192.168.16.131 --- 0x2
            Internet Address      Physical Address         Type
            192.168.16.12         00-16-96-04-84-a8        dynamic
            192.168.16.254        00-0f-e2-65-d5-3a         dynamic
```

以上信息表明 ARP 表中有两条地址映射信息，并且是动态获得的。

- 添加 ARP 动态表项

使用 Ping 命令向一个站点发送消息，该站点的 IP 地址与 MAC 地址的映射关系将动态加入到 ARP 表中。下面是使用"ping　192.168.16.17"命令后，使用 "ARP -a"命令查看 ARP 表显示的信息。

```
C:\> arp  -a
Interface: 192.168.16.5 --- 0x2
Internet Address       Physical Address        Type
192.168.16.17          00-16-96-04-6e-3f       dynamic
192.168.16.12          00-16-96-04-84-a8       dynamic
192.168.16.254         00-0f-e2-65-d5-3a       dynamic
```

以上信息表明，ARP 表中已经将 192.168.16.17 地址映射信息动态加入了。

- 添加 ARP 静态表项

通过"arp　-s　IP 地址　MAC 地址"命令，可以将 IP 地址与 MAC 地址的映射关系静态加入到 ARP 表中。静态表项加入后不会自动从 ARP 表删除，直到人为删除或关机。下面是手工加入192.168.16.210 地址映射信息后，查看 ARP 表显示的信息。

```
C:\>  arp   -s  192.168.16.210   00-11-22-33-44-55
C:\>  arp   -a
Interface: 192.168.16.131 --- 0x2
Internet Address       Physical Address        Type
192.168.16.210         00-11-22-33-44-55       static
192.168.16.17          00-16-96-04-6e-3f       dynamic
192.168.16.12          00-16-96-04-84-a8       dynamic
192.168.16.254         00-0f-e2-65-d5-3a       dynamic
```

以上信息表明 ARP 表中已经将 192.168.16.210 地址映射信息加入，类型是静态。

- 删除 ARP 表项

无论是动态表项还是静态表项，都可以通过"arp　-d　IP 地址"命令删除，下面是删除192.168.16.210 地址映射信息命令后，查看 ARP 表显示的信息。

```
C:\>  arp -d   192.168.16.210
C:\>  arp   -a
Interface: 192.168.16.131 --- 0x2
Internet Address       Physical Address        Type
192.168.16.17          00-16-96-04-6e-3f       dynamic
192.168.16.12          00-16-96-04-84-a8       dynamic
192.168.16.254         00-0f-e2-65-d5-3a       dynamic
```

以上信息表明，ARP 表中已经成功将 192.168.16.210 地址映射信息删除。

6）Hostname 命令。Hostname 命令比较简单，用于显示当前计算机的名称，即主机名。下面是使用 Hostname 命令显示本机计算机名时显示的信息。

```
C:\>   hostname
xh-THINK
```

以上信息表明，本机计算机名为 xh-THINK。

1.5　计算机局域网

计算机局域网是在有限的地理区域内构建的网络，具有覆盖地理范围小、数据传输速率高、误码率低、成本低、易于安装和维护等特点。

1980 年，美国电气和电子工程师学会成立 IEEE 802 委员会，制定了局域网和城域网的国际标准，即 IEEE 802 标准。其中有关局域网的主要标准有：

- IEEE 802.1 定义局域网、城域网的体系结构。
- IEEE 802.2 定义局域网、城域网的数据链路层。
- IEEE 802.3 定义采用 CSMA/CD 机制的以太网。
- IEEE 802.4 定义令牌总线标准。
- IEEE 802.5 定义令牌环标准。
- IEEE 802.11 定义无线局域网。

按照 IEEE 802 标准，局域网的体系结构由物理层和数据链路层组成，数据链路层又进一步划分为介质访问控制层（Media Access Control，MAC）和逻辑链路控制层（Logical Link Control, LLC）两个子层。

（1）MAC 子层。MAC 子层解决与媒体有关的问题，将上层传送过来的数据封装成帧进行发送（接收时进行相反的过程，将帧拆卸），实现和维护 MAC 协议，解决发送方占用信道的问题。在 MAC 层中定义了局域网地址，局域网地址又称为物理地址、网卡地址、MAC 地址。IEEE 802 规定局域网地址为一个 48 位的全局地址，高 24 位地址为厂家代码，包含厂家信息和网卡类型信息，低 24 位地址由厂家分配，局域网地址具有唯一性。

（2）LLC 子层。LLC 子层保证帧传送的完整性与无误性，负责建立和释放 LLC 层的逻辑连接，提供与网络层的接口，实现差错控制和流量控制。

1.5.1　局域网三要素

局域网的三要素是拓扑结构、传输介质和介质控制访问方法，三种技术决定了局域网传输数据的类型、网络的响应时间、吞吐量、利用率以及网络应用等各种网络特征。

1. 局域网的拓扑结构

网络拓扑结构定义了网中资源的连接方式。局域网的网络拓扑结构主要有总线型拓扑结构、环型拓扑结构和星型拓扑结构 3 种，目前最常用的是星型拓扑结构。

2. 局域网的传输介质

传输介质是传输信息的载体，传输介质分为两类，即有线介质和无线介质。局域网常用的传输介质有双绞线、同轴电缆和光纤等。

3. 介质控制访问方法

将传输介质的频带有效地分配给网络上各站点用户的方法称为介质控制访问方法。常用的介质存取方法有 3 种：带冲突检测的载波侦听多路访问（CSMA/CD）、令牌环和令牌总线。以太网采用 CSMA/CD 介质访问控制方法，而 FDDI 网则使用令牌环介质控制访问方法。

（1）带冲突检测的载波监听多路访问（CSMA/CD）。CSMA/CD 采用争用技术，通常用于总线型拓扑结构和星型拓扑结构的局域网中。它的每个站点都能独立决定发送帧，若两个或多个站同时发送，即产生冲突。每个站发送数据期间都同时有冲突检测的能力，一旦检测到冲突，立即停止发送，并向总线发一阻塞信号，通知各站点冲突已产生，等待随机时间间隔后再重发，以避免再次发生冲突。CSMA/CD 的发送流程可以概括为"先听后发，边听边发，冲突停止，延迟重发"16 个字。

（2）令牌环。令牌环通过在环型网上传输令牌的方式来实现对介质的访问控制。只有当令牌传输至环中某站点时，它才能利用环路发送或接收信息。当环线上各站点都没有帧发送时，令牌标记为 01111111，称为空标记。当一个站点要发送帧时，需等待令牌通过，并将空标记置换为忙标记 01111110，紧跟着令牌，用户站点把数据帧发送至环上。由于令牌是忙标记，因此其他站点不能发送帧，必须等待现有站点发送完后方可继续发送。

（3）令牌总线。令牌总线访问控制是在物理总线上建立一个逻辑环，令牌在逻辑环路中依次传递，其操作原理与令牌环相同。它同时具有总线和环的优点，是一种简单、公平、性能良好的介质访问控制方法。

1.5.2　典型局域网技术

1. 以太网

以太网是应用最为广泛的局域网，以相对较低的成本提供对各种协议和计算机平台的支持。20 世纪 60 年代由夏威夷大学提出，最早是由 Xerox（施乐）公司于 1975 年创建的，称为 Ethernet Ⅰ，在 1980 年由 DEC、Intel 和 Xerox 三家公司联合开发为一个标准，推出以太网，称为 Ethernet Ⅱ 或 DIX Ethernet，这是世界上第一个局域网的技术标准。后来的以太网国际标准 IEEE 802.3 就是参照该技术标准建立的。

以太网技术包括标准以太网（10Mb/s）、快速以太网（100Mb/s）、千兆位以太网（1000Mb/s）和万兆以太网，它们都按照 IEEE 802.3 系列标准规范，使用 CSMA/CD 介质访问控制方法，网络速度分别达到 10Mb/s、100Mb/s、1000Mb/s、10000Mb/s。

（1）标准以太网。标准以太网数据传输速率为 10Mb/s，在物理层可以使用粗同轴电缆、细同轴电缆、非屏蔽双绞线、屏蔽双绞线、光纤等多种传输介质，并且在 IEEE 802.3 标准中，为不同的传输介质制定了不同的物理层标准。

- 10 Base5。采用粗同轴电缆作为传输介质的以太网，采用总线型拓扑结构，每网段允许连接 100 个节点，每网段的最大长度是 500m，最大网络直径是 2500m。
- 10 Base2。采用细同轴电缆作为传输介质的以太网，采用总线型拓扑结构，每网段允许连接 30 个节点，每段的最大长度是 185m，最大的网络直径是 925m。
- 10 Base-T。采用双绞线作为传输介质的以太网，采用星型拓扑结构，每网段的最大长度是 100m，最大网络直径是 500m。
- 10Base-F。10Base-F 是 10Mb/s 的光缆以太网标准。

（2）快速以太网。快速以太网是在标准以太网的基础上发展起来的，在 1995 年 7 月获得 IEEE 认证，称为 IEEE 802.3u 标准，该标准与 IEEE 802.3 的协议和数据帧结构基本相同，以太网的用户在不改变网络布线、网络管理、检测技术以及网络管理软件的情况下，可以顺利地向快速以太网升级。快速以太网采用星型拓扑结构，支持全双工方式，并提供 100Mb/s 的数据传输速度速率。在物理层可以使用双绞线和光纤等传输介质，并且在 IEEE 802.3 标准中，为不同的传输介质制定了不同的物理层标准。

- 100 Base-TX。支持两对五类非屏蔽双绞线或两对一类屏蔽双绞线。其中一对用于发送，另一对用于接收，可以采用全双工方式工作。
- 100 Base-T4。使用 4 对 UTP 非屏蔽双绞线。其中 3 对用于数据传输，1 对用于冲突检测。
- 100 Base-FX。支持两芯的多模或单模光纤，其中一芯负责数据传输，另一芯负责数据的接收及冲突检测。

（3）千兆位以太网。千兆以太网也称为吉比特以太网，是建立在以太网技术标准基础之上的网络，和以太网、快速以太网完全兼容，并利用了原以太网标准所规定的全部技术规范，支持流量管理技术。

千兆以太网标准的工作从 1995 年开始，IEEE 于 1996 年 7 月成立了 IEEE 802.3z 工作组，1997年 1 月通过了 IEEE 802.3z 第一版草案，1998 年 6 月正式批准 IEEE 802.3z 标准，1999 年 6 月正式批准 IEEE 802.3ab 标准，将双绞线应用于千兆以太网中。

- 1000 Base-SX 标准。1000 Base-SX 是一种使用短波长激光作为信号源的网络介质技术，配置波长为 770～860 nm 的激光传输器。采用芯径为 62.5μm 和 50μm 的多模光纤，在全双工方式下，最长传输距离为 275m 和 550m。
- 1000 Base-LX 标准。1000 Base-LX 是一种使用长波长激光作为信号源的网络介质技术，配置波长为 1270～1355nm 的激光传输器。1000 Base-LX 可采用芯径为 50μm 和 62.5μm 的多模光纤，在全双工方式下，最长传输距离为 550 m，适用于作为大楼网络系统的主干通路；1000 Base-LX 也可采用芯径为 9μm 的单模光纤，在全双工方式下，最长传输距离为 3000m。
- 1000 Base-CX 标准。1000 Base-CX 标准采用 150W 平衡屏蔽双绞线（STP），最长传输距离为 25m，传输速率为 1.25Gb/s，适用于主干设备之间的互连，如集群服务器之间互联、主干交换机和主服务器之间的短距离连接。
- 1000 Base-T 标准。1000 Base-T 采用 4 对五类 UTP 双绞线，最长传输距离为 100m，利用该技术可以在原有的以太网、快速以太网系统中，平滑升级到千兆以太网。

（4）万兆以太网。1999 年底成立了 IEEE 802.3ae 工作组进行万兆位以太网技术（10Gb/s）的研究。2002 年 7 月通过了 IEEE 802.3ae 标准，它不但应用于万兆以太局域网，也应用于万兆以太城域网。

万兆以太网使用的帧格式与传统的以太网完全相同，保留了 IEEE 802.3 规定的以太网最小和最大帧长，通过不同的编码方式或波分复用技术提供 10Gb/s 的数据传输速率。

万兆以太网只适用光纤作为传输介质，工作在全双工状态，不存在争用问题，不使用 CSMA/CD协议。万兆以太网标准包括 10GBase-X、10GBase-R 和 10GBase-W 三个子标准。

2．光纤分布式数据接口（Fiber Distributed Data Interface，FDDI）

FDDI 采用光纤作为其传输介质，采用环型拓扑结构，使用令牌环介质访问控制方法，网络的传输速率可达 100Mb/s。为了解决环型网络拓扑结构中的单点故障，FDDI 将它的令牌环网设计成双向逆转环结构。当网上的所有设备正常工作时，FDDI 仅使用其中的一个环发送数据。只有当第一个环失效时，FDDI 才会启用第二个环，重新构建环路，保证数据的正确传送。

1.6　计算机广域网

广域网是覆盖地理范围广的数据通信网络，常利用公共网络系统进行数据传输，可以分布在一个城市、一个国家甚至全球。广域网可以不断扩展，以满足跨越广阔地域的局域网、城域网之间通信的需求，路由选择技术和异构网的互联技术是广域网技术的重要组成部分。

广域网与局域网的主要区别是局域网使用的协议主要在数据链路层，主要设备是交换机；而广域网使用的协议主要在网络层，主要设备是路由器。

广域网连接有多种方式，主要有公用电话网、X.25、帧中继、数字数据网、综合业务数字网、异步转移模式等。

1. 公用电话网

电话网（PSTN）是人们日常生活中最常见的通信网络，普及率高，覆盖范围大，是广域网接入的最简单的一种办法。除了需要加入一对调制解调器（Modem）外，用户基本不需要额外增加硬件设备。其缺点是传输速率低。

2. X.25

X.25 是点对点协议，不支持广播，允许接入不同类型的用户设备，采用多路复用、流量控制和拥塞控制技术实现可靠的数据传送。

X.25 提供交换虚电路和永久虚电路两种虚电路服务方式。交换虚电路方式要求双方通信前建立一条虚电路供数据传输，通信完毕后再拆除这条虚电路。永久虚电路方式可以在两个用户之间建立永久的虚电路，用户间需要通信时无须建立连接，可直接进行数据传输，如同使用专线一样。

3. 帧中继

帧中继（Frame Relay，FR）以 X.25 分组交换技术为基础，继承了 X.25 提供的统计复用功能和采用虚电路交换的优点，改造了原有的帧结构，简化了可靠传输和差错控制机制，着重于数据的快速传输，是非确认型的网络。其平均传输速率为 X.25 的 10 倍，最大程度地提高网络吞吐量，从而在减少网络时延的同时降低了通信成本。

4. 数字数据网 DDN

DDN（Digital Data Network）是利用数字信道提供半永久性连接电路，以传输数字信号为主的数据传输网络。通过该网络，可为公用电信网内部用户提供点到点或点到多点数字专用电路。

5. 综合业务数字网

综合业务数字网（Integrated Service Digital Network，ISDN）基于现有的电话网络，将语音、数据、图像等信息综合在一起，是可以提供多种综合业务的网络，传统的 ISDN 又称为窄带（Narrowed）ISDN，即 N-ISDN，简称 ISDN。

6. 异步转移模式

异步转移模式（Asynchronous Transfer Mode，ATM）是一种高速传输网络，综合了电路交换的可靠性与分组交换的高效性，采用了基于信元的统计时分复用技术，又称为宽带 ISDN（Broadband ISDN，B-ISDN）。

ATM 网络把数据分割成固定长度（53B）的短信元来传输，充分利用信道的空闲带宽。其中，前 5 个字节为信头，载有信元的地址信息和其他一些控制信息，后 48 个字节为信息段，装载来自各种不同业务的用户信息。

ATM 网络采用星型拓扑结构，提供面向连接的服务，并对信元交换采用硬件，以并行处理方式去实现，减少了节点的时延，其交换速度远远超过总线型结构的交换机。ATM 提供多种网络服务，其端系统接口基本的发送速率为 155Mb/s，可以适应不同的网络应用对带宽的要求。

1.7　数据通信基础

从资源构成的角度划分，计算机网络是由硬件和软件组成的。硬件包括各种服务器、工作站、交换机、路由器、防火墙等，软件包括系统软件、应用软件和数据。从功能角度划分，计算机网络由资源子网和通信子网组成。其中，资源子网负责全网的数据处理业务，并向网络用户提供各种网络资源和网络服务。而通信子网的作用则是为资源子网提供传输、交换数据信息的能力，如图 1-12 所示。

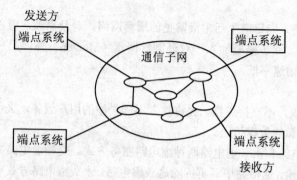

图1-12   通信子网示意图

1. 数据编码技术

编码是将模拟数据或数字数据变换成数字信号，以便通过数字传输介质传输出去。在接收端，数字信号将变换成原来形式，称为解码。

（1）数字数据的数字信号编码。

①非归零编码。用高电平表示"1"，用低电平表示"0"，编码简单，不含同步时钟，发送方和接收方需要采用其他方法保持收发同步，抗干扰能力较弱。

②曼彻斯特编码。每比特的1/2周期处要发生跳变，由高电平跳到低电平表示"1"，由低电平跳到高电平表示"0"。每一比特中间的跳变可以作为接收端的时钟信号，以保持收发同步。曼彻斯特编码是目前应用最广泛的编码之一。

③差分曼彻斯特编码。差分曼彻斯特编码是曼彻斯特编码的改进版，其规则是：每比特的1/2周期处要发生跳变，在每比特的起始位置发生跳变表示"0"，不发生跳变表示"1"。

（2）模拟数据的数字信号编码。

利用数字信号来对模拟数据进行编码的最常见的例子是脉冲代码调制，它常用于对声音信号进行编码，调制过程分为取样、量化和编码。

2. 数据的通信方式

在计算机系统的各个部件之间以及计算机与计算机之间，数据信息都是以通信的方式进行交换的。这种通信有两种基本方式：串行和并行。

（1）并行传输。

利用多条数据传输线将一个数据的各位同时传送，设备成本高，但传送效率高，适用于短距离通信。在计算机内部的数据通信通常都以并行方式进行，通常把并行的数据传送线称为总线。例如，并行传送16位数据就叫做16位总线，并行传送32位数据就叫做32位总线。

（2）串行传输。

将比特流逐位在一条信道上传送，设备成本低，易于实现和维护。但传输效率低，适合于长距离通信，是目前远程通信的主要方式。

3. 信道的通信方式

信道是通信中传递信息的通道，信道传送数据有三种方式：单工、半双工、全双工。

（1）单工通信。

在单工通信方式中，信号只能向一个方向传输，任何时候都不能改变信号的传送方向，发送方只能发送，不能接收；接收方只能接收，不能发送，如电视信号的传输就属于单工通信。

（2）半双工通信。

在半双工通信方式中，信号可以双向传送，但必须是交替进行的，一个时间只能向一个方向传送。当改变传输方向时，要通过开关装置进行切换，如对讲机通话就属于半双工通信。

（3）全双工通信。

全双工能同时在两个方向上进行通信，即有两个信道，数据同时在两个方向流动，它相当于把两个相反方向的单工通信组合起来，如打电话就属于全双工通信。

4．数据传输的同步方式

数据在传输线上传输时，为保证发送端发送的信息能够被接收端正确无误地接收，要求发送端和接收端动作的起始时间和频率保持一致的技术称为"同步技术"。常用的同步技术有异步方式同步技术和同步方式同步技术两种。

（1）异步方式同步技术。

在异步传输方式中，数据以字符为单元发送，每传送一个字符都加起始位和终止位，一般是在字符的开头加 1 位起始位，在末尾加 1 到 2 位的终止位，有时还可加 1 位校验位。接收方根据起始位和终止位来判断一个新字符的开始和结束，从而起到通信同步的作用。

（2）同步方式同步技术。

在同步传输方式中，以数据块为单元传输数据，在数据块的开头发送一个 SYN（同步字符）或一个同步字节，用于与接收方进行同步检测，然后可以连续发送数据，发送数据完毕后，再使用同步字符或同步字节来标识整个发送过程的结束。

异步方式同步技术实现容易，但每传输一个字符都需要多使用 2～3 位用于同步，效率低，适合于低速通信。同步方式采用同步字符或同步字串同步，比异步方式传输效率高，一般用在高速传输数据的系统中，如计算机之间的数据通信。

5．多路复用技术

多路复用技术是指在单一的传输线路上同时传输多路信号，减少远距离通信时的线路开支，充分利用通信线路的传输容量,提高传输介质的利用率。常用的多路复用技术有频分多路复用技术、时分多路复用技术、波分多路复用技术、码分多路复用技术等。

（1）频分多路复用技术。

当介质的有效带宽超过被传输的信号带宽时，可以把多个信号调制在不同的载波频率上，从而在同一介质上同时传输多路信号。频分多路复用（Frequency Division Multiplexing，FDM）技术把信道的可用频带按照频率不同分成多个互不交叠的频段，每个信号占用其中一个频段，从而形成许多子信道，同时传输信号。在接收端用适当的滤波器将多路信号分开，分别进行解调和终端处理。为了避免各路信号之间产生相互干扰。复用频带之间应该有足够大的保护间隔，调制系统应该具有很高的线性滤波功能。频分多路复用技术一般用于模拟信号传输中，典型应用有无线广播和电视，计算机网络系统一般不使用频分复用技术共享信道。

（2）时分多路复用技术。

时分多路复用（Time Division Multiplexing，TDM）技术是以信道传输时间作为分割对象，将传输时间分割为许多互不重叠的时间片，每个时间片被一路信号占用。时分复用技术被广泛应用于包括计算机网络在内的数字通信系统。

（3）波分多路复用

波分多路复用（Wave-length Division Multiplexing，WDM）是频分多路复用在光纤信道上使用的一个变形，主要用于全光纤网组成的通信系统，是光的频分复用，通过划分为多个波段来实现同一时刻的多路传送。

（4）码分多路复用。

码分多路复用（Coding Division Multiplexing Access，CDMA）技术基于码型分割信道。每个用户分配有一个地址码，而这些地址码互不重叠，其特点是频率和时间资源均为共享，CDMA 主要用于无线通信系统。

6. 数据交换技术

为降低通信线路造价，大型网络主要采用部分连接的拓扑结构。两个端节点之间的通信连接一般都要通过中间节点的转接，中间节点要在它所连接几条线路中选择一条进行接续。就像电话交换机为通话双方接续线路一样，这个过程称为交换。实现交换的方法主要有电路交换、报文交换、分组交换。

（1）电路交换。

电路交换（Circuit Switching）也称为线路交换，交换设备在通信双方提供一条专用的传输通道，传输数据可靠，但需要经过电路建立、数据传输、电路拆除 3 个阶段，方可完成数据的传送。其缺点是建立连接的时间长、无纠错机制，且一旦建立连接就独占线路，线路利用率较低。公用电话交换网就是一个典型的电路交换实例。

（2）报文交换。

在某些场合，端点之间交换的数据具有随机性和突发性，不适合采用电路交换技术，此时可以采用报文交换（Message Switching）。报文交换不需要在两个站点之间建立专用的通道，整个报文作为一个整体一起发送。在交换过程中，交换设备采用存储转发技术，将接收到的报文先存储，待信道空闲时再转发出去，一级一级中转，直到目的地。只要存储时间足够长，就能够把信道忙碌和空闲的状态均匀化，大大压缩了必需的信道容量和转接设备容量。采用报文交换技术，电路利用率高，但要求节点具有存储转发功能，不能实现实时和交互通信，出错后，整个报文需要全部重发。

（3）分组交换。

分组交换（Packet Switching）方式是在 1964 年提出来的，最早在 ARPANET 上得以应用。分组交换将报文进行分组，报文分组采用了较短的格式化的信息单位，降低了每个节点所需的存储能力，提高了交换速度，适用于交互式通信，如终端与主机的通信。分组交换主要有两种通信方式。

- 数据报方式。分成许多组，组中有源地址、目的地址、组号、数据，各组根据网络流量选择不同的路径到达目的地。到达目的地后，根据组号重新组成报文。数据报省去了呼叫建立阶段，可绕开故障区到达目的地，由于不是顺序到达，数据的丢失也不会立即知道。数据报分组交换适用于短报文，突发性通信。
- 虚电路方式。为进行数据传输，源节点和目的节点之间先建立一条不是专用的逻辑虚电路，各分组顺序到达，免去了地址信息的开销，传输率高，时延低，但对网络依赖性强。虚电路方式适用于大报文的数据交换。

小　结

本章主要介绍计算机网络的相关理论知识，是全书的基础章节，为网络实践提供了理论基础。本章对计算机网络的基本概念、功能、发展史作了必要的介绍，按照覆盖的地理范围、使用的传输介质、通信的方式、企业和公司管理分类方式、网络使用的目的、服务的方式等，详细阐述了计算机网络各种分类方法。

传输介质是网络中发送方与接收方之间的物理通道，传输介质分为有线传输介质和无线传输介质两大类。有线传输介质主要包括双绞线、同轴电缆和光缆，无线传输介质主要包括无线电波、微波、红外线、激光。双绞线易于安装、价格低廉、传输速度快，但传输距离短，适用于楼宇内的结构化布线，是目前网络使用最广泛的传输介质；同轴电缆主要应用于电视数据传输；光缆传输的是光信号，抗干扰能力强、抗雷击、安全可靠性高，适合于远距离数据传输和室外数据传输，是网络主干线路的首选；无线介质是有线介质的补充，主要用在不适合布线的区域。

计算机网络拓扑结构是指网络中各节点相连接的方法和形式。目前，常用的网络拓扑结构有总线型、星型、环型、树型、网状等。

网络体系结构是计算机网络的分层、各层协议和层间接口的集合，其核心是网络系统的逻辑结构和功能分配定义。OSI 参考模型采用分层的结构化技术，将通信会话中需要的不同进程分为 7 个不同的功能层，每一层解决一个不同问题。其中，低 3 层是依赖网络的，实现通信子网的功能。高 3 层是面向应用的，实现资源子网的功能。中间的传输层为上 3 层遮蔽了与下 3 层的详细操作，它建立在由下 3 层提供服务的基础上，为面向应用的高层提供网络无关的信息交换服务。TCP/IP 分为 4 层，由下而上分别为通信子网层、网络层、传输层和应用层，TCP/IP 是一个协议簇，包括 ARP、IP、ICMP、IGMP、UDP、TCP 等多个协议。TCP 和 IP 协议是其中最重要的网络协议。

局域网的三要素是拓扑结构、传输介质和介质控制访问方法，三种技术决定了局域网传输数据的类型、网络的响应时间、吞吐量、利用率以及网络应用等各种网络特征。典型局域网技术主要有以太网和光纤分布式数据接口（FDDI）。

广域网与局域网的主要区别是，局域网使用的协议主要在数据链路层，主要设备是交换机；而广域网使用的协议主要在网络层，主要设备是路由器。广域网主要有公用电话网、X.25、帧中继、数字数据网、综合业务数字网、异步转移模式等连接方式。

从功能角度划分，计算机网络由资源子网和通信子网组成。其中，资源子网负责全网的数据处理业务，并向网络用户提供各种网络资源和网络服务。而通信子网的作用则是为资源子网提供传输、交换数据信息的能力。本章对数据通信的基本概念作了必要的介绍，针对数据通信技术、数据编码技术、数据的通信方式、信道的通信方式、数据传输的同步方式、多路复用技术、数据交换技术作了详细阐述。

习　题

一、填空题

1．计算机网络是把地理位置分散、具有独立功能的计算机，通过通信设备和线路连接，并配有相应的网络软件，实现信息传输和_____的系统。

2．计算机网络是"通信技术"与" 计算机技术"的结合产物。_____是基础，_____是目的。

3．网络协议主要由_____、_____和时序三部分组成。

4．双绞线是最常用的一种传输介质，由多对按螺旋式结构排列的绝缘线组成。绝缘线采用的材质主要是铜或铜包着钢，其螺旋式结构排列提供了平衡的能量辐射，消除_____，可降低信号干扰的程度。

5．Telnet 协议可以实现网络的远程登录功能，经常用于远程管理网络，其默认端口为

_____。

6. FDDI 采用光纤作为其传输介质，采用环型拓扑结构，使用令牌环介质访问控制方法，网络的传输速率可达 100Mb/s。为了解决环型网络拓扑结构中的单点故障，FDDI 将它的令牌环网设计成_____。

7. 信道是通信中传递信息的通道，信道传送数据有 3 种方式：单工、_____和_____。

二、判断题

1. 按照覆盖的地理范围，计算机网络分为局域网、城域网和广域网 3 种。   （   ）

2. 与双绞线和同轴电缆相比，光缆的传输速度更高，其传输速度可以超过 2Gb/s。并且其传输的是电脉冲，抗干扰能力强、抗雷击、安全可靠性高，适合于数据传输，是网络主干线路的首选。   （   ）

3. ICMP 是一种差错和控制报文协议，用于传输错误报告和控制信息。关闭 ICMP 协议，将无法使用 ipconfig 命令测试网络的连通性。   （   ）

4. 局域网的三要素是拓扑结构、传输介质和介质控制访问方法，三种技术决定了局域网传输数据的类型、网络的响应时间、吞吐量、利用率以及网络应用等各种网络特征。   （   ）

5. 在 Internet 中，IP 地址 127.0.0.1 是 B 类地址。   （   ）

三、论述题

1. OSI 参考模型分为几层？各层分别具有什么功能？

2. 什么是多路复用技术？常用的多路复用技术都有哪些？各有什么特点？

3. 什么是交换？实现交换的方法有哪些？各有什么特点？

第 2 章　计算机网络设备配置

💬 知识点：

- 网络设备配置基础
- 交换机配置
- 路由器配置
- ACL 配置
- NAT 配置
- DHCP 配置

⚡ 难点：

- 路由的含义及配置
- ACL 的使用
- NAT 的使用

◆ 要求

熟练掌握以下内容：
- VLAN 的规划与使用
- 路由的规划与使用
- NAT 的使用
- ACL 的使用

了解以下内容：
- DHCP 的规划与使用
- 生成树技术
- EtherChannel 技术

2.1　常见网络设备介绍

物理层是 OSI 参考模型的最低层。其主要功能是：利用传输介质为数据链路层提供物理连接，负责处理数据传输并监控数据出错率，以便数据流的透明传输。在常用的网络设备中，调制解调器、中继器和集线器是工作在物理层上的网络设备。

调制解调器又称 Modem，由调制器与解调器组合而成。早期我们拨号上网使用的设备就是调制解调器，其作用是实现数字信号与模拟信号之间的转换。常用的调制解调器主要有两种：内置调制解调器和外置调制解调器。内置调制解调器需要占用计算机的一个主板插槽，图 2-1 是一款 PCI 接口的内置调制解调器。外置调制解调器不需要占用计算机的主板插槽，一般通过 RS232 线与计算机的串口相连，图 2-2 是一款外置调制解调器。

图 2-1 内置调制解调器

图 2-2 外置调制解调器

由于存在损耗，在线路上传输的信号功率会逐渐衰减，衰减到一定程度时将造成信号失真，导致接收错误。中继器就是为解决这一问题而设计的。中继器的主要作用是对信号进行放大、整形，使衰减的信号得以再生，并沿着原来的方向继续传播。中继器在传递信息的过程中只是简单地再生、放大信号，不对数据包进行分析、校验，不具备过滤功能。在以太网中，中继器的使用遵循 5/4/3 规则，即最多连接 5 个网段，最多使用 4 个中继器，其中 3 个网段可用来连接节点，剩余 2 个网段不能用来连接节点，只能用于延伸距离。

集线器是多端口中继器，其收到一个数据帧后，就向集线器中所有的非发送端口转发，在 2.1.1 小节中将详细介绍集线器的相关知识。

数据链路层作为 OSI 模型的第二层，是基于物理层的服务，通过数据链路协议，把数据帧从一个节点转送到其他节点，为网络层提供透明的、正确有效的传输线路。工作于数据链路层的网络设备主要有网卡、交换机和网桥。

网卡是网络接口卡的简称，也称为网络适配器，是负责网络接入的设备，计算机通过添加网卡可将计算机与局域网中的通信介质相连，从而达到将计算机接入网络的目的。

网卡种类繁多，有多种划分方法，按总线接口可以将网卡分为 ISA 网卡、PCI 网卡、USB 网卡和 PCMCIA 网卡，图 2-3 是一款笔记本用 PCMCIA 网卡的外观图。网卡按带宽可以分为 10Mb/s 网卡、100 Mb/s 网卡、10/100 Mb/s 自适应网卡和 1000 Mb/s 网卡，图 2-4 是 Dlink 千兆 PCI 网卡的外观图。

图 2-3 PCMCIA 网卡

图 2-4 PCI 网卡

网桥又称为桥接器，是连接两个局域网的一种数据帧存储转发设备。网桥可以将大的冲突域分割成为较小的冲突域，对帧具有检测和过滤的作用，改善了网络性能。

交换机是交换式集线器。其与集线器的本质区别是，交换机的每个端口独享带宽，而集线器的每个端口共享带宽。在 2.1.2 小节中将详细介绍交换机的相关知识。

网络层是通信子网的最高层，是通信子网与资源子网的接口，主要用于控制通信子网的操作，网络层的主要设备是路由器。路由器是用于连接两个及以上网段的网络设备，位于两个或多个网络的交汇处，在网络之间传递数据，将数据包通过一个个网络传送至目的地址。路由器与交换机的本质区别是前者实现子网之间网络通信，而后者是在子网内实现数据传送。在 2.1.3 小节中将详细介绍路由器的相关知识。

网关是工作在 OSI 传输层及以上的设备，网关用于不同体系结构的网络连接或 LAN 与主机的连接，是实现协议翻译的软硬件结合的产品，通常设置在服务器或大型计算机上。从原理上讲，网关实际上是通过重新封装信息以使其能被另一个系统处理。例如，两台计算机分别使用 IPX/SPX、TCP/IP 协议，为了能够相互通信，就需要在传输层上做协议转换，这是通过网关来实现的。

2.1.1　集线器

集线器也叫 Hub，其实质是多端口中继器，主要功能是对接收到的信号进行再生放大，以扩大网络的传输距离。集线器主要应用于星型以太网，通常采用 RJ-45 标准接口，计算机或其他终端设备可以通过双绞线跳线与集线器 RJ-45 端口相连，成为网络的一部分。图 2-5 是一款 24 口集线器的外观图。

图 2-5　集线器

集线器是一个共享设备，网络中所有用户共享一个带宽，在集线器连接的网络中，集线器所有的端口处于同一共享、争用的冲突域中，一个主机发送的数据将向集线器的所有端口转发。集线器有多种划分方法，按照传输的带宽可以分为 10Mb/s、100M/s 和 10/100Mb/s 自适应型集线器；按照配置形式可以分为独立集线器、模块化集线器和可堆叠式集线器；按适用的网络类型可以分为以太网集线器、令牌环网集线器、FDDI 集线器、ATM 集线器；按端口数不同可以分为 8 口、12 口、16 口、24 口、48 口集成器等。

2.1.2　交换机

交换机拥有一条高带宽的背板总线，所有的端口都挂接在背板总线上，背板总线与交换引擎（Switch Engining）相连，控制电路接收到数据包后，处理端口会查找内存中的 MAC 地址对照表，以确定目的地址所连接的端口，然后通过交换引擎迅速地将数据包传送到目的端口。图 2-6 是一款交换机的外观图。

图 2-6　交换机

1. 交换机的分类

交换机根据使用的网络技术不同，可以分为以太网交换机、令牌环交换机、FDDI 交换机、ATM 交换机、快速以太网交换机等。目前应用最广泛的是以太网交换机。

2. 工作原理

交换机是多端口的网桥，它可以使用 MAC 地址来过滤各端口间的通信。其工作过程分为地址学习、转发和过滤。

（1）地址学习。地址学习是指交换机了解每一端口相连设备的 MAC 地址，并将地址同相应的端口映射起来，存放在交换机缓存中的 MAC 地址表中。

在网络刚启动时，交换机内的 MAC 地址表是空的，如图 2-7 所示。

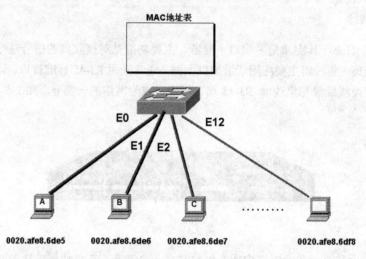

图 2-7　MAC 地址表初始状态

当网络内的主机开始数据传输时，学习过程开始。例如，主机 A 发送数据帧给主机 B，交换机通过学习数据帧的源 MAC 地址，在 MAC 地址表中，记录下主机 A 的 MAC 地址 E0：0020.afe8.6de5，其中 E0 代表主机 A 与交换机连接的端口号。由于不清楚主机 B 的位置，所以将该数据帧以广播方式转发到除端口 E0 以外的其他所有端口，如图 2-8 所示。

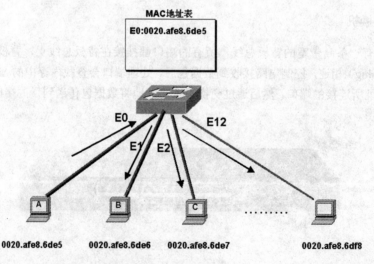

图 2-8　地址学习

网络继续传输数据，交换机也就继续地址学习，就这样，交换机通过学习功能获取与之相连的各端口的 MAC 地址，并将它们写入 MAC 地址表。

（2）转发。由于交换机通过学习功能，获取了各端口的 MAC 地址。因此，当交换机从某一端口收到一个数据帧后，将立即在其内存的 MAC 地址表中进行查找，以确认该目的地址所连接的端口，然后将该数据帧转发至该端口。例如，当主机 A 发送数据帧给主机 B 时，交换机从 MAC 地址表中获取目标地址 B 的信息 E1：0020.afe8.6de6，就直接将数据帧转发至 E1 端口，如图 2-9 所示。

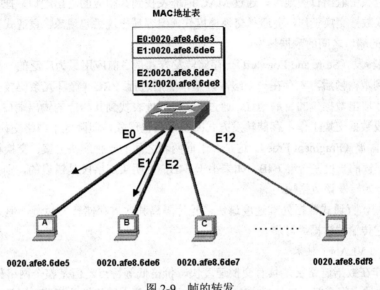

图 2-9　帧的转发

（3）过滤。在上例中，主机 A 发送的数据帧只转发给端口 E1，不会转发给其他端口。这是因为交换机通过地址表了解到其他端口的地址与发送帧的目的地址不同，将数据帧过滤掉了，如图 2-10 所示。

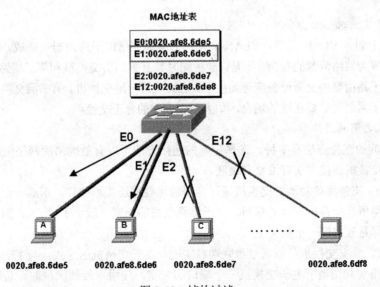

图 2-10　帧的过滤

MAC 地址表包含端口、MAC 地址和计时 3 项内容。MAC 地址表通过计时器维护表项的"新鲜"性。新建或更新的表项被赋予一个计时器，计时器超时，表项将被删除。

3. 数据交换方式

帧交换是目前应用最广泛的局域网交换技术，它通过对传统传输介质进行分段，提供并行传送的机制，以减小冲突域，获得高的带宽。数据帧的处理主要有直通式、存储转发和碎片隔离 3 种数据交换方式。

（1）直通式（Cut Through）。交换机在输入端口检测到一个数据包后，交换机只检查数据包的包头，并从包头中取出目的地址，通过 MAC 地址表找到其相应的输出端口，把数据包直接发送到该端口，完成数据交换工作。直通式交换速度快，但容易出现丢包现象。直通式交换不支持不同输入/输出速率的端口之间的数据转发。

（2）存储转发（Store and Forward）。存储转发方式是目前应用最为广泛的一种交换方式。交换机在整个收到数据帧后，先存在一个缓冲区里，然后进行 CRC（循环冗余码校验）检查，在对错误包处理后才取出数据包的目的地址，通过 MAC 地址表找到其相应的输出端口，把数据包发送到该端口，完成数据交换工作。存储转发方式减少了丢包现象，但降低了网络交换速度。

（3）碎片隔离（Fragment Free）。这是介于前两者之间的一种解决方案。交换机在收到数据帧后，先检查数据帧的长度是否够 64B，如果小于 64B，说明头部字段是错误的，则丢弃该包；如果大于 64B，就开始转发该数据帧。

三种方式中，直通式数据处理速度最快，碎片隔离其次，存储转发最慢，但只有存储转发提供数据校验，它传输的数据最可靠。

4. 虚拟网（VLAN）技术

交换机工作在数据链路层，具有交换速度快、价格低等特点。但是整个网络处于同一个广播域中，当网络中站点很多时，容易形成广播风暴，从而使整个网络性能下降，以致于瘫痪。为了减少数据碰撞和广播风暴、增强安全性，VLAN 技术应运而生。VLAN 即虚拟局域网，其把整个网络按需要分割成多个独立的逻辑组（广播域），广播包的发送只局限在同一个逻辑组中。减少了网络冲突，使得网络的性能得到显著的提高。VLAN 在逻辑上属于数据链路层，它与具体的物理网络及地理位置无关。

5. 第三层交换机

在交换机上划分 VLAN 之后，VLAN 之间的通信需要借助于路由器来完成。路由器的低效率和长时延使之成为网络流量的瓶颈。于是，一种同时具有第二层交换机和第三层路由器功能，并且其时延远远低于路由器的全新设备应运而生了，这就是第三层交换机。第三层交换机适用在有多个子网且不同的子网之间需要互通的场合，如大型企业网的骨干交换机。

6. 交换机之间的连接

交换机之间的连接方法有多种，选择正确的连接方法可以有效地消除网络阻塞，提高网络的性能。常用的交换机连接方法有堆叠和级联。

（1）堆叠。支持堆叠功能的交换机通过专用的堆叠线连接堆叠口，形成一个整体，堆叠后的交换机的带宽是所有交换机带宽的总和。由于堆叠电缆的长度一般小于 1.5m，因此使用堆叠技术连接的交换机尽量放在同一个机架上。

（2）级联。分支交换机可以通过级联端口实现与主干交换机的连接。与主干交换机级联的分支交换机的总带宽只相当于主干交换机一个端口的带宽。使用双绞线级联时，传输距离不能超过100m。如果需要传输更远的距离，应该使用光纤连接。

为了提高交换机互联的性能，可以采用冗余连接技术突破网络传输瓶颈，提高网络传输性能。常用的冗余连接技术有生成树和链路聚合。

（3）生成树技术。生成树技术通过阻断冗余链路来消除桥接网络中可能存在的路径回环，当前路径发生故障时，激活冗余备份链路，恢复网络连通性。生成树冗余连接的工作方式是 Stand By（待机），也就是说，在同一时刻只有一条链路在工作，其余链路处于待机状态。

（4）链路聚合技术。链路聚合技术允许多条链路同时工作，增加链路带宽，提供链路可靠性。聚合后，链路基于流进行负载分担，实现均衡负载。

2.1.3　路由器

路由器是一种典型的网络层设备，用于连接多个逻辑上分开的网络，当数据从一个子网传输到另一个子网时，可通过路由器来完成。路由器具有判断网络地址和选择路径的功能，它可以连接不同传输速率并运行于各种环境的局域网和广域网。图 2-11 是 H3C MSR 3600 路由器的外观图。

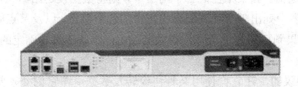

图 2-11　路由器

路由器是因特网上最为重要的通信设备之一，在因特网中，数据的传输不是直接可以传送到的，中间需要经过多个路由器进行"存储转发"。

1. 路由表

路由器的主要工作就是为经过路由器的每个数据帧寻找一条最佳传输路径，并将该数据有效地传送到目的站点。由此可见，选择最佳路径的策略（即路由算法）是路由器的关键所在。为了完成这项工作，在路由器中保存着各种传输路径的相关数据——路由表（Routing Table），供路由选择时使用。路由表主要由网络地址、转发端口、下一跳路由器的 IP 地址和跳数组成。

- 网络地址：本路由器能够前往的网络。
- 转发端口：前往某网络应该从哪个端口转发。
- 下一跳：前往某网络，下一跳的中继路由器的 IP 地址。
- 跳数：前往某网络需要穿越路由器的数量。

下面是查看某个路由器路由表显示的信息。

```
Router2#  show  ip  route
Codes: C - connected, S - static, I - IGRP, R - RIP, M - mobile, B - BGP
       D - EIGRP, EX - EIGRP external, O - OSPF, IA - OSPF inter area
       N1 - OSPF NSSA external type 1, N2 - OSPF NSSA external type 2
       E1 - OSPF external type 1, E2 - OSPF external type 2, E - EGP
       i - IS-IS, L1 - IS-IS level-1, L2 - IS-IS level-2, ia - IS-IS inter area
       * - candidate default, U - per-user static route, o - ODR
       P - periodic downloaded static route
Gateway of last resort is not set
       1.0.0.0/24 is subnetted, 1 subnets
S         1.1.1.0 [1/0] via 192.168.1.1
       2.0.0.0/24 is subnetted, 1 subnets
C         2.2.2.0 is directly connected, FastEthernet0/0
       3.0.0.0/24 is subnetted, 1 subnets
```

```
S          3.3.3.0 [1/0] via 192.168.2.2
C          192.168.1.0/24 is directly connected, Serial0/0
C          192.168.2.0/24 is directly connected, Serial0/1
```

在路由器中，路由表主要分为两种：静态路由表和动态路由表。

（1）静态路由表。由系统管理员事先设置好固定的路由表称为静态（Static）路由表，一般是在系统安装时就根据网络的配置情况预先设定的，它不会随未来网络结构的改变而改变。

（2）动态路由表。动态路由表是路由器根据网络系统的运行情况而自动调整的路由表。路由器根据路由选择协议提供的功能，自动学习和记忆网络运行情况，在需要时自动计算数据传输的最佳路由。

当网络中的主机需要访问其他网络的主机时，需要在本机的 TCP/IP 属性中指定一个路由器作为自己的默认网关。进行网络通信时，系统会比较自己的 IP 地址和目标 IP 地址。如果在同一个网络中，则直接进行数据通信。如果不在同一个网络中，则将数据发送给默认网关，由默认网关通过路由表进行转发。路由表中列出整个互联网络中包含的各个节点，以及节点间的路由情况和与它们相联系的传输费用。如果到特定的节点有一条以上路由，则基于预先确定的准则选择最优的路由。

2. 路由器的分类

路由器是依赖于协议的，在它们使用某种协议转发数据前，它们必须要被设计或配置成能识别该协议。有的路由器仅支持单一协议，称为单协议路由器。大部分路由器可以支持多种协议的传输，称为多协议路由器。由于每一种协议都有自己的规则，要在一个路由器中完成多种协议的算法，势必会降低路由器的性能。路由器按照使用场所可以分为本地路由器和远端路由器，按照路由器的技术和应用特点可以分为骨干级路由器、企业级路由器和接入级路由器。

2.2　网络设备配置基础

与计算机一样，网络设备也拥有自己的操作系统。例如，H3C 网络设备采用的是 ComWare 操作系统，Cisco 网络设备采用的是 IOS。本章网络设备调试将以 Cisco 设备为基础。

2.2.1　配置环境的搭建

软件运行是需要内存的，Cisco 网络设备的内存体系结构主要包括 ROM、Flash、DRAM、NVRAM 等。

（1）ROM。ROM 相当于 PC 的 BIOS，Cisco 设备运行时，首先运行 ROM 中的程序。该程序主要进行加电自检，对设备的硬件进行检测。

（2）Flash。Flash 是一种可擦写、可编程的 ROM，它与 PC 的硬盘功能类似，但其速度比硬盘快很多，Flash 中主要存放 IOS 及微代码。

（3）DRAM。DRAM 即动态内存，DRAM 中的数据在系统断电时将会丢失。DRAM 中主要存放正在执行的设备配置文件、路由表、ARP 缓存、Fast-Switch 缓存、数据包缓存等数据。

（4）NVRAM。NVRAM 中的数据在系统断电时不会丢失，其中存放着设备配置文件。

Cisco 设备的启动一般需要经过硬件加电自检、定位并加载 Cisco IOS 映像文件、定位并运行配置文件 3 个过程。

（1）硬件加电自检。启动时，首先运行 ROM 中的程序，进行系统设备自检及引导。

（2）定位并加载 Cisco IOS 映像文件。运行 Flash 中的 IOS。

（3）定位并运行配置文件。在 NVRAM 中寻找设备的配置文件，并将其装入 DRAM 中。

Cisco 设备启动后，Cisco IOS 采用基于命令行的用户接口（CLI）进行管理，配置方法分为带外管理和带内管理两大类。

（1）带外管理。带外管理无须通过计算机网络就可以直接配置网络设备，常用的带外管理方式主要有两种。

● 利用设备的 Console 接口。这种方式是用户对网络设备的主要设置方式。

● 利用设备的 Auxiliary 接口连接 Modem 进行配置。

（2）带内管理。带内管理必须在网络设备与计算机网络连接后，利用网络功能管理网络设备。因此，在使用带内管理之前，需要先通过带外管理进行相关设置，开通相应的网络功能后方可进行网络设备的带内管理。常用的带内管理方式有三种：Telnet 方式、TFTP 服务器方式、Web 浏览器方式。

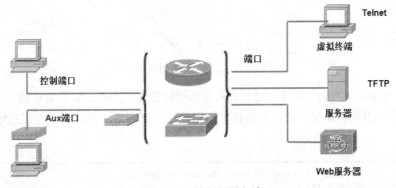

图 2-12　设备配置方法

1．利用设备的 Console 接口配置网络设备

（1）线路连接。通过专用的 Console 线缆将计算机串口与网络设备的 Console 连接。

（2）创建新连接。在 Windows 系统中的"开始"→"所有程序"→"附件"→"通信"菜单下打开"超级终端"程序，出现如图 2-13 所示对话框，在"名称"文本框中为终端输入一个名字，如"Router"，然后单击"确定"按钮。

（3）选择 COM 口。随后出现"连接到"对话框，为创建的新连接指定所用的通信串口。在图 2-14 中选择计算机的 COM1 口。现在很多计算机没有 COM 口，连接时需要使用一个 USB 与COM 口的转换装置。

图 2-13　创建新连接

图 2-14　选择 COM 口

（4）设置 COM 口属性。网络设备出厂时，波特率默认为 9600b/s，因此在图 2-15 所示对话框中，单击"还原为默认值"按钮，则超级终端的通信参数自动设置为 9600 波特率、8 数据位、1 位停止位、无奇偶校验。最后单击"确定"按钮，完成 COM 口属性设置。

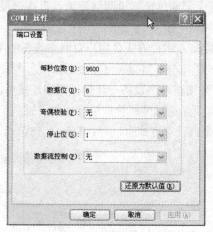

图 2-15　设置 COM 口属性

（5）进入设备配置界面。屏幕上出现提示进入对话模式，选择 no，结束该模式，然后按"回车"键，窗口上将出现设备提示符，表明计算机已经连接到网络设备，可以配置该设备了，如图 2-16 所示。

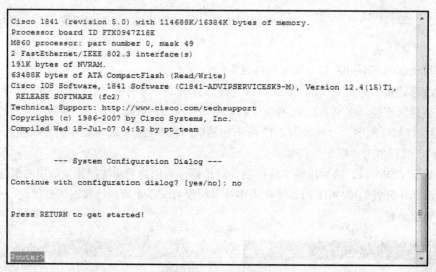

图 2-16　设备配置界面

2. Cisco IOS 的模式及其转换

Cisco 网络设备主要是通过用户界面配置来实现的，用户界面配置具备以下特性：

（1）提供命令行界面，实现用户与设备的交互。

（2）相关命令在不同型号、不同版本的网络设备上运行时会有一些小的差别，使用时须查阅设备使用手册。

（3）在命令模式下可以输入或执行粘贴命令，并提供丰富的帮助信息，方便用户的使用。

（4）输入命令后按"回车"键，设备立即解析并执行所输入的命令，可以马上查看效果，验证命令是否正确。

Cisco 网络设备针对不同的应用,提供多种命令模式,以完成不同的功能。不同的命令模式有不同的提示符,在使用中需要注意区分。Cisco IOS 的主要命令模式有以下几个:

(1)用户模式(User Mode)。这是接入设备的初始模式,该模式权限最低,只能对交换机和路由器进行有限操作,如查看网络设备基本状态,它不能更改网络配置。该模式命令提示符为"主机名>"即交换机或者路由器名字后跟一个">"符号,如 router>。

(2)特权模式(Privileged Mode)。这是常用的一种模式,该模式下可以查看更多的网络设备信息,也可以对网络配置进行少量修改。在用户模式下输入 enable 命令就可以进入特权模式,该模式命令提示符为"主机名#",如 router #。

(3)全局配置模式(Global Configuration Mode)。该模式下可以进行全局性的配置,并可由此模式进入各种配置子模式,如接口子配置模式、线路子模式、IP 路由协议子配置模式等,需要注意的是,该模式不能使用查看命令。在特权模式下输入 configure terminal 命令进入全局配置模式。该模式命令提示符为"主机名(config)#",如 router (config)#。

(4)各种配置子模式。可由全局配置模式进入,IOS 设备上的常见子配置模式如表 2-1 所示。

表 2-1　常用的子配置模式

IOS 提示符	子配置模式
(config-if)#	接口子配置模式
(config-subif)#	子接口子配置模式
(config-line)#	线路子配置模式
(config-controller)#	控制器子配置模式
(config-router)#	IP 路由选择协议配置模式

3. 利用 Telnet 方式配置网络设备

为了能远程管理网络设备,可以在网络设备上开启 Telnet 功能,并设置相应的密码。如果需要进入特权模式,还需要设置 enable 密码。通过配置 Telnet,可以方便地实现带内管理网络设备。为了安全,应该管理好登录密码,避免非法登录。Telnet 方式配置网络设备的步骤如下(图 2-17)。

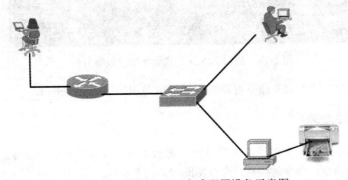

图 2-17　利用 Telnet 方式配置设备示意图

(1)在网络设备上配置 Telnet。

```
cisco#configure terminal
cisco (config)#line vty 0 4        //允许 0～4 共 5 个用户对设备进行 Telnet 登录
cisco (config-line)#password cisco        //设置登录密码为 cisco
```

```
cisco (config-line)#login        //允许 Telnet 登录
cisco (config-line)#exit
cisco (config)#
```

（2）为网络设备配置 IP 地址。

● 交换机设置 IP 地址。

```
cisco (config)# interface vlan 1                              //进入 VLAN 1 接口
cisco (config-if)# ip address    IP 地址    掩码               //设置 IP 地址
cisco (config-if)# no shutdown                               //开启该接口
cisco (config-if)# exit
cisco (config)#
```

● 路由器设置 IP 地址。

```
cisco (config)# interface    接口名                            //进入接口
cisco (config-if)# ip address    IP 地址    掩码               //设置 IP 地址
cisco (config-if)# no shutdown                               //开启该接口
cisco (config-if)# exit
cisco (config)#
```

（3）使用 Telnet 连接网络设备。在计算机上进入命令行方式，输入命令"telnet　网络设备 IP"，就可以进入设备的命令行配置界面，如图 2-18 所示。

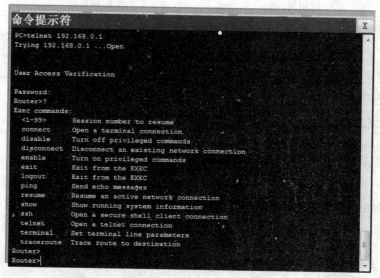

图 2-18　利用 Telnet 方式远程配置设备界面

（4）退出 Telnet。输入 exit 命令可以断开计算机与网络设备的 Telnet。

2.2.2　基本配置命令

Cisco 设备的基本配置命令很多，主要有模式切换命令、设备名称配置命令、口令设置命令、状态查询命令、复制命令、命令的简写、命令帮助和关闭命令等。

1. 模式切换命令

（1）进入特权模式的命令：enable。

```
cisco> enable
cisco#
```

以上信息表明，进入特权模式后，提示符由"主机名>"变为"主机名#"。

（2）进入全局模式的命令：configure terminal。

```
cisco# configure terminal
cisco (config)#
```

以上信息表明，进入全局模式后，提示符由"主机名#"变为"主机名(config)#"。

（3）退回到特权模式命令：Exit 或者按 Ctrl+Z 键。

```
cisco(config)# exit
cisco#
```

以上信息表明，退回到特权模式后，提示符由"主机名(config)#"变为"主机名#"。

（4）退回到用户模式命令：disable。

```
cisco# disable
cisco>
```

以上信息表明，退回到用户模式后，提示符由"主机名#"变为"主机名>"。

（5）关闭当前会话命令：exit。

```
cisco# exit
cisco>
```

2．设备名称配置命令：hostname 设备名称

```
cisco>enable
cisco# configure terminal        //进入全局配置模式
cisco (config)# hostname R1      //把该路由器命名为 R1
r1(config)#
```

以上信息表明，设备名称已经修改为 r1，提示符变为"r1(config)#"。

3．口令设置命令

（1）定义从用户模式进入特权模式的口令。

```
(config)# enable password [口令]        //设置明文口令
(config)# enable secret [口令]          //设置密文口令
```

例如：

```
(config)#enable password 12345
(config)#enable secret cisco
```

图 2-19 是设置 enable 密码后进入特权模式，提示输入特权密码的界面。输入正确密码后，就可以进入特权模式了。

```
Press RETURN to get started.




cisco>
cisco>
cisco>enable
Password:
cisco#
```

图 2-19　输入密码进入特权模式的界面

（2）配置虚拟终端 Telnet 用户接口的口令。

cisco >enable	//从用户模式进入特权模式
cisco #config terminal	//进入全局配置模式
cisco (config)# line vty　0　4	//进入 vty 接口
cisco (config-line)# password [口令]	//设置口令
cisco (config-line)# login	//设置口令生效
cisco (config-line)# exit	//返回到特权模式
cisco (config)#	

利用 Telnet 方式远程配置网络设备，输入密码界面如图 2-18 所示。如果将 login 命令改为 no login，就不需要输入密码而直接登录了。

（3）配置 Console 接口的口令。

cisco >enable	//从用户模式进入特权模式
cisco #config terminal	//进入全局配置模式
cisco (config)# line con 0	//进入控制接口
cisco (config-line)# password [口令]	//设置口令
cisco (config-line)# login	//设置口令生效
cisco (config-line)# exit	//返回到特权模式
cisco (config)#	

图 2-20 是设置 Console 接口的密码后，利用 Console 接口配置网络设备，提示输入密码的界面。

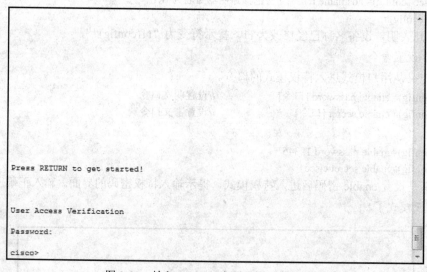

图 2-20　输入 Console 密码配置设备的界面

4. 常用的状态查询命令

（1）查看 IOS 版本号：show version。

（2）查看 Flash 中的内容：show flash。

（3）显示当前模式下的运行配置文件：show running-config。

（4）显示已经保存在 NVRAM 中的启动配置文件：show startup-config。

（5）显示设备上各个接口的状态信息：show interface。

（6）查看指定接口的状态信息：show interface [interface name]。

（7）查看设备的时间、日期、年份的设置：show clock。

图 2-21 是运行 show running-config 命令后，显示的设备运行配置文件信息的界面。

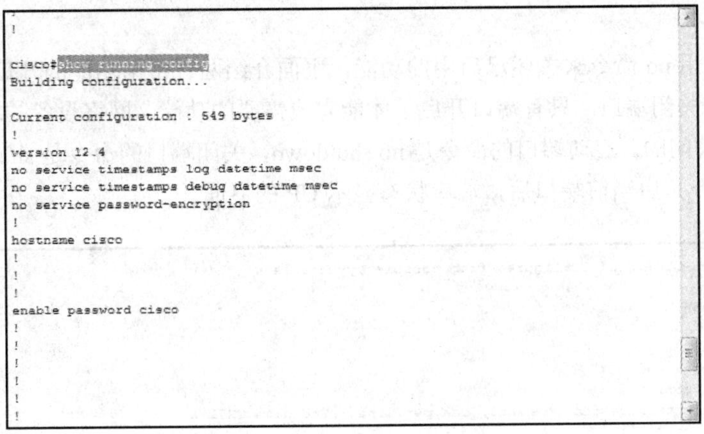

图 2-21　查看设备运行配置文件信息的界面

5. 常用的复制命令

（1）将保存在 NVRAM 中的配置覆盖当前运行环境配置。

　　copy startup-config　running-config

（2）将当前的运行配置文件保存在 NVRAM 中。

　　copy　running-config startup-config

6. 命令的简写

Cisco 设备支持简写，方便我们进行命令的输入。例如，可以将 enable 简写为 en，将 show 简写为 sh。

7. 命令帮助

（1）命令帮助："？"。利用命令帮助可以实现如下功能。

● 了解在某一个模式下面可执行哪些命令。

● 对于不完整的命令，可以通过"？"来得到帮助。

● 参数不唯一也可以在命令后加"？"，查看当前模式下的合法命令或参数。

● 在当前模式下，对于输入错误的命令，通过"？"查看是否确有此命令，及时解决由于模式错误或者输入错误导致系统无法识别命令的问题。

（2）补全命令：Tab 键。利用 Tab 键可以补全当前输入的命令，方便用户快捷地配置网络设备，图 2-22 是用 Tab 键补全了 interface 命令的界面。

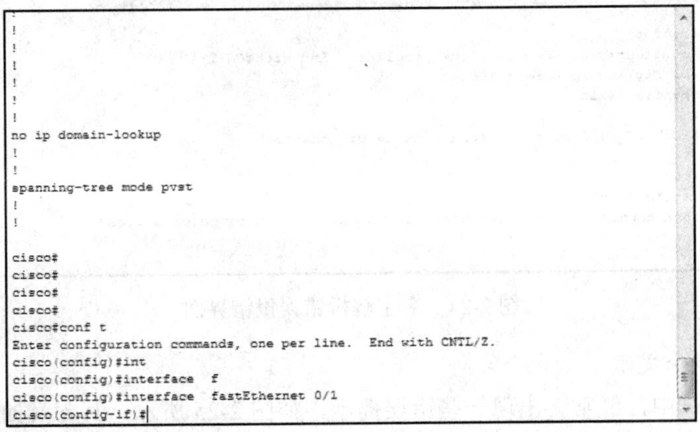

图 2-22　Tab 键补全 interface 命令的界面

8. 关闭命令

Cisco IOS 使用 no 命令来关闭已启用的功能，下面介绍两种常用功能的开启和关闭。

（1）启动和关闭端口。只有端口开启了才能完成需要的功能，网络设备的端口默认下有些是开启的，有些是关闭的。启动端口的命令是 no shutdown，关闭端口的命令是 shutdown。图 2-23 用 no shutdown 命令开启当前端口后，端口状态显示 UP 的界面。

```
%SYS-5-CONFIG_I: Configured from console by console

cisco#
cisco#
cisco#
cisco#
cisco#conf t
Enter configuration commands, one per line.  End with CNTL/Z.
cisco(config)#
cisco(config)#
cisco(config)#int
cisco(config)#interface  f
cisco(config)#interface  fastEthernet 0/1
cisco(config-if)#shutdown
cisco(config-if)#no shutdown

cisco(config-if)#
%LINK-5-CHANGED: Interface FastEthernet0/1, changed state to up

%LINEPROTO-5-UPDOWN: Line protocol on Interface FastEthernet0/1, changed state t
o up

cisco(config-if)#
```

图 2-23　用 no shutdown 命令开启当前端口的界面

（2）启动或关闭自动名字解析。在 CLI 中，输错命令经常会出现如图 2-24 所示的报错界面，并需要等待很长时间才能返回提示符，继续操作，这是因为系统默认启动了名字解析功能，所以建议关闭名字解析功能。启动自动名字解析的命令是 ip domain-lookup，关闭自动名字解析的命令是 no ip domain-lookup。

```
cisco(config)#
cisco(config)#exit
cisco#
%SYS-5-CONFIG_I: Configured from console by console

cisco#
cisco#
cisco#
cisco#pat
Translating "pat"...domain server (255.255.255.255)
% Unknown command or computer name, or unable to find computer address

cisco#conf t
Enter configuration commands, one per line.  End with CNTL/Z.
cisco(config)#no ip domain-lookup
cisco(config)#exit
cisco#
%SYS-5-CONFIG_I: Configured from console by console

cisco#pat
Translating "pat"
% Unknown command or computer name, or unable to find computer address

cisco#
```

图 2-24　名字解析错误报错界面

9. 常用错误命令提示

在实际设备调试中，经常会出现一些错误提示，如图 2-25 所示，其含义如下。

（1）%Invalid input detected at '^'：表示输入的命令有误，^符号表示出错的位置。

（2）%Ambiguous command：表示输入的命令不是唯一的，这条命令有多个参数。

（3）%Incomplete command：表示输入的命令不完整。

（4）%Unknown command or computer name, or unenable to find computer address：表示输入的命令设备不知道，无法解析处理。

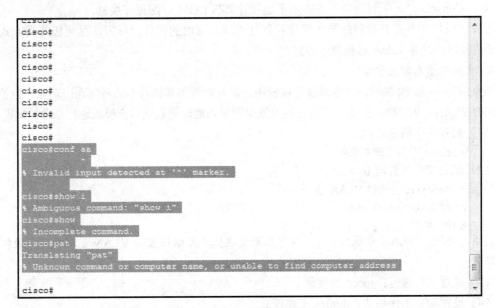

图 2-25　常用错误命令提示界面

2.3　交换机配置

交换机基于 MAC 地址完成封装转发数据包功能，通过"学习"功能将与之连接的计算机与交换机端口对应关系存放在内部 MAC 地址表中。数据传输时，在 MAC 地址表中查找到目标地址对应的端口，将数据帧直接转发到该端口。

主干交换机的每个端口既可以用来连接一个独立的网段，也可以直接连接计算机。当交换机的端口用于直接连接端口时，其独享带宽，可以提供更快的接入速度，支持更大的信息流量。对于一些重要的网络计算机，如网络服务器，建议直接连接到主干交换机上。

2.3.1　交换机配置基础

1. 交换机外形结构

图 2-26 是 Cisco 2960 交换机，与路由器不同，交换机拥有更多的端口，用于连接网络内的计算机。

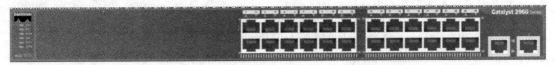

图 2-26　Cisco 2960 交换机外观

交换机常用的端口有 RJ-45 端口、多模光纤端口、单模光纤端口、Console 口等。

（1）RJ-45 端口。通过双绞线跳线连接局域网内的计算机，速度有 10M、100M、1000M、自适应多种，是交换机中数量最多的端口。

（2）多模光纤端口。通过多模光纤或光电转换器连接局域网内的计算机。常用于主干连接。

（3）单模光纤端口。通过单模光纤或光电转换器连接局域网内的计算机。常用于主干连接。

（4）Console 口。配置端口，主要用于连接计算机 COM 口配置交换机。

配置交换机的方式有两种：带内管理和带外管理，常用的带外管理方法是超级终端方式，常用的带内管理方法是 Telnet 远程登录方式。

2. 交换机基本配置命令

与路由器不同，交换机插上电源就可以使用，但只能使用其最基本的网络连接功能。为了使用交换机的 VLAN、生成树、汇聚、三层交换及安全管理功能，则必须对交换机进行合理的配置。

（1）配置交换机名称：

    hostname 交换机的主机名

（2）配置交换机管理 IP 地址：

    interface vlan 交换机 VLAN 号

    ip address ip 地址 子网掩码

    no shutdown

说明：交换机 VLAN 号默认为 1，只有三层交换机才可以设置除 VLAN 1 以外的交换机管理 IP 地址。

（3）设置端口速度：speed 速度值。

（4）设置端口工作模式：duplex 工作模式。

（5）启动交换机端口：no shutdown

（6）关闭交换机端口：shutdown

（7）查看端口信息：show interfaces 端口号。

（8）显示 MAC 地址表信息：show mac-address-table。

（9）删除命令：no 命令。

3. 基本配置命令实例

```
sw1(config)#hostname switch                  //配置交换机名称为 switch
switch(config)#interface  vlan  1            //设置交换机管理地址为 192.168.1.1/24
switch(config-if)#ip   address   192.168.1.1  255.255.255.0
switch(config-if)#no shutdown
switch(config-if)#exit
switch(config)#int    fastethernet 0/1
switch(config-if)#speed 100                  //设置端口速度为 100M
switch(config-if)#duplex   full              //设置端口工作模式为全双工
switch(config-if)# no shutdown               //开启端口
switch(config-if)# shutdown                  //关闭端口
switch#show   interface   fastethernet 0/1   //查看端口信息 fastethernet 0/1 信息
```

下面是查看时显示的相关信息：

FastEthernet0/1 is down, line protocol is down (disabled)

    Hardware is Lance, address is 0002.4ae7.8a01 (bia 0002.4ae7.8a01)

    BW 100000 Kbit, DLY 1000 usec,

        reliability 255/255, txload 1/255, rxload 1/255

    Encapsulation ARPA, loopback not set

    Keepalive set (10 sec)

Full-duplex, 100Mb/s

input flow-control is off, output flow-control is off

ARP type: ARPA, ARP Timeout 04:00:00

Last input 00:00:08, output 00:00:05, output hang never

Last clearing of "show interface" counters never

…………..

从上述信息可以看出该端口是关闭的，端口速度 100M、全双工。

　　switch#show mac-address-table　　//查看 MAC 地址表信息

下面是查看 MAC 地址表时显示的相关信息：

```
                Mac Address Table
-------------------------------------------------
Vlan    Mac Address       Type        Ports
----    -----------       --------    -----
   1    0001.420c.c035    DYNAMIC     Fa0/2
   1    0001.9646.49e5    DYNAMIC     Fa0/3
```

从上述信息可以看出，该交换机已经学习到与其 Fa0/2、Fa0/3 相连计算机的 MAC 地址。

2.3.2　VLAN 配置

1. VLAN 概述

VLAN（Virtual Local Area Network，虚拟局域网）是指在一个物理网段内进行逻辑的划分，划分成若干个虚拟局域网，一个 VLAN 就是一个逻辑网段（子网），就是一个广播域。

相同 VLAN 内的主机可以相互直接通信，不同 VLAN 间的主机之间互相访问必须经路由设备进行转发，广播数据包只可以在本 VLAN 内进行广播，不能传输到其他 VLAN 中，从而有效地控制广播风暴的发生，减少设备投资，简化网络管理，提高网络的安全性。

在上面交换机的 MAC 地址表中，可以看出其包括 VLAN 编号、交换机端口、端口所连设备的 MAC 地址、类型。交换机工作时，通过查看 MAC 地址表转发相同 VLAN 的数据帧，拒绝发往不同 VLAN 的数据帧。

使用 VLAN 划分子网，子网的物理位置可以根据需要灵活变化。只需在交换机上进行简单的设置，就能实现子网之间的广播隔离。

2. VLAN 划分

划分 VLAN 的方法很多，主要有基于端口划分的 VLAN、基于 MAC 地址的 VLAN、基于第 3 层的 VLAN、基于策略的 VLAN 和按用户定义划分的 VLAN。

（1）基于端口划分的 VLAN。根据以太网交换机的交换端口来划分是划分虚拟局域网最简单，也是最常用的方法。它将 VLAN 交换机上的物理端口和 VLAN 交换机内部的 PVC（永久虚电路）端口分成若干个组，每个组构成一个虚拟网，相当于一个独立的 VLAN 交换机。一个端口只能属于一个 VLAN，方便网络管理。

（2）基于 MAC 地址的 VLAN。根据每个主机的 MAC 地址来划分，由于 MAC 地址的唯一性，因此按 MAC 地址来划分 VLAN 实际上是将某些计算机划属于某个 VLAN。这种方式的 VLAN 允许网络用户从一个物理位置移动到另一个物理位置时，自动保留其所属 VLAN 的成员身份。但是，当管理的计算机较多时，大量的 MAC 地址配置会给管理带来难度。

（3）基于第 3 层的 VLAN。根据网络层协议来划分，可分为 IP、IPX、DECnet、AppleTalk、Banyan 等 VLAN 网络，这是路由器中常用的方法。可以针对具体应用和服务来组织用户，并且用户可以在保留 VLAN 成员身份不变的情况下，在网络内部自由移动。

（4）基于策略的 VLAN。这是一种比较灵活有效的 VLAN 划分方法，可以根据用户的管理模式和实际需求来决定选择哪种类型的 VLAN。常用的策略有基于 MAC 地址、基于 IP 地址、基于以太网协议类型、基于网络的应用等。

（5）按用户定义划分的 VLAN。为了适应特别的 VLAN 网络，可以根据具体的网络用户的特别要求来定义和设计 VLAN。

3. VLAN 配置命令

（1）创建 VLAN：vlan vlan 号 name vlan 名。

说明：VLAN 号是管理员输入的要创建的 VLAN 标号，范围在 1～4094 内。VLAN 名是由管理员输入的 VLAN 名字。

（2）查看 VLAN 信息：show vlan。

（3）删除 VLAN：no vlan vlan 号。

（4）进入交换机的单一物理端口：interface fastEthernet 交换机端口号。

（5）进入交换机的一组物理端口： interface range port-range。

说明：port-range 为模块号/{第一个端口号}-{最后一个端口号}；每个范围段可以使用逗号（,）隔开。

（6）分配 VLAN 端口：switchport access vlan 号。

说明：vlan 号是由管理员输入的要分配端口的 VLAN 标号。

4. VLAN 配置实例

两台交换机通过 24 口互联，交换机 1 设置 VLAN2、VLAN3，将 1、2 口加入 VLAN2，将 3 口加入 VLAN3，PC1、PC2、PC3 分别接入交换机 1 的 1、2、3 口；交换机 2 设置 VLAN2、VLAN3，将 1 口加入 VLAN2，将 2 口加入 VLAN3，PC4、PC5 分别接入交换机 2 的 1、2 口。拓扑结构如图 2-27 所示。

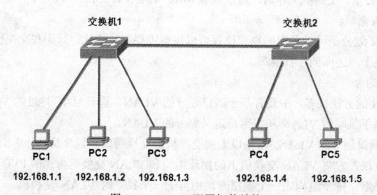

图 2-27   VLAN 配置拓扑结构

分析：只需在交换机上创建指定的 VLAN，并将相关端口加入 VLAN 即可。交换机 1 配置如下：

```
switch1(config)#hostname    switch1
switch1(config)#vlan   2          //创建 VLAN 2
switch1(config-vlan)#vlan   3      //创建 VLAN 3
switch1(config-vlan)#exit
switch1(config)#interface   range   fastEthernet  0/1-2   //进入交换机 1、2 口
switch1(config-if-range)#switchport   access   vlan 2     //将 1、2 口加入 VLAN 2
switch1(config)#interface   fastEthernet   0/3            //进入交换机 3 口
```

switch1(config-if)#switchport　access　vlan 3　　　　　　//将 3 口加入 VLAN 3

输入 show vlan 命令查看交换机 1VLAN 信息，显示结果如下：

VLAN	Name	Status	Ports
1	default	active	Fa0/4, Fa0/5, Fa0/6, Fa0/7
			Fa0/8, Fa0/9, Fa0/10, Fa0/11
			Fa0/12, Fa0/13, Fa0/14, Fa0/15
			Fa0/16, Fa0/17, Fa0/18, Fa0/19
			Fa0/20, Fa0/21, Fa0/22, Fa0/23
			Fa0/24, Gig1/1, Gig1/2
2	**VLAN0002**	**active**	**Fa0/1, Fa0/2**
3	**VLAN0003**	**active**	**Fa0/3**
1002	fddi-default		act/unsup
1003	token-ring-default		act/unsup

··················

从上述信息可以看出，端口 1 和端口 2 已经加入 VLAN2，端口 3 已经加入 VLAN3，其他端口默认加入 VLAN1。利用 PING 命令测试，PC1、PC2 同属于 VLAN2，可以相互 PING 通，PC3 属于 VLAN3，与 PC1、PC2 都不能 PING 通。

交换机 2 的配置信息如下：

Switch(config)#hostname　switch2
switch2(config)#vlan　2
switch2(config-vlan)#vlan　3
switch2(config-vlan)#exit
switch2(config)#interface　fastEthernet　0/1
switch2(config-if)#switchport　access　vlan 2
switch2(config-if)#exit
switch2(config)#interface　fastEthernet　0/2
switch2(config-if)#switchport access　vlan 3

PC4 与 PC5 属于不同的 VLAN，经过测试，相互不能 PING 通。以上实验证明在同一个交换机中，相同 VLAN 的计算机互通，不同 VLAN 的计算机不通。进一步测试不同交换机的 VLAN 情况，PC3、PC5 都属于 VLAN3，但不同的交换机使用 PING 命令测试，相互也不能 PING 通。这是因为跨交换机传递 VLAN 数据还需要进行相应的设置方可实现。

2.3.3　跨交换机 VLAN 配置

当网络中计算机较多时，需要配备多台交换机，多个交换机互联的方式主要有堆叠与级联两种。堆叠使用特定的模块和线缆，相当于将堆叠的多台交换机组合成一台大型交换机，各交换机的性能平等，只运行一个 MAC 地址表，大大加快了数据的转发速率。特别适合于需要保证传输性能的高密度端口需求；级联的交换机用双绞线或光纤连接，运行多个 MAC 地址表，各交换机的性能不平等，用于简单的扩展网络范围。图 2-27 采用的就是级联方式连接两台交换机。

1. 交换机端口分类

在交换机中，端口类型分为 Access 端口和 Trunk 端口两大类。Access 端口是默认方式，用于计算机与交换机之间连接。每个 Access 端口只能属于一个 VLAN，该端口只传输属于这个 VLAN 的数据包。Trunk 端口用于交换机之间级联，用于实现跨交换机的相同 VLAN 间数据传送。

2. Trunk 技术

相同 VLAN 在不同交换机上的计算机进行通信时，需要使用 Trunk 技术。Trunk 技术使得在一条物理线路上可以传送多个 VLAN 的信息，交换机从属于某一 VLAN 的端口接收到数据，在 Trunk 链路上进行传输前会加上一个帧标记，指明该数据 VLAN 号；到了对方交换机后，交换机会把该标记去掉，只发送到属于同一 VLAN 号的端口上。Cisco 交换机之间的链路是否形成 Trunk 是可以自动协商的，这个协议称为 DTP（Dynamic Trunk Protocol）。目前常见的帧标记技术有 ISL 和 IEEE 802.1Q 两种。

（1）ISL。ISL 是思科公司特有的技术，其在原有的帧上重新加了一个帧头，并重新生成了帧校验序列（FCS），ISL 只能在 Cisco 交换机之间使用，如果网络中有其他厂家的交换机，则不能使用 ISL 技术。

（2）IEEE 802.1Q。IEEE 802.1Q 标准是 IEEE 关于虚拟局域网 VLAN 定义的标准，是对局域网 IEEE 802.3 标准的扩展和补充。IEEE 802.1Q 技术在原有帧的源 MAC 地址字段后插入标记字段，用于标明该数据帧的 VLAN 号，便于对端交换机接收到数据帧后进行准确的过滤。同时用新的 FCS 字段替代了原有的 FCS 字段，该技术是国际标准，得到所有厂家的支持。

如果交换机的一个端口如果对发出的数据报都插入帧标记，则称该端口工作在 Tag 方式。交换机所有端口的出厂默认配置是 Untag 方式。如果一个端口用于级联其他支持 VLAN 的交换机，则需要将其设置为 Tag 方式。

3. Native VLAN

Native VLAN 是指在 Trunk 端口上收发的 untag 报文，默认属于 VLAN。Native VLAN 的默认值为 VLAN 1，Native VLAN 号可以通过命令改变，但 Trunk 端口连接的交换机 Native VLAN 号必须相同。

4. 交换机 Trunk 端口相关配置命令

（1）设置交换机端口类型：switchport mode 端口类型。

说明：端口类型可以选择 Access 或者 Trunk，默认为 Access

（2）配置 Native VLAN：switchport trunk native vlan VLAN 号。

（3）设置 Trunk 端口许可 VLAN 列表：

switchport trunk allowed vlan ﹛ all | [add| remove |except]﹜ vlan 列表

说明：

- vlan 列表可以是一个或一组 VLAN。
- all 是许可 VLAN 列表包含所有 VLAN。
- add 表示将指定 VLAN 列表加入许可 VLAN 列表。
- remove 表示将指定 VLAN 列表从许可 VLAN 列表中删除。
- except 表示将除列出的 VLAN 列表外的所有 VLAN 加入许可 VLAN 列表。

（4）显示端口配置信息命令：show interfaces 端口号。

5. VLAN Trunk 配置实例

在上例中，只需将交换机级联的端口设置为 Trunk 端口，并设置 Trunk 端口许可 VLAN 列表后，就可以跨交换机传递 VLAN 数据帧。相关配置如下：

- 交换机 1 配置

```
switch1(config)#interface   fastEthernet  0/24
switch1(config-if)#switchport   mode   trunk     //设置交换机端口为 Trunk
switch1(config-if)#switchport trunk allowed vlan all
     //设置该 Trunk 端口许可所有 VLAN 数据帧
```

- 交换机 2 配置

```
switch2(config)#interface   fastEthernet  0/24
```

switch2(config-if)#switchport mode trunk
switch2(config-if)#switchport trunk allowed vlan all

2.3.4　VLAN 之间互联

在交换机上划分 VLAN 后，VLAN 间的计算机就无法通信了。这是因为不同 VLAN 之间在第二层是不能相互通信的，VLAN 间的通信需要借助第三层设备，有两种方法：独臂路由和第三层交换。

1. 独臂路由

使用路由器实现 VLAN 之间通信有两种方式：

①每个 VLAN 上都有一个以太网口和路由器连接。如果要实现 *M* 个 VLAN 间的通信，则路由器需要 *M* 个以太网接口，同时也会占用 *M* 个交换机的以太网接口。这种方法实际应用中很少采用。

②独臂路由。路由器只需要一个以太网接口和交换机连接，交换机的这个接口设置为 Trunk 接口。在路由器上创建多个子接口和不同的 VLAN 连接，子接口是路由器物理接口上的逻辑接口，它承担所有 VLAN 的网关，在不同的 VLAN 间转发数据。独臂路由是使用路由器实现 VLAN 之间通信最常用的方法。

（1）独臂路由实现步骤。

● 在交换机上划分 VLAN。

● 将路由器与该交换机相连。

● 开启路由器相连端口，并设置交换机的相连端口为 Trunk。

● 配置路由器子端口。

给子端口配置 IP 地址，此地址作为子端口关联的 VLAN 的网关；在各子端口上封装 IEEE 802.1Q 协议，使得路由端口能够识别接收到的 IEEE 802.1Q 数据帧。

● 设置计算机的网关分别指向路由器的子接口。

（2）独臂路由配置相关命令。

● 创建子端口：interface　fastethernet　端口号.子端口号。

● 封装 IEEE 802.1Q 协议：encapsulation　dot1q　VLAN 号。

（3）独臂路由配置实例。

两台计算机 PC1、PC2 分别通过端口 1、2 连入交换机，在交换机中设置 VLAN2、VLAN3，将 1 口加入 VLAN2，将 2 口加入 VLAN3，交换机通过 24 口与路由器 F0/0 相连，拓扑图如图 2-28 所示，要求实现 PC1 和 PC2 互通。

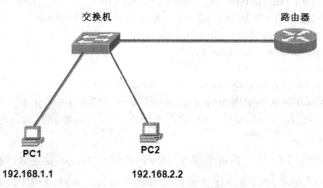

图 2-28　独臂路由配置拓扑图

按照独臂路由的配置步骤，各设备配置如下：

1）交换机配置。

```
switch(config)#hostname    switch1
switch1(config)#vlan    2
switch1(config-vlan)#vlan    3
switch1(config-vlan)#exit
switch1(config)#interface    fastEthernet    0/1
switch1(config-if)#switchport    access    vlan 2
switch1(config-if)#exit
switch1(config)#interface    fastEthernet    0/2
switch1(config-if)#switchport    access    vlan 3
switch1(config-if)#exit
switch1(config)#interface    fastEthernet    0/24
switch1(config-if)#switchport    mode    trunk
switch1(config-if)#switchport    trunk    allowed    vlan    all
```

2）路由器配置。

```
router1(config)#interface    fastEthernet    0/0
router1(config-if)#no    shutdown                  //开启与交换机连接的端口
router1(config-if)#exit
router1(config)#interface    fastEthernet    0/0.1            //创建子端口
router1(config-subif)#encapsulation    dot1Q    2        //封装 IEEE 802.1Q 协议
router1(config-subif)#ip    address    192.168.1.10    255.255.255.0 //设置子端口 IP 地址
router1(config-subif)#exit
router1(config)#interface    fastEthernet    0/0.2
router1(config-subif)#encapsulation    dot1Q    3
router1(config-subif)#ip    address    192.168.2.10 255.255.255.0
router1(config-subif)#end
```

3）计算机配置。

①PC1 设置 IP 地址 192.168.1.1、子网掩码 255.255.255.0、网关 192.168.1.10。

②PC2 设置 IP 地址 192.168.2.2、子网掩码 255.255.255.0、网关 192.168.2.10。

测试：PC1 与 PC2 可以相互 PING 通，在独臂路由上查看路由信息，显示结果如下：

```
router1#show   ip   route
Codes: C - connected, S - static, I - IGRP, R - RIP, M - mobile, B - BGP
        D - EIGRP, EX - EIGRP external, O - OSPF, IA - OSPF inter area
        N1 - OSPF NSSA external type 1, N2 - OSPF NSSA external type 2
        E1 - OSPF external type 1, E2 - OSPF external type 2, E - EGP
        i - IS-IS, L1 - IS-IS level-1, L2 - IS-IS level-2, ia - IS-IS inter area
        * - candidate default, U - per-user static route, o - ODR
        P - periodic downloaded static route
Gateway of last resort is not set
C    192.168.1.0/24 is directly connected, FastEthernet0/0.1
C    192.168.2.0/24 is directly connected, FastEthernet0/0.2
```

可以看出，路由器已将与 VLAN2、VLAN3 关联的子端口地址设置为直连路由了。

2. 第三层交换

路由器的工作原理复杂，单臂路由实现 VLAN 间的路由时，需要完成帧校验、拆卸帧报头、安装新帧报头、目标 IP 地址分析等多项任务，转发速率较慢，实际应用中经常成为网络的瓶颈。具有三层交换技术的三层交换机将二层交换机和三层路由器两者的优势结合成一体，采用硬件查询技术，识别数据包的目标 MAC 地址，进行帧校验后就可以将数据从指定端口转发出去了。三层交换机采用 SVI（交换虚拟接口）的方式实现 VLAN 间互联，路由转发的速率可以达到普通路由器的几十倍，并可以实现"一次路由，多次交换"的目的。

（1）三层交换实现步骤。

- 在交换机上划分 VLAN。
- 将交换机与三层交换机相连。
- 配置三层交换机。三层交换机的配置非常简单，只需开启路由功能，并设置 VLAN 虚拟端口 IP 地址即可。
- 设置计算机的网关为对应 VLAN 虚拟端口的 IP 地址。

（2）三层交换机路由配置相关命令。

- 进入交换机虚拟端口：interface　vlan　vlan 号。

说明：VLAN 号为配置的交换机虚拟端口 IP 地址对应的 VLAN 标号。

- 设置虚拟端口 IP 地址：ip　address　ip 地址　子网掩码。
- 启用了三层功能：ip routing。
- 级联端口封装 IEEE 802.1Q 协议：switchport　trunk　encapsulation　dot1q

（3）三层交换机路由配置实例。

两台计算机 PC1、PC2 分别通过端口 1、2 连入交换机 1，在交换机 Switch1 中设置 VLAN2、VLAN3，将 1 口加入 VLAN2，将 2 口加入 VLAN3，交换机 Switch1 通过 24 口与三层交换机 Switch2 的 24 口相连，拓扑如图 2-29 所示，要求利用三层交换功能实现 PC1 和 PC2 互通。

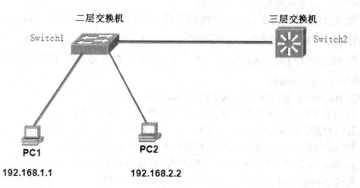

图 2-29　三层交换配置拓扑图

按照三层交换的配置步骤，各设备配置如下：

1）交换机 Switch1 配置。

```
switch(config)#hostname  switch1
switch1(config)#vlan  2
switch1(config-vlan)#vlan  3
switch1(config-vlan)#exit
switch1(config)#interface  fastEthernet  0/1
switch1(config-if)#switchport  access  vlan 2
switch1(config-if)#exit
switch1(config)#interface  fastEthernet  0/2
switch1(config-if)#switchport  access  vlan 3
switch1(config-if)#exit
```

```
switch1(config)#interface   fastEthernet   0/24
switch1(config-if)#switchport   mode   trunk
switch1(config-if)#switchport   trunk   allowed   vlan all
switch1(config-if)#end
switch1#
```

2）交换机 Switch2（三层交换机）配置。

```
switch(config)#hostname   switch2
switch2(config)#vlan   2
switch2(config-vlan)#vlan   3
switch2(config-vlan)#exit
switch2(config)#ip   routing                     //开启三层交换功能
switch2(config)#interface   vlan   2
switch2(config-if)#ip   address   192.168.1.10   255.255.255.0  //设置 VLAN2 虚拟端口 IP 地址
switch2(config-if)#no   shutdown
switch2(config-if)#exit
switch2(config)#interface   vlan 3
switch2(config-if)#ip   address   192.168.2.10   255.255.255.0  //设置 VLAN3 虚拟端口 IP 地址
switch2(config-if)#no   shutdown
switch2(config)#interface   fastEthernet   0/24
switch2(config-if)#switchport   mode   trunk
switch2(config-if)#switchport   trunk   encapsulation   dot1q   //封装 IEEEE 802.1Q 协议
switch2(config-if)#switchport   trunk   allowed   vlan all
switch2(config-if)#end
```

3）计算机配置。

①PC1 设置 IP 地址 192.168.1.1、子网掩码 255.255.255.0、网关 192.168.1.10。

②PC2 设置 IP 地址 192.168.2.2、子网掩码 255.255.255.0、网关 192.168.2.10。

测试：PC1 与 PC2 可以相互 PING 通，在三层交换机查看路由信息，显示结果如下：

```
switch2#show   ip   route
Codes: C - connected, S - static, I - IGRP, R - RIP, M - mobile, B - BGP
          D - EIGRP, EX - EIGRP external, O - OSPF, IA - OSPF inter area
          N1 - OSPF NSSA external type 1, N2 - OSPF NSSA external type 2
          E1 - OSPF external type 1, E2 - OSPF external type 2, E - EGP
          i - IS-IS, L1 - IS-IS level-1, L2 - IS-IS level-2, ia - IS-IS inter area
          * - candidate default, U - per-user static route, o - ODR
          P - periodic downloaded static route
Gateway of last resort is not set
C       192.168.1.0/24 is directly connected, Vlan2
C       192.168.2.0/24 is directly connected, Vlan3
```

可以看出，设备已将 VLAN2、VLAN3 的虚拟端口地址设置为直连路由了。

2.3.5　VTP

前面配置实例中，当有多个交换机需要使用 VLAN 时，需要在多个 VLAN 重复创建相同的 VLAN 信息。Cisco 的 VLAN 中继协议（Vlan Trunking Protocol，VTP）提供了一种用于在交换机上管理 VLAN 的方法，很好地解决了这个问题。VTP 利用第二层中继帧，在一组交换机之间进行 VLAN 通信，VTP 从一个中心控制点开始，负责在 VTP 域内同步 VLAN 信息，VTP 管理域内的所有交换机共享相同的 VLAN 信息。

1. VTP 模式

VTP 模式有 3 种，分别是服务器模式、客户机模式和透明模式。

（1）服务器模式（Server）。在 VTP 服务器上能创建、修改、删除 VLAN，同时这些信息会通告给域中的其他交换机。每个 VTP 域必须至少有一台服务器，也可以有多台。默认情况下，交换机采用服务器模式。

（2）客户机模式（Client）。VTP 客户机不允许创建、修改或删除 VLAN。它们监听本域中其他交换机的 VTP 通告，并相应修改自己的 VLAN 信息。当该交换机与其他交换机级联时，接收到的 VTP 信息就会通过 Trunk 链路向其他交换机转发，起到一个 VTP 中继的作用。

（3）透明模式（Transparent）。VTP 透明模式中的交换机不参与 VTP。它可以创建和删除本地的 VLAN 信息，但是这些 VLAN 信息并不会通告给其他交换机，它也不接受其他交换机的 VTP 通告而更新自己的 VLAN 信息。当该交换机与其他交换机级联时，接收到的 VTP 信息就会通过 Trunk 链路向其他交换机转发，起到一个 VTP 中继的作用。因此完全可以把该交换机看成是透明的。

VTP 通告是以组播帧的方式多点发送的，VTP 服务器和客户模式下会同步最新版本的通告信息，VTP 信息通告每隔 5 分钟或者有变化时发生。

2. VTP 配置相关命令

（1）VTP 模式设置：vtp mode VTP 模式。

说明：VTP 模式可以为 Server、Client 和 Transparent。

（2）配置 VTP 域名：vtp domain VTP 域名。

（3）配置 VTP 的密码：vtp password 密码。

3. VTP 配置实例

3 个交换机互联，Switch1 的 1、2 口分别与 Switch2、Switch3 的 1、2 口相连，拓扑图如图 2-30 所示。Switch1 配置为 VTP Server、Switch2 配置为 VTP Client、Switch3 配置为 VTP Transparent，测试相关 VTP 性能。

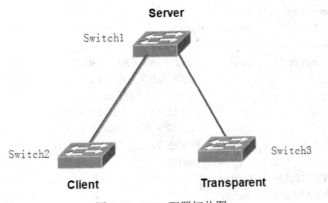

图 2-30 VTP 配置拓扑图

各交换机分别进行如下配置：

（1）Switch1（VTP Server）配置。

```
switch(config)#hostname   server
server(config)#interface   range   fastEthernet 0/1-2
server(config-if-range)#switchport   mode  trunk
server(config-if-range)#exit
```

```
server(config)#vtp    mode    server                //设置 VTP 模式为 server
server(config)#vtp    domain    admin               //配置 VTP 域名为 admin
server(config)#vtp    password    superman           //配置 VTP 的密码为 superman
server(config)#vlan    100
server(config-vlan)#vlan    200
server(config-vlan)#vlan    300
server(config-vlan)#end
```

（2）Switch2（VTP　Client）配置。

```
switch(config)#hostname    client
client(config)#interface    fastEthernet    0/1
client(config-if)#switchport    mode    trunk
client(config-if)#switchport    trunk    allowed    vlan all
client(config-if)#exit
client(config)#vtp    mode    client              // 设置 VTP 模式为 client
client(config)#vtp    domain    admin             //配置 VTP 域名为 admin
client(config)#vtp    password    superman         //配置 VTP 的密码为 superman
client(config)#end
```

（3）Switch3（VTP　Transparent）配置。

```
switch(config)#hostname    transparent
transparent(config)#interface    fastEthernet    0/2
transparent(config-if)#switchport    mode trunk
transparent(config-if)#switchport    trunk    allowed    vlan all
transparent(config-if)#exit
transparent(config)#vtp    mode    transparent         //设置 VTP 模式为 transparent
transparent(config)#vtp    domain    admin             //配置 VTP 域名为 admin
transparent(config)#vtp    password    superman        //配置 VTP 的密码为 superman
transparent(config)#end
```

测试 1：在 Switch2 中测试 VTP Client 性能，输入查看 VLAN 信息命令后显示如下信息：

```
client#show    vlan
VLAN    Name                Status    Ports
----    --------------------  --------  -------------------------------
1       default             active    Fa0/2, Fa0/3, Fa0/4, Fa0/5
                                       Fa0/6, Fa0/7, Fa0/8, Fa0/9
                                       Fa0/10, Fa0/11, Fa0/12, Fa0/13
                                       Fa0/14, Fa0/15, Fa0/16, Fa0/17
                                       Fa0/18, Fa0/19, Fa0/20, Fa0/21
                                       Fa0/22, Fa0/23, Fa0/24, Gig1/1
                                       Gig1/2
100     VLAN0100            active
200     VLAN0200            active
300     VLAN0300            active
    ..............
```

可以看出，其已经从 VTP Server 中学习到 VLAN 100、VLAN 200、VLAN 300 等 VLAN 信息。

在 Switch2 创建 VLAN 2，出现 VTP client 不允许创建 VLAN 的提示信息。

```
client(config)#vlan    2
VTP VLAN configuration not allowed when device is in CLIENT mode.
```

测试 2：在 Switch3 中测试 VTP transparent 性能，输入查看 VLAN 信息命令后显示如下信息：

```
transparent#show   vlan
VLAN       Name              Status       Ports
----  ------------------------  -----------  -----------------------------
1          default           active       Fa0/1, Fa0/3, Fa0/4, Fa0/5
                                           Fa0/6, Fa0/7, Fa0/8, Fa0/9
                                           Fa0/10, Fa0/11, Fa0/12, Fa0/13
                                           Fa0/14, Fa0/15, Fa0/16, Fa0/17
                                           Fa0/18, Fa0/19, Fa0/20, Fa0/21
                                           Fa0/22, Fa0/23, Fa0/24, Gig1/1
                                           Gig1/2
```

VLAN	Name	Status	
1002	fddi-default	act/unsup	
1003	token-ring-default	act/unsup	
1004	fddinet-default	act/unsup	
1005	trnet-default	act/unsup	

VLAN	Type	SAID	MTU	Parent	RingNo	BridgeNo	Stp	BrdgMode	Trans1	Trans2
1	enet	100001	1500	-	-	-	-	-	0	0
1002	fddi	101002	1500	-	-	-	-	-	0	0
1003	tr	101003	1500	-	-	-	-	-	0	0
1004	fdnet	101004	1500	-	-	-	ieee	-	0	0
1005	trnet	101005	1500	-	-	-	ibm	-	0	0

```
     --More—
```

可以看出，其不能从 VTP Server 中学习到 VLAN 100、VLAN 200、VLAN 300 等信息。在 Switch3 创建 VLAN 2，出现创建 VLAN2 成功的提示信息：

```
transparent(config)#vlan   2
transparent(config-vlan)#
```

2.3.6 生成树技术

在交换网络中提供冗余备份链路可以增加网络的可靠性，但却会引起交换环路，导致广播风暴、同一帧的多个副本、交换机 CAM 表不稳定等众多问题。生成树协议（Spanning Tree Protocol，STP）的使用可以很好地解决这些问题。STP 也称为 IEEE 802.1D 协议，STP 利用网桥协议数据单元（Bridge Protocol Data Unit，BPDU）和其他交换机进行通信，为稳定的生成树拓扑结构选择一个根桥，为每个交换网段选择一台指定交换机，将冗余路径上的交换机设置为阻塞。生成一个没有环路的属性网络，避免广播报文和组播报文在网络中无限循环。

STP 重新收敛时间较长，通常需要 30～50s，为了缩短这个时间，可以引入 UplinkFast、BackboneFast 等技术。

快速生成树协议（Rapid Spanning Tree Protocol，RSTP）由 IEEE 802.1W 定义，是 STP 的扩展，其主要特点是增加了端口状态快速切换的机制，能够实现网络拓扑的快速转换。在生成树协议的基础上增加了两种端口角色：替换端口和备份端口，分别作为根端口和指定端口。当根端口或指定端口出现故障时，冗余端口不需要经过 50s 的收敛时间，可以直接切换到替换端口或备份端口，从而实现 RSTP 协议小于 1s 的快速收敛。

多生成树协议（Multiple Spanning Tree Protocol，MSTP）遵循 IEEE 802.1S 标准，是在 STP、RSTP 的基础上发展而来的新的生成树协议。启用 MSTP 可以把一台交换机的一个或多个 VLAN 划分为一个实例，有着相同实例配置的交换机就组成一个区域，运行独立的生成树（IST）。

1. 生成树协议 STP 的工作过程

（1）选举根交换机。每个交换机都有一个唯一的网桥 ID，这个 ID 由两部分组成：网桥优先级和 MAC 地址。每个网络中只能有一个交换机作为根交换机，具有最小网桥 ID 的交换机将成为根交换机。

（2）选举根端口。在所有非根交换机上比较路径成本，选举根端口。

（3）选举指定端口。指定端口是用来转发数据帧的，指定端口为以太网段到根交换机最近的指定交换机端口。

（4）阻塞非根、非指定端口。网桥选举出根端口、指定端口后，其余端口为非根端口，非指定端口为阻塞状态，不转发数据。

2. 交换机端口状态

当网络的拓扑发生变化时，网络会从一个状态向另一个状态过渡，重新打开或阻断某些接口。交换机的端口主要有以下几种状态：

（1）禁用（Disable）：该端口不能使用。

（2）转发状态（Forwarding）：该端口能够发送和接收数据、学习 MAC 地址、发送和接收 BPDU。

（3）学习状态（Learning）：该端口不能发送和接收数据，但可以发送和接收 BPDU，也可以学习 MAC 地址并加入 MAC 地址表。

（4）监听状态（Listening）：该端口不能发送和接收数据，也不能把 MAC 地址加入 MAC 地址表，但是可以接收或发送 BPDU。

（5）阻塞状态（Blocking）：该端口不能发送和接收数据，也不能把 MAC 地址加入 MAC 地址表，只能接收 BPDU。

3. 生成树协议的配置命令

（1）设置生成树协议类型：spanning-tree mode 生成树类型。

（2）设置交换机优先级：spanning-tree vlan 号 priority 交换机优先级。

说明：交换机优先级取值范围为 0～61440，按 4096 的倍数递增，默认值为 32768。

（3）设置端口优先级：spanning-tree vlan 号 Port-priority 端口优先级。

说明：端口优先级取值范围为 0～240，按 16 的倍数递增，默认值为 128。

（4）显示生成树信息：show spanning-tree。

4. 生成树协议的配置实例

Switch1 与 Switch2 通过 23、24 口连接，1 口均划入 VLAN 100，PC1、PC2 分别通过 1 口连入 Switch1、Switch2，启用 RSTP 协议，观察根交换机和根端口情况。图 2-31 为 STP 配置拓扑图。

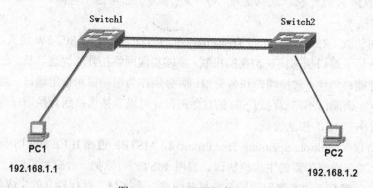

图 2-31　STP 配置拓扑图

各交换机分别进行如下配置：

（1）Switch1 配置。

```
switch(config)#hostname    switch1
switch1(config)#vlan    100
switch1(config-vlan)#exit
switch1(config)#interface    fastEthernet    0/1
switch1(config-if)#switchport    access    vlan    100
switch1(config-if)#exit
switch1(config)#interface    range    fastEthernet    0/23-24
switch1(config-if-range)#switchport    mode    trunk    //将 23、24 端口设置为 Trunk
switch1(config-if-range)#switchport    trunk    allowed    vlan all
switch1(config-if-range)#exit
switch1(config)#spanning-tree    mode    rapid-pvst        //设置生成树协议类型为 RSTP
switch1(config)#end
```

（2）Switch2 配置。

```
switch(config)#hostname    switch2
switch2(config)#vlan    100
switch2(config-vlan)#exit
switch2(config)#interface    fastEthernet    0/1
switch2(config-if)#switchport    access    vlan    100
switch2(config-if)#exit
switch2(config)#interface    range    fastEthernet    0/23-24
switch2(config-if-range)#switchport    mode    trunk        //将 23、24 端口设置为 Trunk
switch2(config-if-range)#switchport    trunk    allowed    vlan all
switch2(config-if-range)#exit
switch2(config)#spanning-tree    mode    rapid-pvst        //设置生成树协议类型为 RSTP
switch2(config)#end
```

测试：在 Switch2 上使用 show spanning-tree 命令查看生成树信息。显示信息如下：

```
switch2#show    spanning-tree
……………..
VLAN0100
    Spanning tree enabled protocol rstp
    Root ID      Priority    32868
                 Address      0001.C9DE.57A8
                 Cost        19
                 Port        24(FastEthernet0/24)
                 Hello Time   2 sec   Max Age 20 sec   Forward Delay 15 sec
    //以上显示 VLAN 100 的 STP 树的根桥信息，通过根桥的 MAC 地址可以确定 Switch1 是根桥
    Bridge ID   Priority    32868   (priority 32768 sys-id-ext 100)
                Address      0005.5E79.4E64
                Hello Time   2 sec   Max Age 20 sec   Forward Delay 15 sec
                Aging Time    20
    //以上显示该交换机的桥 ID

Interface       Role Sts   Cost       Prio.Nbr    Type
---------------- ------ -------  ---------   --------
Fa0/1           Desg FWD   19        128.1       P2p
Fa0/23          Altn BLK   19        128.23      P2p
Fa0/24          Root FWD   19        128.24      P2p
    //以上显示该交换机各个接口的状态，fa0/23 为阻断状态，fa0/24 为根端口
```

修改 Switch2 的交换机优先级，再查看生成树信息如下：

```
switch2(config)#spanning-tree   vlan 100    priority    4096
switch2#show    spanning-tree
..............
VLAN0100
   Spanning tree enabled protocol rstp
   Root ID     Priority      4196
               Address       0005.5E79.4E64
               This bridge is the root
               Hello Time   2 sec   Max Age 20 sec   Forward Delay 15 sec
   Bridge ID   Priority      4196   (priority 4096 sys-id-ext 100)
               Address       0005.5E79.4E64
               Hello Time   2 sec   Max Age 20 sec   Forward Delay 15 sec
               Aging Time   20


Interface       Role Sts    Cost       Prio.Nbr   Type
--------------- ---- ---    --------   --------   --------------------------------
Fa0/1           Desg FWD    19          128.1      P2p
Fa0/23          Desg FWD    19          128.23     P2p
Fa0/24          Desg FWD    19          16.24      P2p
```

可以看出，Switch2 已变为根桥了。

2.3.7　EtherChannel

交换机生成树协议解决了由于某些网络故障造成的网络中断，影响网络稳定运行等问题。但是无法提高网络主干链路带宽。高速率交换机虽然可以提高网络主干链路带宽，但成本较高。采用多链路捆绑技术可以低成本提高主干链路带宽，并且被绑定的多个物理端口之间具有冗余备份。

EtherChannel（以太通道）是 Cisco 公司开发的，应用于交换机之间的多链路捆绑技术。该技术将两个设备间多条快速物理链路捆绑在一起，组成一条高速逻辑链路，并在多条链路上实现均衡负载，当在一条或多条链路故障时，只要还有链路正常，数据传输将在几毫秒内转移到正常链路上，从而起到冗余的作用，增强了网络的稳定性和安全性。

构成 EtherChannel 的端口必须具有相同的特性，如双工模式、速度、介质、Trunking 的状态等。配置 EtherChannel 有手动配置和自动配置两种方式。采用自动配置有两种协商协议：PAGP 和 LACP，前者是 Cisco 专有的协议，而 LACP 是公共的标准。

1. EtherChannel 配置命令

（1）创建以太通道：interface port-channel 通道组号。

说明：创建以太通道时要指定一个唯一的通道组号，组号的范围是 1～6 的正整数。

（2）将物理接口加入指定的通道：channel-group 通道组号 mode on。

（3）配置以太通道的负载平衡方式：port-channel load-balance 方式。

说明：负载平衡的方式有 dst-ip、dst-mac、src-dst-ip、src-dst-mac 等。

（4）查看以太通道信息：show etherchannel summary。

2. EtherChannel 配置实例

Switch1 与 Switch2 通过 23、24 口连接，将 23、24 链路捆绑，创建以太通道，查看以太通道信息，如图 2-32 所示。

图 2-32　以太通道配置拓扑图

交换机的相关配置如下：

（1）Switch1 配置。

```
switch(config)#hostname    switch1
switch1(config)#interface    port-channel    1          //创建以太通道 1
switch1(config-if)#exit
switch1(config)#interface    range    fastEthernet 0/23-24
switch1(config-if-range)#channel-group    1 mode    on   //将 f0/23-24 加入以太通道 1
switch1(config-if-range)#exit
switch1(config)#interface    port-channel    1
switch1(config-if)#switchport    mode trunk
switch1(config-if)#speed    100                          //配置以太通道 1 的物理接口的属性
switch1(config)#port-channel    load-balance    dst-mac  //配置以太通道的负载平衡方式为 dst-mac
switch1(config)#end
```

（2）switch2 配置。

```
switch(config)#hostname    switch2
switch2(config)#interface    port-channel    1          //创建以太通道 1
switch2(config-if)#exit
switch2(config)#interface    range    fastEthernet  0/23-24
switch2(config-if-range)#channel-group 1 mode on        //将 f0/23-24 加入以太通道 1
switch2(config-if-range)#exit
switch2(config)#interface    port-channel    1
switch2(config-if)#switchport    mode trunk
switch2(config-if)#speed 100                            //配置以太通道 1 的物理接口的属性
switch2(config-if)#exit
switch2(config)#port-channel    load-balance    dst-mac //配置以太通道的负载平衡方式为 dst-mac
switch2(config)#end
```

测试：在 Switch1 查看以太通道信息，显示信息如下：

```
switch1#show    etherchannel    summary
Flags:   D - down          P - in port-channel
         I - stand-alone s - suspended
         H - Hot-standby (LACP only)
         R - Layer3        S - Layer2
         U - in use        f - failed to allocate aggregator
         u - unsuitable for bundling
         w - waiting to be aggregated
         d - default port
Number of channel-groups in use: 1
Number of aggregators:           1
Group   Port-channel  Protocol     Ports
------+-------------+-----------+-------------------------------
  1       Po1(SU)       -          Fa0/23(D) Fa0/24(P)
```

可以看到，以太通道 1 已经形成，"SU"表示 EtherChannel 正常。

2.4 路由器配置

2.4.1 路由器配置基础

1. 路由器外形结构

图 2-33 是 Cisco 2620XM 路由器外观图，与交换机不同，其端口较少。

W1
W0
LINK
FDX
10/100 ETHERNET 0/0
CONSOLE
AUX
2620XM

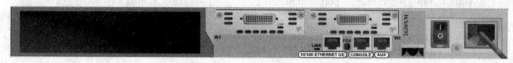

图 2-33 Cisco 2620XM 路由器外观图

路由器常用的端口有高速同步串口、同步/异步串口、100Base-T 端口、AUX 端口、Console 口和高密度异步端口。

（1）高速同步串口。最大支持 2.048M 的 E1 速率，该端口可以连接 DDN、帧中继（FrameRelay）、X.25、模拟电话线路（PSTN）等，需要进行相关设置后方可使用。

（2）同步/异步串口。在同步工作方式下，最大支持 128K；在异步工作方式下，最大支持 115.2K。同步/异步的选择通过软件设置实现。

（3）100Base-T 端口。以太网端口，用于连接计算机。有些路由器没有以太网端口，有 AUI 粗缆口，连接 10Base-T 以太网络时，需要使用外接转换器（AUI-RJ45），AUI 端口现在很少使用了。

（4）AUX 端口。异步端口，主要用于远程配置或拨号备份，最大支持 38400bit/s 的速率。

（5）Console 口。配置端口，主要用于连接计算机 COM 口配置路由器用。

（6）高密度异步端口。主要用于远程多路连接，该端口通过一转八线缆，可以连接八条异步线路。

2. 路由器常用基本命令

Cisco 路由器没有出厂配置，查看配置信息时显示空，如图 2-34 所示。因此必须对其进行配置，以便发挥路由器的作用。

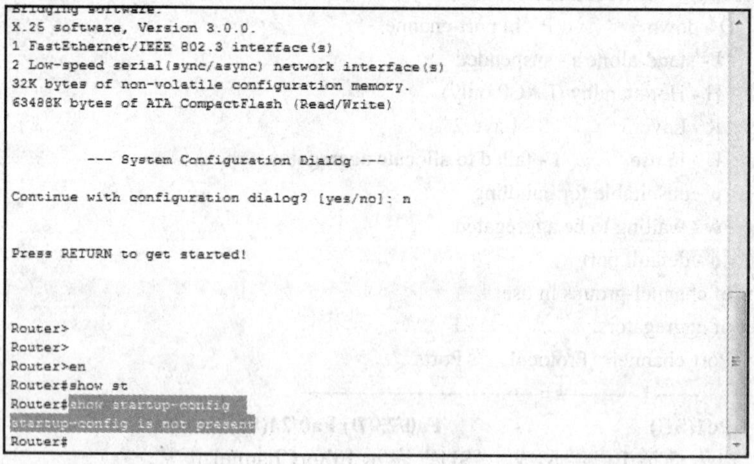

Bridging software.
X.25 software, Version 3.0.0.
1 FastEthernet/IEEE 802.3 interface(s)
2 Low-speed serial(sync/async) network interface(s)
32K bytes of non-volatile configuration memory.
63488K bytes of ATA CompactFlash (Read/Write)
--- System Configuration Dialog ---
Continue with configuration dialog? [yes/no]: n
Press RETURN to get started!
Router>
Router>
Router>en
Router#show st
Router#show startup-config
startup-config is not present
Router#

图 2-34 查看路由器初始配置信息

（1）配置路由器名字：hostname 路由器的主机名。

（2）进入路由器端口：interface 端口类型　端口号。

（3）配置端口 IP 地址：ip address ip 地址　子网掩码。

（4）设置时钟频率（只在 DCE 端）：clock rate 时钟频率值。

（5）开启端口：no shutdown。

在图 2-35 中设置路由器的名字为 cisco，端口 S0/0 为 DCE 端，IP 地址为 192.168.1.1，子网掩码为 255.255.255.0。

```
router(config)#
router(config)#
router(config)#
router(config)#
router(config)#
router(config)#
router(config)#
router(config)#
router(config)#
router(config)#
router(config)#
router(config)#
router(config)#
router(config)#
router(config)#
router(config)#
router(config)#hostname cisco
cisco(config)#int s0/0
cisco(config-if)#ip address 192.168.1.1 255.255.255.0
cisco(config-if)#no shut
cisco(config-if)#clock rate 64000
cisco(config-if)#^Z
cisco#
```

图 2-35　路由器基本配置命令

（6）查看端口状态：show interfaces 端口号。

在图 2-36 中查看了 serial0/0 端口状态，显示该端口 UP，协议 UP，表明该端口可正常使用。

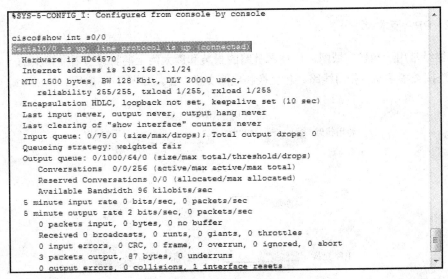

```
%SYS-5-CONFIG_I: Configured from console by console

cisco#show int s0/0
Serial0/0 is up, line protocol is up (connected)
  Hardware is HD64570
  Internet address is 192.168.1.1/24
  MTU 1500 bytes, BW 128 Kbit, DLY 20000 usec,
     reliability 255/255, txload 1/255, rxload 1/255
  Encapsulation HDLC, loopback not set, keepalive set (10 sec)
  Last input never, output never, output hang never
  Last clearing of "show interface" counters never
  Input queue: 0/75/0 (size/max/drops); Total output drops: 0
  Queueing strategy: weighted fair
  Output queue: 0/1000/64/0 (size/max total/threshold/drops)
     Conversations  0/0/256 (active/max active/max total)
     Reserved Conversations 0/0 (allocated/max allocated)
     Available Bandwidth 96 kilobits/sec
  5 minute input rate 0 bits/sec, 0 packets/sec
  5 minute output rate 2 bits/sec, 0 packets/sec
     0 packets input, 0 bytes, 0 no buffer
     Received 0 broadcasts, 0 runts, 0 giants, 0 throttles
     0 input errors, 0 CRC, 0 frame, 0 overrun, 0 ignored, 0 abort
     3 packets output, 87 bytes, 0 underruns
     0 output errors, 0 collisions, 1 interface resets
```

图 2-36　查看路由器端口

在实际调试中查看端口状态可能出现如下四种情形：

- Serial0/0 is up, line protocol is up：端口与协议都开启，表明端口设置正确，可以正常使用。
- Serial0/0 is up, line protocol is down：端口开启，协议关闭，表明物理层正常，数据链路层有问题，通常是没有配置时钟、两端封装不匹配、PPP 认证错误等原因所致。
- Serial0/0 is down, line protocol is down：端口与协议都关闭，可能是线缆连接故障、互联端口没有打开、对端设备关闭电源等原因。
- Serial0/0 is administratively down, line protocol is down：端口与协议都关闭，表明是人为将端口关闭，需要通过指令将其打开。

（7）显示串口线的线缆类型：show controller 端口号。从图 2-37 中可以看出 s0/0 的线缆类型为 DCE，已设置时钟频率为 64000bit/s。

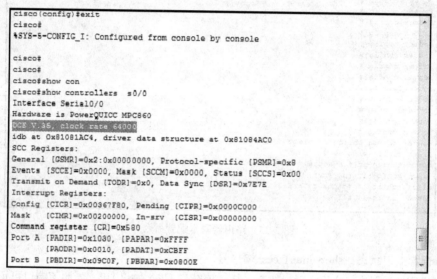

图 2-37　查看串口线的线缆类型

2.4.2　PPP 技术

路由器经常用于构建广域网，广域网链路的封装和以太网上的封装有着非常大的差别。常见的广域网连接类型主要有租用线路、包交换和电路交换 3 种，如图 2-38 所示。

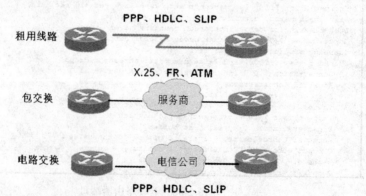

图 2-38　广域网连接类型

一、HDLC 协议与 PPP 协议

HDLC 采用点到点串行线路上（同步电路）的帧封装格式，支持同步，全双工操作，不能提供验证，缺少了对链路的安全保护。Cisco 路由器的串口默认采用 Cisco HDLC 封装。由于 Cisco 公司对 HDLC 进行了专有化，Cisco 的 HDLC 封装和标准的 HDLC 不兼容。如果链路的两端都是 Cisco 设备，使用 HDLC 封装没有问题，但如果 Cisco 设备与非 Cisco 设备进行连接，就应该使用 PPP 协议。封装 HDLC 协议命令为 encapsulation hdlc。

PPP 协议是目前使用最广泛的广域网协议，支持认证、多链路捆绑、回拨、压缩等功能。 PPP 协议分为网络控制协议（NCP）和链路控制协议（LCP）。NCP 用来建立和配置不同的网络层协议。LCP 用于启动线路、测试、任选功能的协商及关闭连接等。PPP 需要经过链路的建立和配置协调、链路质量检测、网络层协议配置协调、关闭链路 4 个过程，在一个点到点的链路上建立通信连接。PPP 协议支持 PAP 验证和 CHAP 验证。

二、广域网 PAP 验证

密码验证协议（Password Authentication Protocol，PAP）利用二次握手的简单方法进行认证，只在链路建立初期进行，被验证方不停地在链路上反复发送带有用户名和密码的 PAP 认证请求报文，直到验证方根据报文中的实际内容查找本地数据库，确认验证通过，如图 2-39 所示。

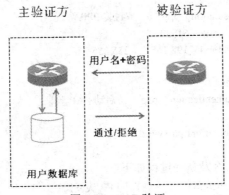

图 2-39　PAP 验证

在 PAP 的验证中，密码在链路上是以明文传输的。由于是被验证方控制验证重试频率和次数，因此 PAP 不能防范再生攻击和重复的尝试攻击，安全性不高。优点是认证只在链路建立初期进行，节省了带宽。

1. PAP 验证相关命令

（1）被验证方配置。设置 PAP 验证的用户名和密码。

　　ppp pap sent-username 用户名 password encryption-type 密码

其中：encryption-type 表示在 PAP 身份认证中发送密码的加密类型，0 表示明文，7 表示密文。

（2）验证方配置

①创建用户数据库记录：username 用户名 password {0|7} 密码。

其中：0 表示明文，7 表示密文。

②启动 PAP 验证：ppp authentication pap。

（3）打开 PPP 认证调试：debug ppp authentication。

2. PAP 验证应用举例

如图 2-40 所示，两个路由器进行 PAP 配置，Router1 为被验证方，IP 地址为 192.168.1.2/24；

Router 为主验证方，IP 地址为 192.168.1.1/24，验证的用户名为 user1，密码为 1234。

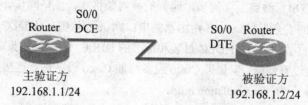

图 2-40　PPP 验证拓扑

路由器的相关配置如下：

（1）Router 1（被验证方）。

```
router1(config)#int s0/0
router1(config-if)#encapsulation  ppp       //封装 PPP 协议
router1(config-if)#ip  address  192.168.1.2 255.255.255.0  //设置 IP 地址
router1(config-if)#no shutdown
router1(config-if)#ppp  pap  sent-username  user1 password  0 1234
//设置 PAP 验证的用户名和密码
```

（2）Router（主验证方）。

```
router(config)#int  s0/0
router(config-if)#encapsulation  ppp       //封装 PPP 协议
router(config-if)#clock  rate  64000
router(config-if)#ip  address  192.168.1.1 255.255.255.0
//设置 IP 地址
router(config-if)#no  shut
router(config-if)#ppp authentication  pap    //启动 PAP 验证
router(config-if)#exit
router(config)#username  user1 password  0 1234
//创建用户数据库记录
```

在主验证方进行调试，命令及认证过程如下：

```
router#debug ppp authentication          //打开 PPP 认证调试
ppp authentication debugging is on
router#conf t
router(config)#int  s0/0
router(config-if)#shutdown
router(config-if)#no shutdown
```

由于 PAP 认证是在链路建立后进行一次，因此将端口先关闭，然后重新打开，则可观察到以下的认证过程：

```
%LINK-5-CHANGED: Interface Serial0/0, changed state to up
router(config-if)#
serial0/0 PAP: I AUTH-REQ id 17 len 15
serial0/0 PAP: Authenticating peer
serial0/0 PAP: Phase is FORWARDING, Attempting Forward
%LINEPROTO-5-UPDOWN: Line protocol on Interface Serial0/0, changed state to up
```

三、广域网 CHAP 验证

挑战握手验证协议（Challenge Hand Authentication Protocol，CHAP）利用三次握手周期地验证源端节点的身份，CHAP 每次使用不同的询问消息，每个消息都是不可预测的唯一值。CHAP 不直接传送密码，只传送一个不可预测的询问消息，以及该询问消息与密码经过 MD5 加密运算后的加密值，如图 2-41 所示。因此，CHAP 的安全性比 PAP 要高，且可以防止再生攻击。CHAP 验证过程在链路建立之后进行，而且在以后的任何时候都可以再次进行。CHAP 不允许连接发起方在没有收到询问消息的情况下进行验证尝试，这使得链路更为安全。

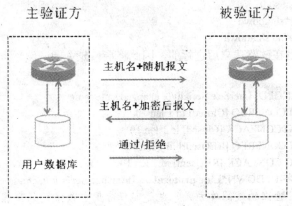

主验证方　　　　　　　　　被验证方

主机名+随机报文

主机名+加密后报文

通过/拒绝

用户数据库

图 2-41　CHAP 验证

1. CHAP 验证相关命令

（1）被验证方配置。创建用户数据库记录。

username　用户名　password {0|7}　密码

其中：用户名为主验证方主机名，密码为用户验证密码，0 表示明文，7 表示密文。

（2）主验证方配置。

①创建用户数据库记录：username 用户名 password {0|7} 密码。

其中：用户名为被验证方主机名，密码为用户验证密码，0 表示明文，7 表示密文。

② 启动 CHAP 验证：ppp authentication chap

2. CHAP 验证应用举例

两个路由器进行 CHAP 配置，Router1 为被验证方，IP 地址为 192.168.1.2/24；Router 为主验证方，IP 地址为 192.168.1.1/24，验证的密码为 hello，拓扑图如图 2-40 所示。

路由器的相关配置如下：

（1）Router 1（被验证方）。

```
router1(config)#int    s0/0
router1(config-if)#encapsulation    ppp                //封装 PPP 协议
router1(config-if)#ip address    192.168.1.2 255.255.255.0    //设置 IP 地址
router1(config-if)#no shut
router1(config-if)#exit
router1(config)#username    Router    password    0 hello    //创建用户数据库记录
```

（2）Router（主验证方）。

```
router(config)#int    s0/0
router(config-if)#encapsulation    ppp                //封装 PPP 协议
router(config-if)#clock rate 64000
router(config-if)#ip address    192.168.1.1 255.255.255.0    //设置 IP 地址
router(config-if)#no shut
router(config-if)#ppp authentication    chap            //启动 CHAP 验证
router(config-if)#exit
router(config)#username    Router1 password    0 hello    //创建用户数据库记录
```

在主验证方进行调试，命令及认证过程如下：

```
router#debug    ppp authentication            //打开 PPP 认证调试
ppp authentication debugging is on
router#conf t
router(config)#int s0/0
router(config-if)#shutdown
router(config-if)#no shutdown
```

由于 CHAP 认证是在链路建立后进行的，因此将端口先关闭，然后重新打开，则可观察到如下的认证过程：

```
%LINK-5-CHANGED: Interface Serial0/0, changed state to up
serial0/0 IPCP: I CONFREQ [Closed] id 1 len 10
serial0/0 IPCP: O CONFACK [Closed] id 1 len 10
serial0/0 IPCP: I CONFREQ [REQsent] id 1 len 10
serial0/0 IPCP: O CONFACK [REQsent] id 1 len 10
%LINEPROTO-5-UPDOWN: Line protocol on Interface Serial0/0, changed state to up
```

说明：这是 CHAP 验证的最简单方式，也是实际应用中最常用的配置方式。配置时要求用户名为对方路由器名，而双方密码必须一致。

2.4.3 路由配置基础

路由器的作用是实现路径选择和数据转发，其中一个关键的环节就是路由。路由就是将一个数据包从一个网络传送到另一个非直连的网络。路由器在转发数据时，要先在路由表（Routing Table）中查找相应的路由。路由器有三种途径建立路由：

（1）直连网络：与本网络直接相连的网络，路由器会自动将其加到路由表中。

（2）静态路由：管理员手动输入到路由器的路由，静态路由需要大量的工作。但可以人为地干预网络路径选择。

（3）动态路由：根据网络结构或流量的变化，路由协议会自动调整路由信息以实现路由。

1. 路由协议

路由协议用于路由器之间互相动态学习路由表。当网络中所有路由器的路由协议程序一起工作时，一个路由器了解的网络信息也必然被其他全体路由器所知道。通过这样的信息交换，路由器互相学习、维护路由表，使之反映整个网络的状态。路由协议程序的任务就是要通过路由协议规定的机制，选择出最佳路径放入路由表中，以使路由器有一个可靠的数据转发决策依据。

目前流行的路由协议分为内部路由协议和外部路由协议。计算机网络被分为一个个"自治系统"，在自治系统内使用的路由协议被称为内部路由协。自治系统之间互相交换路由表的协议称为外部路由协议。外部路由协议主要有 BGP（边界网关协议），内部路由协议按照算法划分有基于距离矢量算法的 RIP（路由信息协议）、IGRP（内部网关路由协议）、EIGRP（增强的 IGRP）以及基于链路状态算法的 NLSP（链路状态协议）、OSPF（开放最短路径优先）、集成 IS-IS 等。

目前最常用的路由协议主要有路由信息协议 RIP、内部网关路由协议 IGRP 和开放的最短路径优先协议 OSPF 等，各种协议在速度、准确性、耗费的资源等方面各有千秋。在本章的后面部分将重点介绍这些动态路由协议。

2. 路由器工作原理

路由器属于网络层设备，能够根据 IP 包头的信息选择一条最佳路径，将数据包转发出去。实现不同网段的主机之间的互相访问。路由器是根据路由表进行选路和转发的。而路由表就是由一条条路由信息组成。路由器使用最长匹配原则来进行递归查询，匹配顺序依次为 32 位主机路由、子网号、汇总子网、主网络号、超网、默认路由。如果目的地址与上述任何一条路由表项都不匹配，那么该数据包将被丢弃，并且丢弃数据包的路由器向源端返回一条"目的网络不可达"的 ICMP 差错信息。

一般情况下，我们都是手工配置路由表中直接连接的网段的表项，而间接连接的网络的表项使用路由器的动态学习功能来获得。路由器中大部分路由信息是通过动态学习得到的。但是，路由器即使使用动态学习的方法，也需要静态配置直接相连的网段。不然，所有路由器都对外发布空的路由表，是无法互相学习的。

2.4.4　静态路由

静态路由是由管理员在路由器上手工添加路由信息，人为地干预网络路径选择，从而实现网络路由目的。当网络规模较大时，人工配置的工作量增大。静态配置路由的优点是端口没有路由广播，节省路由器资源、带宽以及邻居路由器 CPU 维护路由表的时间。其最大缺点是不能动态反映网络拓扑，当网络拓扑发生变化时，管理员就必须手工改变路由表。静态路由适合在路径单一的小型网络或者出于安全考虑想隐藏网络的某些部分，或者管理员想控制数据转发路径的情形。

1．静态路由配置

（1）配置静态路由的命令。

  ip route 目的网络 掩码 { 下一跳地址 | 接口 }

该命令指定了一条可以到达目标网络的路径，静态路由可以指下一跳地址，也可以指出接口，如果静态路由指下一跳地址，则地址必须可达；如果静态路由指出接口，则必须确保接口正常工作。

（2）查看路由命令。

  show ip route

静态路由配置实例拓扑图如图 2-42 所示，通过配置路由实现 3 台 PC 之间互通。

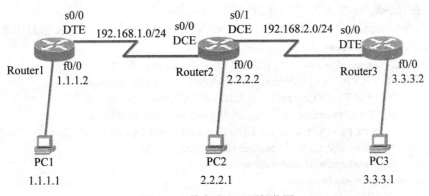

图 2-42　静态路由配置拓扑图

各路由器配置如下：

① Router1 配置。

  router1(config)#int f0/0
  router1(config-if)#ip address 1.1.1.2 255.255.255.0
  router1(config-if)#no shut
  router1(config-if)#exit
  router1(config)#int s0/0
  router1(config-if)#ip address 192.168.1.1 255.255.255.0

```
router1(config-if)#no shut
router1(config)#ip  route  2.2.2.0   255.255.255.0   s0/0
router1(config)#ip  route  3.3.3.0   255.255.255.0   s0/0
```

② Router2 配置。

```
router2(config)#int   f0/0
router2(config-if)#ip address   2.2.2.2 255.255.255.0
router2(config-if)#no shut
router2(config-if)#exit
router2(config)#int   s0/0
router2(config-if)#ip   address   192.168.1.2 255.255.255.0
router2(config-if)#clock   rate 64000
router2(config-if)#no shutdown
router2(config-if)#exit
router2(config)#int   s0/1
router2(config-if)#clock   rate 64000
router2(config-if)#ip address   192.168.2.1 255.255.255.0
router2(config-if)#no shut
router1(config)#ip route 1.1.1.0 255.255.255.0 s0/0
router1(config)#ip route 3.3.3.0 255.255.255.0 s0/1
```

③ Router3 配置。

```
router3(config-if)#int   f0/0
router3(config-if)#ip   address   3.3.3.2 255.255.255.0
router3(config-if)#no shut
router3(config-if)#exit
router3(config)#int   s0/0
router3(config-if)#ip   address   192.168.2.2 255.255.255.0
router3(config-if)#no shut
router3(config)#ip route 1.1.1.0 255.255.255.0   192.168.2.1
router3(config)#ip route 2.2.2.0 255.255.255.0   192.168.2.1
```

在 PC 命令行上测试，3 台 PC 互相可以 PING 通。在 Router1 中查看路由信息如下：

```
Router1#show ip route
Codes: C - connected, S - static, I - IGRP, R - RIP, M - mobile, B - BGP
       D - EIGRP, EX - EIGRP external, O - OSPF, IA - OSPF inter area
       N1 - OSPF NSSA external type 1, N2 - OSPF NSSA external type 2
       E1 - OSPF external type 1, E2 - OSPF external type 2, E - EGP
       i - IS-IS, L1 - IS-IS level-1, L2 - IS-IS level-2, ia - IS-IS inter area
       * - candidate default, U - per-user static route, o - ODR
       P - periodic downloaded static route

Gateway of last resort is not set

     1.0.0.0/24 is subnetted, 1 subnets
C       1.1.1.0 is directly connected, FastEthernet0/0
     2.0.0.0/24 is subnetted, 1 subnets
S       2.2.2.0 is directly connected, Serial0/0
     3.0.0.0/24 is subnetted, 1 subnets
S       3.3.3.0 is directly connected, Serial0/0
C    192.168.1.0/24 is directly connected, Serial0/0
```

可以看出，路由表中除了直连路由（用字母 C 表示）1.1.1.0/24、192.168.1.0/24 外，还有静态路由（用字母 S 表示）2.2.2.0/24、3.3.3.0/24。

2. 默认路由

默认路由是静态路由的一个特例，它指定到任何目标地址都使用的路径，目前很多中小企业接入 Internet 都采用默认路由。默认路由的命令格式如下：

　　　ip　route　0.0.0.0　　0.0.0.0 { 下一跳地址 | 接口 }

上例中，Router1 的两行静态路由就可用默认路由代替，命令如下：

　　　Router1(config)#ip route 0.0.0.0　　0.0.0.0　　s0/0

Router3 的两行静态路由就可用默认路由代替，命令如下：

　　　Router3(config)#ip route 0.0.0.0　　0.0.0.0　　192.168.2.1

在 Router1 中输入 show ip route 命令查看路由表，将显示如下默认路由信息：

Router1#**show ip route**

Codes: C - connected, S - static, I - IGRP, R - RIP, M - mobile, B - BGP

　　　　D - EIGRP, EX - EIGRP external, O - OSPF, IA - OSPF inter area

　　　　N1 - OSPF NSSA external type 1, N2 - OSPF NSSA external type 2

　　　　E1 - OSPF external type 1, E2 - OSPF external type 2, E - EGP

　　　　i - IS-IS, L1 - IS-IS level-1, L2 - IS-IS level-2, ia - IS-IS inter area

　　　　* - candidate default, U - per-user static route, o - ODR

　　　　P - periodic downloaded static route

Gateway of last resort is 0.0.0.0 to network 0.0.0.0

　　　　1.0.0.0/24 is subnetted, 1 subnets

C　　　　1.1.1.0 is directly connected, FastEthernet0/0

C　　　192.168.1.0/24 is directly connected, Serial0/0

S*　　0.0.0.0/0 is directly connected, Serial0/0

可以看出，路由表中除了直连路由（用字母 C 表示）1.1.1.0/24、192.168.1.0/24 外，还有默认路由（用字母 S*表示）0.0.0.0/0。

2.4.5　RIP 协议

1. RIP 概述

路由信息协议 RIP 是由 Xerox 在 20 世纪 70 年代开发的，是历史最悠久、使用较普遍的内部网关协议，是典型的距离矢量协议。RIP 协议默认路由更新周期为 30s，每个周期内都利用 UDP520 端口向与它直连的网络邻居广播（RIP v1）或组播（RIP v2）路由更新，执行以下两项工作：

（1）增加路由项。如果发现邻居路由表中有自己没有的路由项，就补充到自己的路由表中，同时把邻居的 IP 地址作为前往那个网络的下一跳地址。

（2）最佳路径选择。如果发现邻居路由表中有自己的路由项，但是前往同一网络的距离更短，就用新的路由替代原有的路由。

RIP 协议的典型特征是用跳数来表示路由器与目标网络之间的距离。跳数是指从自己出发，还需要穿越多少个路由器。为了防止循环报文包在网络中无休止地循环，RIP 最多支持的跳数为 15，16 跳为不可达，所以不适合大于 16 台路由器的网络。

由于 RIP 的实现方法简单，与其他的协议比较起来，耗费更少的路由器硬件资源（节省路由协议程序工作所需要的 CPU 时间和内存的大小），所以被广泛支持，适用于小型的网络。

RIP 协议有两个版本：RIPv1 和 RIPv2。RIPv1 属于有类路由协议，不支持 VLSM 和 CIDR，以广播形式进行路由信息的更新，更新的过程中不携带子网信息，不提供认证；RIPv2 属于无类路由协议，支持 VLSM 和 CIDR，以组播形式进行路由，更新的过程中携带子网信息，提供明文和 MD5 认证。

由于采用 RIP 协议的路由器无法掌握网络的全局情况，因此如果路由更新在网络上传播慢，将会导致网络收敛较慢，造成路由环路。为了避免路由环路，RIP 可以采用水平分割、毒性逆转、定义最大跳数、闪式更新、抑制计时 5 种机制来完成。

2. RIP 配置

（1）启用 RIP 路由协议：router rip。

（2）选定连接的网络：network 网络号。

（3）指定 RIP 的版本（默认为 Version1）：version 版本号。

（4）检查路由协议：show ip protocols。

3. RIP 路由配置实例

拓扑图如图 2-42 所示，通过配置 RIP 路由实现 3 台 PC 之间互通。各路由器上的 RIP 配置如下：

（1）Router1 配置。

```
router1(config)#router   rip
router1(config-router)#network   1.1.1.0
router1(config-router)#network   192.168.1.0
router1(config-router)#version   2
```

（2）Router2 配置。

```
router2(config)#router rip
router2(config-router)#network   2.2.2.0
router2(config-router)#network   192.168.1.0
router2(config-router)#network   192.168.2.0
router2(conflg-router)#version   2
```

（3）Router3 配置。

```
router3config)#router rip
router3(config-router)#network   3.3.3.3.0
router2(config-router)#network   192.168.2.0
router3(config-router)#version   2
```

在 Router1 使用命令 show ip route，显示如下信息：

```
Router1# show   ip   route
Codes: C - connected, S - static, I - IGRP, R - RIP, M - mobile, B - BGP
        D - EIGRP, EX - EIGRP external, O - OSPF, IA - OSPF inter area
        N1 - OSPF NSSA external type 1, N2 - OSPF NSSA external type 2
        E1 - OSPF external type 1, E2 - OSPF external type 2, E - EGP
        i - IS-IS, L1 - IS-IS level-1, L2 - IS-IS level-2, ia - IS-IS inter area
        * - candidate default, U - per-user static route, o - ODR
        P - periodic downloaded static route
Gateway of last resort is not set
        1.0.0.0/24 is subnetted, 1 subnets
C          1.1.1.0 is directly connected, FastEthernet0/0
R       2.0.0.0/8 [120/1] via 192.168.1.2, 00:00:10, Serial0/0
R       3.0.0.0/8 [120/2] via 192.168.1.2, 00:00:10, Serial0/0
C       192.168.1.0/24 is directly connected, Serial0/0
R       192.168.2.0/24 [120/1] via 192.168.1.2, 00:00:10, Serial0/0
```

以上信息表明，路由器已经学习到 3 条 RIP 路由，其中路由条目"R   3.0.0.0/8 [120/2] Via 192.168.1.2, 00:00:10, Serial0/0/0"的含义如下：

（1）R：路由条目是通过 RIP 路由协议学习来的。

（2）3.0.0.0/8：目的网络。

（3）120：RIP 路由协议的默认管理距离。

（4）2：度量值，从路由器 R1 到达网络 3.0.0.0/8 的度量值为 2 跳。

（5）192.168.1.2：下一跳地址。

（6）00:00:10：距离下一次更新还有 10s。

（7）Serial0/0/0：接收该路由条目的本路由器的接口。

在 Router1 上执行检查路由协议命令 show ip protocols，显示如下信息：

```
Router1#show    ip    protocols
Routing Protocol is "rip"
Sending updates every 30 seconds, next due in 13 seconds
Invalid after 180 seconds, hold down 180, flushed after 240
Outgoing update filter list for all interfaces is not set
Incoming update filter list for all interfaces is not set
Redistributing: rip
Default version control: send version 2, receive 2
    Interface             Send   Recv  Triggered RIP   Key-chain
    FastEthernet0/0        2      2
    Serial0/0              2      2
Automatic network summarization is in effect
Maximum path: 4
Routing for Networks:
    1.0.0.0
    192.168.1.0
Passive Interface(s):
Routing Information Sources:
    Gateway           Distance        Last Update
    192.168.1.2          120          00:00:24
Distance: (default is 120)
```

从上述信息可知，路由器上运行的路由协议是 RIP，在入、出方向上都没有设置过滤列表，更新周期是 30s，距离下次更新还有 13s。

2.4.6　OSPF 协议

OSPF（开放式最短路径优先协议）是目前网路中应用最广泛的路由协议之一。属于内部网关协议，能够适应各种规模的网络环境，是典型的链路状态协议。OSPF 通过路由器之间通告网络接口的状态来建立链路状态数据库，然后路由器采用 SPF 算法，以自己为根，计算到达其他网络的最短路径，最终形成全网路由信息。

RIP 对网络的认知能力比较低，所有的路由信息都是从邻居那里学习来的。而 OSPF 对网络的认知能力高，使用区域的概念、层次化的架构，支持明文和 MD5 安全认证，可以知道整个网络的拓扑，并且自己去计算最优路径。OSPF 是用于大型复杂网络的链路状态路由协议，可以弥补 RIP 等距离矢量型路由协议的大多数不足。

1. OSPF 配置

（1）启用 OSPF 协议：router ospf　进程 ID。

说明：OSPF 路由进程 ID 必须指定范围在 1 ~ 65535，路由进程 ID 只在路由器内部起作用，不同路由器的路由进程 ID 可以不同。如果要想启动 OSPF 路由进程，至少确保有一个接口是开启的。

（2）指定与该路由器相连的网络：network　网络号　wildcard-mask　area　区域ID。

说明：wildcard-mask 是子网掩码的反码，区域 ID 是在 0 ~ 4294967295 内的十进制数，也可以是带有 IP 地址格式的 x.x.x.x。当网络区域 ID 为 0 或 0.0.0.0 时为主干域，不同网络区域的路由器通过主干域学习路由信息。

2. OSPF 路由配置实例

拓扑图如图 2-42 所示，通过配置路由实现 3 台 PC 之间互通，各路由器上 OSPF 配置如下：

（1）Router1 配置。

```
router1(config)#router   ospf   1
router1(config-router)#network   1.1.1.0        0.0.0.255   area   0
router1(config-router)#network   192.168.1.0    0.0.0.255   area   0
```

（2）Router2 配置。

```
router2(config)#router ospf   1
router2(config-router)#network    2.2.2.0       0.0.0.255   area   0
router2(config-router)#network   192.168.1.0    0.0.0.255   area   0
router2(config-router)#network   192.168.2.0    0.0.0.255   area   0
```

（3）Router3 配置。

```
router3(config)#router ospf   1
router3(config-router)#network   3.3.3.0        0.0.0.255   area   0
router3(config-router)#network   192.168.2.0    0.0.0.255   area   0
```

在 Router1 使用命令 show ip route，显示如下信息：

```
Router1#show ip route
Codes: C - connected, S - static, I - IGRP, R - RIP, M - mobile, B - BGP
       D - EIGRP, EX - EIGRP external, O - OSPF, IA - OSPF inter area
       N1 - OSPF NSSA external type 1, N2 - OSPF NSSA external type 2
       E1 - OSPF external type 1, E2 - OSPF external type 2, E - EGP
       i - IS-IS, L1 - IS-IS level-1, L2 - IS-IS level-2, ia - IS-IS inter area
       * - candidate default, U - per-user static route, o - ODR
       P - periodic downloaded static route
Gateway of last resort is not set
     1.0.0.0/24 is subnetted, 1 subnets
C        1.1.1.0 is directly connected, FastEthernet0/0
     2.0.0.0/24 is subnetted, 1 subnets
O        2.2.2.0 [110/65] via 192.168.1.2, 00:01:54, Serial0/0
     3.0.0.0/24 is subnetted, 1 subnets
O        3.3.3.0 [110/129] via 192.168.1.2, 00:00:24, Serial0/0
C    192.168.1.0/24 is directly connected, Serial0/0
O    192.168.2.0/24 [110/128] via 192.168.1.2, 00:01:54, Serial0/0
```

以上信息表明，路由器已经学习到 3 条 OSPF 路由。

2.4.7　EIGRP 协议

RIP 协议使用跳数表示到达目标网络的距离。跳数越小越好，表明到达目标网络的距离越近。但是仅凭跳数来选择路由，而不考虑带宽、延迟时间和可靠性，其选择的路由经常不是最佳的路由。

EIGRP（Enhanced Interior Gateway Routing Protocol，增强型内部网关路由协议）是 Cisco 公司开发的一个平衡混合型路由协议，是增强版的 IGRP 协议，它融合了距离矢量和链路状态两种路由协议的优点，支持 IP、IPX、ApplleTalk 等多种网络层协议。

　　EIGRP 与 RIP 协议最大的差异就是对距离度量值的改进。EIGRP 协议衡量距离的大小要依据带宽、负荷、延迟时间、可靠性和最大传输单元（MTU）5 个参数，所以人们往往称 EIGRP 的距离度量值为距离矢量。

　　EIGRP 采用组播或单播进行路由更新，管理距离为 90 或 170，支持手工和自动的路由汇总，支持等值和不等值的负载均衡链路。

1. EIGRP 配置

（1）启用 EIGRP 路由协议：router eigrp autonomous-system。

autonomous-system 可以随意建立，并非实际意义上的 autonomous-system。但运行 EIGRP 的路由器要想交换路由更新信息，其 autonomous-system 需相同，范围为 1～65535。

（2）指定可以到达的网络：network 网络号。

2. EIGRP 路由配置实例

拓扑图如图 2-42 所示，通过配置路由实现 3 台 PC 之间互通，各路由器上的 EIGRP 配置如下：

（1）Router1 配置。

```
router1(config)#router  eigrp  1
router1(config-router)#network  1.1.1.0
router1(config-router)#network  192.168.1.0
```

（2）Router2 配置。

```
router2(config)#router  eigrp  1
router2(config-router)#network  2.2.2.0
router2(config-router)#network  192.168.1.0
router2(config-router)#network  192.168.2.0
```

（3）Router3 配置。

```
router3config)#router  eigrp  1
router3(config-router)#network  3.3.3.0
router2(config-router)#network  192.168.2.0
```

在 Router1 使用命令 show ip route，显示如下信息：

```
Router1#show  ip  route
Codes: C - connected, S - static, I - IGRP, R - RIP, M - mobile, B - BGP
       D - EIGRP, EX - EIGRP external, O - OSPF, IA - OSPF inter area
       N1 - OSPF NSSA external type 1, N2 - OSPF NSSA external type 2
       E1 - OSPF external type 1, E2 - OSPF external type 2, E - EGP
       i - IS-IS, L1 - IS-IS level-1, L2 - IS-IS level-2, ia - IS-IS inter area
       * - candidate default, U - per-user static route, o - ODR
       P - periodic downloaded static route
Gateway of last resort is not set
       1.0.0.0/8 is variably subnetted, 2 subnets, 2 masks
D        1.0.0.0/8 is a summary, 00:00:07, Null0
C        1.1.1.0/24 is directly connected, FastEthernet0/0
D        2.0.0.0/8 [90/20514560] via 192.168.1.2, 00:06:24, Serial0/0
D        3.0.0.0/8 [90/21026560] via 192.168.1.2, 00:06:24, Serial0/0
C        192.168.1.0/24 is directly connected, Serial0/0
D        192.168.2.0/24 [90/21024000] via 192.168.1.2, 00:06:24, Serial0/0
```

可以看出，该设备已经学习到 4 条 EIGRP 路由。

2.4.8　路由重分布

在网络中，根据各自的需要选用的路由协议很可能互不相同。为了实现网络互通，必须在这些不同的路由选择协议之间共享路由信息、交换路由信息，以实现网络中计算机互通，这一过程称为路由重分布（Route Redistribution）。

执行路由重分布的路由器称为边界路由器，其位于两个或多个自治系统的边界上。路由重分布可以在所有的 IP 路由协议之间进行，由于每一种路由协议都有自己的度量标准，为了相互兼容，在进行路由重分布时必须转换度量标准。

1. 路由重分布配置

要把路由从一个路由域分布到另一个路由域，进行路由重分布，需要在路由进程配置模式中执行以下配置路由协议重分布命令：Redistribute　路由协议　metric　度量值　[subnets]。

2. 路由重分布配置实例

拓扑图如图 2-42 所示，通过配置路由实现 3 台 PC 之间互通，要求 Router1 上配置 RIP；Router12 左边配置 RIP，右边配置 OSPF；Router3 上配置 OSPF。各路由器上路由及路由重分布配置如下：

（1）Router1 配置。

```
router1(config)#router  rip
router1(config-router)#network  1.1.1.0
router1(config-router)#network  192.168.1.0
router1(config)#version 2
```

（2）Router2 配置。

```
router2(config)#router  ospf 1
router2(config-router)#network  2.2.2.0       0.0.0.255   area  0
router2(config-router)#network  192.168.2.0   0.0.0.255   area  0
router2(config-router)#redistribute  rip subnets
router2(config)#router  rip
router2(config-router)#network  192.168.1.0
router2(config)#version  2
router2(config-router)#redistribute  ospf  1  metric  4
```

（3）Router3 配置。

```
router3(config)#router  ospf  1
router3(config-router)#network  3.3.3.0       0.0.0.255   area  0
router3(config-router)#network  192.168.2.0   0.0.0.255   area  0
```

在 Router1 使用命令 show ip route，显示如下信息：

```
Router1#show  ip  route
Codes: C - connected, S - static, I - IGRP, R - RIP, M - mobile, B - BGP
       D - EIGRP, EX - EIGRP external, O - OSPF, IA - OSPF inter area
       N1 - OSPF NSSA external type 1, N2 - OSPF NSSA external type 2
       E1 - OSPF external type 1, E2 - OSPF external type 2, E - EGP
       i - IS-IS, L1 - IS-IS level-1, L2 - IS-IS level-2, ia - IS-IS inter area
       * - candidate default, U - per-user static route, o - ODR
       P - periodic downloaded static route
Gateway of last resort is not set
       1.0.0.0/24 is subnetted, 1 subnets
C         1.1.1.0 is directly connected, FastEthernet0/0
R      2.0.0.0/8 [120/4] via 192.168.1.2, 00:00:10, Serial0/0
```

R　　3.0.0.0/8 [120/4] via 192.168.1.2, 00:00:10, Serial0/0
C　　192.168.1.0/24 is directly connected, Serial0/0
R　　192.168.2.0/24 [120/4] via 192.168.1.2, 00:00:10, Serial0/0

可以看出，设备通过路由重分布已经学习到 3 条路由。

2.5　NAT 技术

随着 Internet 的飞速发展，网络上丰富的资源产生着巨大的吸引力，越来越多的用户加入到互联网，IP 地址短缺已成为一个十分突出的问题。

NAT（Network Address Translation，网络地址翻译）是解决 IP 地址短缺的重要手段。NAT 技术解决问题的办法是：在内部网络中使用内部地址，通过 NAT 把内部地址翻译成合法的 IP 地址，在 Internet 上使用。

NAT 技术可应用到防火墙技术中能够有效地避免来自网络外部的攻击，隐藏并保护网络内部的计算机。同时，它还可以超越地址的限制，合理地安排网络中的公有 Internet 地址和私有 IP 地址的转换使用。

2.5.1　NAT 的地址

NAT 将网络划分为内部网络和外部网络两部分，涉及以下 4 种地址：

1. 内部局部（Inside Local）地址

在内部网络使用的私有 IP 地址，即本地地址，一般采用 RFC 1918 地址，不能直接用于互联网。

2. 内部全局（Inside Global）地址

内部合法地址，是用来代替一个或多个本地 IP 地址的、对外的、向 NIC 注册过的地址，在互联网上是合法的 IP 地址。

3. 外部局部（Outside Local）地址

一个外部主机相对于内部网络所用的 IP 地址。不一定是合法的地址。

4. 外部全局（Outside Global）地址

外部网络主机的合法 IP 地址。

2.5.2　NAT 的类型

局域网主机利用 NAT 技术访问互联网时，必须将局域网内的内部局部地址转换为内部全局地址后方可转发数据包。实际网络应用中，为了节省 IP 地址资源，经常用一个内部全局地址同时代表多个内部局部地址（复用内部的全局地址），由 IP 地址和端口号的组合来唯一确定各个内部主机身份。根据转换的方式不同，NAT 分为静态 NAT、动态 NAT 和端口 NAT（PAT）3 种类型。

1. 静态 NAT

静态 NAT 将内部局部地址与内部全局地址进行一对一的转换，设置起来比较简单，实际应用中一般都用于服务器的地址转换。例如，内部网络有 Web 服务器或邮件服务器等需要为外部用户提供服务，这些服务器的 IP 地址必须将静态地址转换为内部全局地址，以便外部用户可以使用这些服务。静态 NAT 永久有效。

2. 动态 NAT

动态 NAT 首先要定义合法地址池，然后采用动态分配的方法映射到内部网络。动态 NAT 是将内部局部地址与内部合法地址池内的地址进行一对一的转换，动态 NAT 的过期时间是 86400s。

3. 端口 NAT（PAT）

PAT 把内部局部地址映射到内部合法 IP 地址的不同端口上，从而可以实现多对一的映射。PAT 对于于节省 IP 地址是最为有效的，PAT 的过期时间是 60s。

2.5.3　静态 NAT 配置

1. 静态 NAT 配置命令

（1）静态地址转换：在内部本地地址与内部全局地址之间建立静态地址转换。

　　　ip nat inside source static　内部本地地址　内部全局地址

（2）在端口设置状态下指定连接网络的内部端口：ip nat inside。

（3）在端口设置状态下指定连接网络的外部端口：ip nat outside。

（4）查看地址翻译的过程：debug ip nat。

（5）查看地址转换表：show ip nat translations。

2. 静态 NAT 配置实例

路由器 Router1 与 Router2 通过 s0/0 口连接，如图 2-43 所示。Router1 是内部路由器，连接着内部网络，Router2 是外部路由器，连接着外部网络，通过静态地址转换实现外部计算机方便、安全地访问内部 Web 服务器。

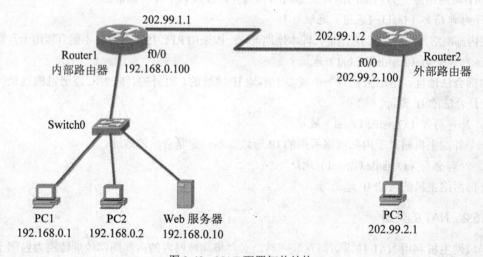

图 2-43　NAT 配置拓扑结构

实现静态 NAT 的相关配置如下：

（1）Router1 配置。

```
router(config)#hostname    router1
router1(config)#interface    fastEthernet 0/0
router1(config-if)#ip    address 192.168.0.100 255.255.255.0
router1(config-if)#no    shutdown
router1(config-if)#ip    nat    inside    //指定 f0/0 是 NAT 网络的内部端口
router1(config-if)#exit
router1(config)#interface    serial 0/0
router1(config-if)#clock    rate 64000
router1(config-if)#ip address 202.99.1.1 255.255.255.0
```

```
router1(config-if)#no shutdown
router1(config-if)#ip  nat  outside      //指定 s0/0 是 NAT 网络的外部端口
router1(config-if)#exit
router1(config)#ip nat inside source static    192.168.0.10    202.99.1.10
//将 Web 服务器地址静态转换为 202.99.1.10
router1(config)#router rip
router1(config-router)#network    202.99.1.0
router1(config-router)#version    2
router1(config-router)#end
```

（2）Router2 配置。

```
router(config)#hostname    router2
router2(config)#interface    fastEthernet 0/0
router2(config-if)#ip address    202.99.2.100 255.255.255.0
router2(config-if)#no shutdown
router2(config-if)#exit
router2(config)#interface    serial 0/0
router2(config-if)#ip address    202.99.1.2 255.255.255.0
router2(config-if)#no shutdown
router2(config-if)#exit
router2(config)#router rip
router2(config-router)#network    202.99.1.0
router2(config-router)#network    202.99.2.0
router2(config-router)#version    2
router(config-router)#end
```

测试：外网的 PC3 使用 202.99.1.10 访问 Web 服务器，访问成功。在 Router1 中查看地址翻译的过程，显示如下信息：

```
router1#debug  ip  nat
IP NAT debugging is on
router1#
NAT:   s=202.99.2.1, d=202.99.1.10->192.168.0.10 [19]
NAT*: s=192.168.0.10->202.99.1.10, d=202.99.2.1 [12]
NAT*: s=202.99.2.1, d=202.99.1.10->192.168.0.10 [20]
NAT*: s=202.99.2.1, d=202.99.1.10->192.168.0.10 [21]
NAT*: s=192.168.0.10->202.99.1.10, d=202.99.2.1 [13]
NAT*: s=202.99.2.1, d=202.99.1.10->192.168.0.10 [22]
NAT*: s=192.168.0.10->202.99.1.10, d=202.99.2.1 [14]
NAT*: s=202.99.2.1, d=202.99.1.10->192.168.0.10 [23]
```

以上输出显示了 NAT 的转换过程。首先把公网地址（本地全局地址）202.99.1.10 转换成私有地址（本地局部地址）192.168.0.10，成功地访问内部的 Web 服务器。然后在 Web 服务器反馈信息时，把私有地址（本地局部地址）"192.168.0.10" 转换成公网地址（本地全局地址）202.99.1.10。

查看地址转换表，显示以下信息：

```
router1#show ip nat translations
```

Pro	Inside global	Inside local	Outside local	Outside global
---	202.99.1.10	192.168.0.10	---	---
tcp	**202.99.1.10:80**	**192.168.0.10:80**	**202.99.2.1:1025**	**202.99.2.1:1025**

可以看出，Web 服务器的内部地址 192.168.0.10 已经正确地转换为 202.99.1.10。由于是静态映射，该地址转换表一直存在。

2.5.4 动态 NAT 配置

1. 动态 NAT 配置命令

（1）配置动态 NAT 地址池：

    ip nat pool 地址池名 ip 范围 netmask 子网掩码

（2）配置动态 NAT 内部地址范围：

    access-list 访问列表名 permit 网络号 反掩码

（3）配置动态 NAT 映射：

    ip nat inside source list 访问列表名 pool 地址池名

2. 动态 NAT 配置实例

Router1 与 Router2 通过 s0/0 口连接，如图 2-43 所示。Router1 是内部路由器，连接着内部网络，Router2 是外部路由器，连接着外部网络，通过动态地址转换实现内部计算机方便、安全地访问外部网络。

实现动态 NAT 的相关配置如下：

（1）Router1 配置。

```
router(config)#hostname    router1
router1(config)#interface    fastEthernet 0/0
router1(config-if)#ip address 192.168.0.100 255.255.255.0
router1(config-if)#no shutdown
router1(config-if)#ip nat inside          //指定 f0/0 为 NAT 网络的内部端口
router1(config-if)#exit
router1(config)#interface    serial 0/0
router1(config-if)#clock    rate 64000
router1(config-if)#ip    address 202.99.1.1 255.255.255.0
router1(config-if)#no shutdown
router1(config-if)#ip    nat outside     //指定 s0/0 为 NAT 网络的外部端口
router1(config-if)#exit
router1(config)#access-list   1   permit   192.168.0.0   0.0.0.255
//配置动态 NAT 内部地址范围：192.168.0.0/24
router1(config)#ip    nat pool nat1 202.99.1.100   202.99.1.200 netmask   255.255.255.0
//配置动态 NAT 地址池：202.99.1.100～202.99.1.200
router1(config)#ip nat inside source list 1 pool nat1     //配置动态 NAT 映射
router1(config)#router rip
router1(config-router)#network   202.99.1.0
router1(config-router)#version   2
router1(config-router)#end
```

（2）Router2 配置。

```
router(config)#hostname    router2
router2(config)#interface    fastEthernet 0/0
router2(config-if)#ip address   202.99.2.100 255.255.255.0
router2(config-if)#no shutdown
router2(config-if)#exit
router2(config)#interface    serial 0/0
router2(config-if)#ip address   202.99.1.2 255.255.255.0
router2(config-if)#no shutdown
router2(config-if)#exit
```

```
router2(config)#router rip
router2(config-router)#network   202.99.1.0
router2(config-router)#network   202.99.2.0
router2(config-router)#version   2
router(config-router)#end
```

测试：内网的 PC1、PC2 分别 PING 外网的 PC3，可以 PING 通。在 Router1 中查看地址翻译的过程，显示如下信息：

```
router1#debug ip nat
IP NAT debugging is on
router1#
NAT: s=192.168.0.1->202.99.1.101, d=202.99.2.1 [9]
NAT*: s=202.99.2.1, d=202.99.1.101->192.168.0.1 [32]
NAT: s=192.168.0.1->202.99.1.101, d=202.99.2.1 [10]
NAT*: s=202.99.2.1, d=202.99.1.101->192.168.0.1 [33]
..........
NAT: s=192.168.0.2->202.99.1.102, d=202.99.2.1 [5]
NAT*: s=202.99.2.1, d=202.99.1.102->192.168.0.2 [36]
NAT: s=192.168.0.2->202.99.1.102, d=202.99.2.1 [6]
NAT*: s=202.99.2.1, d=202.99.1.102->192.168.0.2 [37]
..........
NAT: expiring 202.99.1.101 (192.168.0.1) icmp 9 (9)
NAT: expiring 202.99.1.101 (192.168.0.1) icmp 10 (10)
..........
NAT: expiring 202.99.1.102 (192.168.0.2) icmp 5 (5)
NAT: expiring 202.99.1.102 (192.168.0.2) icmp 6 (6)
..........
```

以上输出表明了 NAT 的动态转换过程。首先把私有地址（本地局部地址）"192.168.0.1"、"192.168.0.2"分别转换成公网地址（本地全局地址）"202.99.1.101"、"202.99.1.102"。然后 PC3 反馈回来信息时，再把公网地址（本地全局地址）"202.99.1.101"、"202.99.1.102"分别转换成私有地址（本地局部地址）"192.168.0.1"、"192.168.0.2"。

查看地址转换表，显示如下信息：

```
outer1#show ip nat translations
Pro    Inside global      Inside local       Outside local     Outside global
icmp   202.99.1.101:13    192.168.0.1:13     202.99.2.1:13     202.99.2.1:13
icmp   202.99.1.101:14    192.168.0.1:14     202.99.2.1:14     202.99.2.1:14
icmp   202.99.1.101:15    192.168.0.1:15     202.99.2.1:15     202.99.2.1:15
icmp   202.99.1.101:16    192.168.0.1:16     202.99.2.1:16     202.99.2.1:16
icmp   202.99.1.102:10    192.168.0.2:10     202.99.2.1:10     202.99.2.1:10
icmp   202.99.1.102:11    192.168.0.2:11     202.99.2.1:11     202.99.2.1:11
icmp   202.99.1.102:12    192.168.0.2:12     202.99.2.1:12     202.99.2.1:12
icmp   202.99.1.102:9     192.168.0.2:9      202.99.2.1:9      202.99.2.1:9
```

可以看出，路由器 Router1 为主机 PC1、PC2 动态分配两个本地全局地址"202.99.1.101"、"202.99.1.102"，并在 NAT 表中生成两条动态映射的记录。在动态映射没有过期（过期时间为86400s）之前，在有应用从相同主机发起时，NAT 路由器直接查 NAT 表，为应用分配相应的地址和端口。动态映射过期后，该动态地址转换表就不存在了。

2.5.5　PAT 配置

1. PAT 配置命令：配置 PAT 映射

　　ip　nat　inside　source　list　访问列表名　pool　地址池名　overload
　　ip　nat　inside　source　list　访问列表名　pool　端口　overload

第一种方法使用地址池；第二种方法直接使用接口，适合于少量地址转换。无 overload 表示多对多，有 overload 表示多对一。

2. 动态 NAT 配置实例

Router1 与 Router2 通过 s0/0 口连接，如图 2-43 所示。Router1 是内部路由器，连接着内部网络，Router2 是外部路由器，连接着外部网络，通过 PAT 转换实现多对一的映射。

实现 PAT 的相关配置如下：

（1）Router1 配置。

```
router(config)#hostname    router1
router1(config)#interface    fastEthernet 0/0
router1(config-if)#ip address 192.168.0.100 255.255.255.0
router1(config-if)#no shutdown
router1(config-if)#ip nat inside          //指定 f0/0 为 NAT 网络的内部端口
router1(config-if)#exit
router1(config)#interface    serial 0/0
router1(config-if)#clock rate 64000
router1(config-if)#ip address 202.99.1.1 255.255.255.0
router1(config-if)#no shutdown
router1(config-if)#ip    nat outside         //指定 s0/0 为 NAT 网络的外部端口
router1(config-if)#exit
router1(config)#access-list    1 permit    192.168.0.0    0.0.0.255
//配置动态 NAT 内部地址范围：192.168.0.0/24
router1(config)#ip  nat inside  source  list 1  interface  serial 0/0  overload   //配置 PAT 映射
router1(config)#router rip
router1(config-router)#network    202.99.1.0
router1(config-router)#version    2
router1(config-router)#end
```

（2）Router2 配置。

```
router(config)#hostname    router2
router2(config)#interface    fastEthernet 0/0
router2(config-if)#ip address    202.99.2.100    255.255.255.0
router2(config-if)#no shutdown
router2(config-if)#exit
router2(config)#interface    serial 0/0
router2(config-if)#ip    address    202.99.1.2 255.255.255.0
router2(config-if)#no shutdown
router2(config-if)#exit
router2(config)#router    rip
router2(config-router)#network    202.99.1.0
router2(config-router)#network    202.99.2.0
router2(config-router)#version    2
router(config-router)#end
```

测试：内网的 PC1、PC2 分别 PING 外网的 PC3，可以 PING 通。在 Router1 中查看地址翻译的过程，显示如下信息：

```
router1#debug  ip  nat
IP NAT debugging is on
router1#
NAT: s=192.168.0.2->202.99.1.1, d=202.99.2.1 [17]
NAT*: s=202.99.2.1, d=202.99.1.1->192.168.0.2 [55]
NAT: s=192.168.0.2->202.99.1.1, d=202.99.2.1 [18]
NAT*: s=202.99.2.1, d=202.99.1.1->192.168.0.2 [56]
............
NAT: s=192.168.0.1->202.99.1.1, d=202.99.2.1 [21]
NAT*: s=202.99.2.1, d=202.99.1.1->192.168.0.1 [59]
NAT: s=192.168.0.1->202.99.1.1, d=202.99.2.1 [22]
NAT*: s=202.99.2.1, d=202.99.1.1->192.168.0.1 [60]
............
NAT: expiring 202.99.1.1 (192.168.0.2) icmp 17 (17)
NAT: expiring 202.99.1.1 (192.168.0.2) icmp 18 (18)
............
NAT: expiring 202.99.1.1 (192.168.0.1) icmp 21 (21)
NAT: expiring 202.99.1.1 (192.168.0.1) icmp 22 (22)
............
```

以上输出表明了 PAT 的转换过程。私有地址（本地局部地址）"192.168.0.1"、"192.168.0.2"都转换成公网地址（本地全局地址）"202.99.1.1"。

查看地址转换表，显示如下信息：

```
router1#show  ip  nat  translations
Pro    Inside global      Inside local       Outside local      Outside global
icmp   202.99.1.1:21      192.168.0.1:21     202.99.2.1:21      202.99.2.1:21
icmp   202.99.1.1:22      192.168.0.1:22     202.99.2.1:22      202.99.2.1:22
icmp   202.99.1.1:23      192.168.0.1:23     202.99.2.1:23      202.99.2.1:23
icmp   202.99.1.1:24      192.168.0.1:24     202.99.2.1:24      202.99.2.1:24
icmp   202.99.1.1:17      192.168.0.2:17     202.99.2.1:17      202.99.2.1:17
icmp   202.99.1.1:18      192.168.0.2:18     202.99.2.1:18      202.99.2.1:18
icmp   202.99.1.1:19      192.168.0.2:19     202.99.2.1:19      202.99.2.1:19
icmp   202.99.1.1:20      192.168.0.2:20     202.99.2.1:20      202.99.2.1:20
```

以上输出表明，进行 PAT 转换使用的是同一个 IP 地址 202.99.1.1 的不同端口号。

2.6　ACL 技术

随着网络的广泛应用、互联网的普及，网络面临的威胁也越来越多。网络安全问题成为网络应用的障碍。访问控制列表（Access Control Lists，ACL）可以对数据流进行过滤、限制网络流量、提高网络性能，是实现网络安全基本手段之一。

ACL 使用包过滤技术，根据预先定义好的规则对数据包进行过滤，从而达到访问控制的目的。ACL 分为两种：标准 IP 访问列表和扩展 IP 访问列表。

（1）标准 IP 访问列表。标准访问列表编号范围为 1～99、1300～1999，标准 IP 访问控制列表可以根据数据包的源 IP 地址定义规则，进行数据包的过滤。

（2）扩展 IP 访问列表。扩展访问列表编号范围为 100～199、2000～2699，扩展 ACL 比标准 ACL 具有更多的匹配项，功能更加强大和细化，可以根据数据包的协议类型、源地址、目的地址、源端口、目的端口等来定义规则，进行数据包的过滤。

在 ACL 中，用户可以根据报文中的特定信息制定一组规则，每条规则都描述了对匹配一定信息的数据包所采取的动作：允许通过或者拒绝通过。

ACL 基于接口进行规则的应用，同时在接口处还要定义过滤的方向。过滤的方向分为入栈应用和出栈应用两种方式。

① Inbound：入栈应用，流入数据。

② Outbound：出栈应用，流出数据。

这样特定端口上特定方向的数据流就必须依照指定的 ACL 规则进出网络设备。执行规则时，按照各描述语句在 ACL 中的顺序，根据各描述语句的判断条件，对数据包进行检查。一旦找到了某一匹配条件就结束比较过程，不再检查其他条件判断语句。

2.6.1　配置标准 ACL

1. 标准 ACL 相关命令

（1）定义标准 ACL：access-list acl 编号 permit|deny 源地址 反掩码。

acl 编号为 1～99、1300～1999；permit/deny 分别为允许和拒绝。ACL 的反掩码由 0 和 1 组成（在二进制下），0 代表必须精确匹配，1 代表随意。

（2）在接口上应用 ACL：ip access-group acl 编号 in | out。

in 表示流入数据，out 表示流出数据。

（3）删除 ACL。

● 首先从接口上移除 ACL：no ip access-group acl 编号 [in | out]。

● 然后再从全局模式下删除访问控制列表：no access-lists acl 编号。

（4）查看 ACL：show ip access-lists。

2. 标准 ACL 配置实例

如图 2-44 所示，路由器 Router1 连接内部计算机 PC0（192.168.0.2/24）、PC1（192.168.1.2/24），路由器 Router2 连接外部计算机 Server（202.99.2.2/24），两个路由器之间通过 s0/0 口连接，IP 地址分别是 202.99.1.1/24、202.99.1.2/24，Router1 是 DCE。要求配置标准 ACL，实现 PC1 所在网络可以访问外网，PC0 则不能。

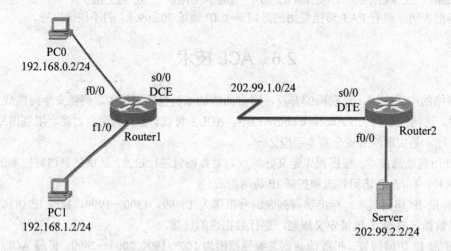

图 2-44　标准 ACL 配置拓扑图

相关配置如下：

（1）Router1 配置。

```
router(config)#hostname    router1
router1(config)#interface    fastEthernet 0/0
router1(config-if)#ip    address    192.168.0.1  255.255.255.0
router1(config-if)#no shutdown
router1(config-if)#exit
router1(config)#interface    fastEthernet    1/0
router1(config-if)#ip    address    192.168.1.1  255.255.255.0
router1(config-if)#no shutdown
router1(config-if)#exit
router1(config)#interface    serial 0/0
router1(config-if)#ip    address    202.99.1.1 255.255.255.0
router1(config-if)#clock    rate 64000
router1(config-if)#no shutdown
router1(config-if)#exit
router1(config)#router rip
router1(config-router)#network    192.168.0.0
router1(config-router)#network    192.168.1.0
router1(config-router)#network    202.99.1.0
router1(config-router)#version    2
router1(config-router)#exit
router1(config)#access-list   1   permit   192.168.1.0   0.0.0.255
 router1(config)#access-list   1   deny      192.168.0.0   0.0.0.255
//定义 ACL，允许 192.168.1.0，拒绝 1921.168.0.0
router1(config)#interface    serial 0/0
router1(config-if)#ip    access-group    1 out   //在 s0/0 接口上应用 ACL
router1(config-if)#end
```

（2）Router2 配置。

```
router(config)#hostname    router2
router2(config)#interface    f0/0
router2(config-if)#ip address   202.99.2.1 255.255.255.0
router2(config-if)#no shutdown
router2(config-if)#exit
router2(config)#interface    serial   0/0
Router2(config-if)#ip    address   202.99.1.2 255.255.255.0
router2(config-if)#no shutdown
router2(config-if)#exit
router2(config)#router rip
router2(config-router)#network    202.99.1.0
router2(config-router)#network    202.99.2.0
router2(config-router)#version    2
router2(config-router)#end
```

（3）PC0 配置。

IP 地址：192.168.0.2，子网掩码：255.255.255.0，默认网关：192.168.0.1

（4）PC1 配置。

IP 地址：192.168.1.2，子网掩码：255.255.255.0，默认网关：192.168.1.1

（5）Server 配置。

IP 地址：202.99.2.2，子网掩码：255.255.255.0，默认网关：202.99.2.1

测试：PC0 不能 PING 通 Server，PC1 可以 PING 通 Server。在 Router1 查看 ACL，显示如下信息：

```
router1#show   ip   access-lists
Standard IP access list 1
        permit 192.168.1.0 0.0.0.255 (4 match(es))
        deny 192.168.0.0 0.0.0.255 (4 match(es))
```

以上输出表明，Router1 上定义的标准 ALC 为"1"，定义了两条规则。查看端口 serial 0/0，显示如下信息：

```
router1#show ip interface serial 0/0
Serial0/0 is up, line protocol is up (connected)
    Internet address is 202.99.1.1/24
    Broadcast address is 255.255.255.255
    Address determined by setup command
    MTU is 1500
    Helper address is not set
    Directed broadcast forwarding is disabled
    Outgoing access list is 1
    Inbound    access list is not set
    ……………
```

以上输出表明，Router1 的 Serial 0/0 的出口方向应用了标准 ALC1。

2.6.2　扩展 ACL

1. 扩展 ACL 相关命令

（1）定义扩展 ACL：access-list 扩展 acl 编号 permit|deny 协议 源地址 反掩码 操作符 源端口号 目标地址 反掩码 操作符 目标端口号 [log]。

说明：

● 扩展 acl 编号为 100～199、2000～2699。

● permit/deny 分别为允许和拒绝。

● ACL 的反掩码由 0 和 1 的组成（在二进制下），0 代表必须精确匹配，1 代表随意。

● 协议为 TCP、UDP、ICMP 等。

● 操作符号：eq（等于）、gt（大于）、lt（小于）。

● 端口号：80、23、20、21 等。

● log 为可选项，表示符合这个 ACL 就记录下相应日志。

（2）在接口上应用 ACL：ip access-group acl 编号 [in | out]。

in 表示流入数据，out 表示流出数据。

（3）删除扩展 ACL。

● 从接口上移除扩展 ACL：no ip access-group 扩展 acl 编号 [in | out]。

● 在从全局模式下删除扩展访问控制列表：no access-lists 扩展 acl 编号。

2. 扩展 ACL 配置实例

如图 2-45 所示，路由器 Router1 连接内部计算机 PC1（192.168.0.2/24）、PC2（192.168.0.3/24），路由器 Router2 连接外部计算机 Server（202.99.2.2/24），两个路由器之间通过 s0/0 口连接，IP 地址分别是 202.99.1.1/24、202.99.1.2/24，Router1 是 DCE。要求配置扩展 ACL，实现 PC1、PC2 所在

网络可以访问 Server 的 WWW 服务，但无法 PING 通 Server。

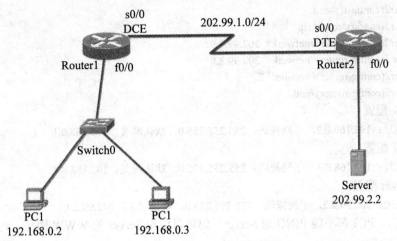

图 2-45　扩展 ACL 配置拓扑图

相关配置如下：

（1）Router1 配置。

```
router(config)#hostname   router1
router1(config)#interface   fastEthernet 0/0
router1(config-if)#ip address   192.168.0.1   255.255.255.0
router1(config-if)#no shutdown
router1(config-if)#exit
router1(config)#interface   serial   0/0
router1(config-if)#clock rate 64000
router1(config-if)#ip address   202.99.1.1 255.255.255.0
router1(config-if)#no shutdown
router1(config-if)#exit
router1(config)#router   rip
router1(config-router)#network   192.168.0.0
router1(config-router)#network   202.99.1.0
router1(config-router)#version   2
router1(config-if)#exit
router1(config)#access-list   100 permit   tcp   192.168.0.0   0.0.0.255   host 202.99.2.2   eq   www
    //定义扩展 ACL，允许 1921.168.0.0 网段访问 202.99.2.2 的 WWW 服务
router1(config)#access-list   100 deny   icmp   192.168.0.0   0.0.0.255   host 202.99.2.2   echo
    //定义扩展 ACL，拒绝 1921.168.0.0 网段 PING 202.99.2.2
router1(config)#interface   serial   0/0
router1(config-if)#ip   access-group   100 out          //在 s0/0 接口上应用扩展 ACL
router1(config-router)#end
```

（2）Router2 配置。

```
router(config)#hostname   router2
router2(config)#interface   f0/0
router2(config-if)#ip   address   202.99.2.1 255.255.255.0
router2(config-if)#no shutdown
router2(config-if)#exit
router2(config)#interface   serial   0/0
```

```
router2(config-if)#ip address    202.99.1.2 255.255.255.0
router2(config-if)#no shutdown
router2(config-if)#exit
router2(config)#router rip
router2(config-router)#network    202.99.1.0
router2(config-router)#network    202.99.2.0
router2(config-router)#version    2
router2(config-router)#end
```

（3）PC1 配置。

IP 地址：192.168.0.2，子网掩码：255.255.255.0，默认网关：192.168.0.1

（4）PC2 配置。

IP 地址：192.168.0.3，子网掩码：255.255.255.0，默认网关：192.168.0.1

（5）Server 配置。

IP 地址：202.99.2.2，子网掩码：255.255.255.0，默认网关：202.99.2.1

测试：PC1、PC2 都不能 PING 通 Server，但可以访问 Server 的 WWW 服务。在 Router1 查看 ACL，显示如下信息：

```
router1#show ip access-lists
Extended IP access list 100
    permit tcp 192.168.0.0 0.0.0.255 host 202.99.2.2 eq www (10 match(es))
    deny icmp 192.168.0.0 0.0.0.255 host 202.99.2.2 echo (8 match(es))
```

以上输出表明，Router1 上定义的扩展 ACL 为"100"，定义了两条规则。

2.6.3   基于名字的 ACL

基于名字的访问控制列表（命名 ACL）允许在标准 ACL 和扩展 ACL 中，使用字符串代替前面所使用的数字来表示 ACL，还允许从某一特定的 ACL 中删除部分控制条目，方便了 ACL 的管理。

1. 基于名字的访问控制列表的相关命令

（1）创建访问控制列表。

```
ip access-list    standard | extended    自定义的 ACL 名称
permit | deny    需要匹配的条件 1
permit | deny    需要匹配的条件 2
…………
```

（2）在接口上应用 ACL。

```
ip access-group 自定义的 ACL 名称 in | out
```

2. 基于名字的访问控制列表的配置实例

修改扩展 ACL 配置实例，将其改为基于名字的访问控制列表。在 Router1 中的相关命令如下：

```
router1(config)#ip access-list extended lx //创建命名 ACL
router1(config-ext-nacl)#permit tcp 192.168.0.0 0.0.0.255 host 202.99.2.2 eq www
router1(config-ext-nacl)#deny icmp 192.168.0.0 0.0.0.255 host 202.99.2.2 echo
router1(config-ext-nacl)#exit
router1(config)#interface serial 0/0
router1(config-if)#ip access-group lx out //在 serial 0/0 应用命名 ACL
router1(config-if)#end
```

测试：PC1、PC2 都不能 PING 通 Server，但可以访问 Server 的 WWW 服务。在 Router1 查看 ACL，显示如下信息：

```
router1#show ip access-lists
```

Extended IP access list lx
　　permit tcp 192.168.0.0 0.0.0.255 host 202.99.2.2 eq www (6 match(es))
　　deny icmp 192.168.0.0 0.0.0.255 host 202.99.2.2 echo (4 match(es))

以上输出表明，router1 上定义的命名 ACL 为 lx，定义了两条规则。

2.6.4　ACL 设计要点

（1）定义语句的次序。由于 ACL 表项的检查按自上而下的顺序进行，并且从第一个表项开始。所以必须考虑在 ACL 表中定义语句的次序，将最严格的条件放置在 ACL 最顶部。

（2）默认规则。默认 ACL 中最后一行语句为隐含的拒绝（Deny）语句，因此标准 ACL 实例中拒绝 192.168.0.0 的规则可以省略。如果在最后一行隐含语句之前没找到一行许可（Permit）语句，那将意味着所有数据包都会被丢弃。所以每个 ACL 必须至少有一行 Permit 语句，除非希望将所有数据包丢弃。

（3）ACL 定义应当应用于指定接口上。

（4）ACL 用于过滤经过路由器的数据包，它并不对自身产生的数据包进行过滤。

（5）每一个路由器接口的每一个方向、每一种协议只能创建一个 ACL。

（6）标准 ACL 规则应用建议。由于标准 ACL 只使用源地址，如果将其靠近源地址，则会阻止数据包流向其他端口。因此，尽可能地把标准 ACL 放置在离目标地址近的地方，避免提前过滤。

（7）扩展 ACL 规则应用建议。由于扩展 ACL 有详细的匹配项，因此尽可能地把扩展 ACL 放置在离源地址近的地方，争取尽早进行过滤，这样创建的过滤器就不会反过来影响其他接口上的数据流。

（8）尽量使用命名 ACL，方便修改 ACL 中的控制条目。

2.7　DHCP 技术

TCP/IP 网络中，每台计算机都必须配置 IP 地址，手工设置比较麻烦，又容易出错，特别是不适合移动办公。因此很多网络都使用 DHCP 协议，实现动态分配 IP 地址。

DHCP（Dynamic Host Configuration Protocol，动态主机配置协议）是从 BOOTP（Bootstrap Protocol）协议发展而来的，其作用是向主机动态分配 IP 地址及其他相关信息。DHCP 采用客户端/服务器模式，DHCP 服务器能够从预先设置的 IP 地址池里自动给主机分配 IP 地址，它不仅能够保证 IP 地址不重复分配，也能及时回收 IP 地址以提高 IP 地址的利用率。DHCP 报文采用 UDP 封装。服务器所侦听的端口号是 67，客户端的端口号是 68。

2.7.1　DHCP 配置相关命令

（1）定义 DHCP 地址池：ip dhcp pool 地址池名称。

（2）定义 DHCP 服务器要分配的网络和子网掩码：network 网络号 子网掩码。

（3）设置默认网关：default-router 网关地址。

（4）设置 DNS 服务器：dns-server DNS 服务器 IP。

（5）排除不可被分配的地址：ip dhcp excluded-address 地址。

（6）查看 DHCP 的地址绑定情况：show ip dhcp binding。

2.7.2 DHCP 配置实例

拓扑图如图 2-46 所示，Router1 的 f0/0 与内部网络连接，配置 DHCP，实现内部网络 PC 的动态 IP 地址分配。

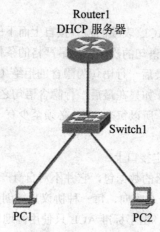

图 2-46   DHCP 配置拓扑图

Router1 上的相关配置如下：

```
router(config)#hostname   router1
router1(config)#ip dhcp pool lx        //建立 DHCP 池，池名为 lx
router1(dhcp-config)#network   192.168.0.0 255.255.255.0
//指定 DHCP 池 lx 所包含的 IP 地址段和子网掩码
router1(dhcp-config)#default-router   192.168.0.1   //指定 DHCP 池 lx 自动分配的网关
router1(dhcp-config)#dns-server   192.168.0.2        //指定 DHCP 池 lx 自动分配的 DNS 服务器
router1(dhcp-config)#exit
router1(config)#ip dhcp excluded-address   192.168.0.1 192.168.0.5
//保留地址 192.168.0.1-192.168.0.5，不用来分配
router1(config)#interface   fastEthernet 0/0
router1(config-if)#ip address   192.168.0.1 255.255.255.0
router1(config-if)#no shutdown
```

将 PC1 设置为自动获取 IP，然后进入其命令行方式，输入 ipconfig/renew 命令，显示如下信息：

```
PC>ipconfig /renew
IP Address.....................: 192.168.0.6
Subnet Mask....................: 255.255.255.0
Default Gateway................: 192.168.0.1
DNS Server.....................: 192.168.0.2
```

可以看出，PC1 已经从 DHCP 服务器中获得了 IP "192.168.0.6   255.255.255.0"。在 Router1 输入 show ip dhcp binding 命令，查看 DHCP 的地址绑定情况：

```
router1#show ip dhcp binding
```

IP address	Client-ID/ Hardware address	Lease expiration	Type
192.168.0.6	0004.9A6B.D6E7	--	Automatic

以上信息显示了 DHCP 服务器自动分配给客户端的 IP 地址以及所对应的客户端的硬件地址。

小　　结

本章对交换机和路由器配置所涉及的基础知识进行了概述。交换机是工作于数据链路层的网络设备，使用 MAC 地址来过滤各端口间的通信，其工作过程分为地址学习、转发和过滤。在交换机中，数据帧的处理主要有直通式、存储转发和碎片隔离 3 种数据交换方式。路由器是工作于网络层的网络设备，用于连接多个逻辑上分开的网络，路由器的主要工作就是为经过路由器的每个数据帧寻找一条最佳传输路径，并将该数据有效地传送到目的站点。路由表分为静态路由表和动态路由表两种。

Cisco 设备启动后，Cisco IOS 采用基于命令行的用户接口（CLI）进行管理，配置方法分为带外管理和带内管理两大类。带外管理无须通过计算机网络，可以直接配置网络设备；带内管理必须在网络设备与计算机网络连接后，利用网络功能管理网络设备。

VLAN 是指在一个物理网段划分的逻辑网段，一个 VLAN 就是一个逻辑网段（子网），就是一个广播域。相同 VLAN 内的主机可以相互直接通信，不同 VLAN 间的主机之间互相访问必须经路由设备进行转发，广播数据包只可以在本 VLAN 内进行广播，不能传输到其他 VLAN 中，从而有效地控制广播风暴的发生。Trunk 端口用于交换机之间级联，实现跨交换机的相同 VLAN 间数据传送。VLAN 间的通信需要借助第三层设备，有两种方法：独臂路由和三层交换。

交换机生成树协议解决了由于某些网络故障造成的网络中断、影响网络稳定运行等问题，但是无法提高网络主干链路带宽。EtherChannel（以太通道）技术将两个设备间多条快速物理链路捆绑在一起，组成一条高速逻辑链路，并在多条链路上实现均衡负载。

PPP 协议是目前使用最广泛的广域网协议，具有支持认证、多链路捆绑、回拨、压缩等功能。PPP 验证有两种方式：PAP 验证和 CHAP 验证。

路由器通过直连网络、静态路由和动态路由 3 种途径建立路由，目前最常用的路由协议主要有路由信息协议 RIP、内部网关路由协议 IGRP 和开放的最短路径优先协议 OSPF 等，路由重分布可以在不同的路由选择协议之间共享路由信息、交换路由信息，以实现网络中的计算机互通。

NAT 技术能够有效地避免来自网络外部的攻击，隐藏并保护网络内部的计算机。同时，它还可以超越地址的限制，合理地安排网络中的公有 Internet 地址和私有 IP 地址的转换使用。

访问控制列表（ACL）使用包过滤技术，根据预先定义好的规则对数据包进行过滤，从而达到访问控制的目的。ACL 分为标准 IP 访问列表和扩展 IP 访问列表两种。

DHCP 的作用是采用客户端/服务器模式向主机动态分配 IP 地址及其他相关信息，提高 IP 地址的利用率。

习　　题

一、填空题

1. 中继器是两个网络在物理层上的连接，用于连接具有相同物理层协议的局域网，是局域网互联的最简单的设备。中继器的主要作用是_____、整形、使衰减的信号得以再生，并沿着原来的方向继续传播，在实际使用中主要用于延伸网络长度和连接不同网络。

2. 数据链路层作为 OSI 模型的第二层，是基于物理层的服务，通过数据链路协议，把数据帧从一个节点转送到其他节点，为网络层提供透明的、正确有效的传输线路。工作于数据链路层的网络设备主要有_____、_____和_____。

3．路由器与交换机的本质区别是前者实现_____之间网络通信，而后者是在_____内实现数据传送。

4．数据帧的处理主要有_____、_____和碎片隔离 3 种数据交换方式。

5．带内管理必须在网络设备与计算机网络连接后，利用网络功能管理网络设备。因此，在使用带内管理之前，需要先通过_____进行相关设置，开通相应的网络功能后方可进行网络设备的带内管理。

6．进入特权模式的命令是_____，进入全局模式的命令是_____。

7．_____端口用于交换机之间级联，用于实现跨交换机的相同 VLAN 间数据传送。

8．VLAN 间的通信需要借助第三层设备，有两种方法：_____和_____。

9．ACL 使用包过滤技术，根据预先定义好的规则对数据包进行过滤，从而达到访问控制的目的，ACL 是基于_____进行规则的应用，ACL 分为_____和_____两种。

10．_____是解决 IP 地址短缺的重要手段。

二、判断题

1．交换机使用 IP 地址来过滤各端口间的通信。其工作过程分为地址学习、转发和过滤。
（　　）

2．VLAN 把整个网络按需要分割成多个独立的逻辑组，减少了网络冲突，使得网络的性能得到显著的提高。VLAN 在逻辑上属于数据链路层，它与具体的物理网络及地理位置有关。
（　　）

3．生成树技术通过阻断冗余链路来消除桥接网络中可能存在的路径回环，当前路径发生障碍时，激活冗余备份链路，恢复网络连通性。（　　）

4．ROM 相当于 PC 的 BIOS，Cisco 设备运行时，首先运行 ROM 中的程序。该程序主要进行加电自检，对设备的硬件进行检测。（　　）

5．带外管理无须通过计算机网络，可以直接配置网络设备。（　　）

6．利用 Alt 键可以补全当前输入的命令，方便用户快捷地配置网络设备。（　　）

7．输入命令后显示"%Ambiguous command"信息表示输入的命令不是唯一的，这条命令有多个参数。（　　）

8．VTP 利用第二层中继帧，在一组交换机之间进行 VLAN 通信，VTP 从一个中心控制点开始，负责在 VTP 域内同步 VLAN 信息，VTP 管理域内的所有交换机共享相同的 VLAN 信息。
（　　）

9．CHAP 利用三次握手周期地验证源端节点的身份，CHAP 不直接传送密码，只传送一个不可预测的询问消息，以及该询问消息与密码经过 MD5 加密运算后的加密值。（　　）

10．由于采用 RIP 协议的路由器无法掌握网络的全局情况，因此如果路由更新在网络上传播慢，将会导致网络收敛较慢，造成路由环路。（　　）

三、简答题

1．什么是路由？如何设置路由？

2．VTP 模式分为哪几种？各有什么特点？

四、操作题

1. 按照图 2-47 所示的拓扑图连接设备。

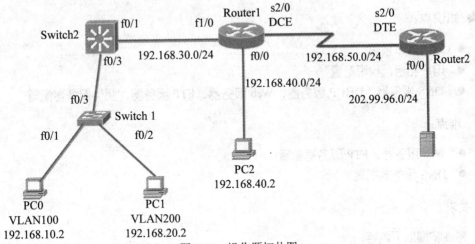

图 2-47　操作题拓扑图

2. 设置计算机 IP 地址。
① PC0。IP 地址：192.168.10.2；子网掩码：255.255.255.0。
② PC1。IP 地址：192.168.20.2；子网掩码：255.255.255.0。
③ PC2。IP 地址：192.168.40.2；子网掩码：255.255.255.0。
④ Web Server：IP 地址：202.99.96.2；子网掩码：255.255.255.0。

3. 设置 Switch。

设置 Switch1 主机名为 SW1，设置特权密码为 xh1，Console 密码为 xh2，添加 VLAN100、VLAN200，并将 PC1、PC2 分别加入，将 f0/3 设置为 Trunk；设置 Switch2 主机名为 SW2，设置 VLAN 虚接口，将 f0/3 设置为 Trunk，实现各 VLAN 互通。

4. 设置路由器。

设置 Router1 主机名为 RT1，按照拓扑图配置连接的各个端口；设置 Router2 主机名为 RT2，按照拓扑图配置连接的各个端口。

5. 路由设置。

配置各相关设备，实现全网互通。

6. NAT 设置。

将 PC1 的地址映射为 192.168.30.100。

第 3 章 计算机网络操作系统

🔎 **知识点：**

- 网络操作系统
- 用户和组、权限配置
- DNS 服务器、DHCP 服务器、Web 服务器、FTP 服务器、邮件服务器配置

⚡ **难点：**

- Web 服务器、FTP 服务器配置
- DNS 服务器配置

◆ **要求**

熟练掌握以下内容：

- Windows Server 2003 的安装
- 用户、组的创建与管理
- 共享权限、NTFS 权限、分布式文件系统的创建与管理
- DHCP 服务器、DNS 服务器配置
- Web 服务器、FTP 服务器配置

了解以下内容：

- 活动目录与域
- 邮件服务器配置

3.1 常用网络操作系统简介

操作系统是用户和计算机之间的接口，网络操作系统则是网络用户与计算机网络之间的接口。网络操作系统的基本任务是屏蔽本地资源与网络资源的差异性，对整个计算机网络实施管理，并为用户提供统一的、方便的网络接口。网络操作系统控制和管理计算机系统内各种硬件和软件资源、有效地组织多道程序运行的系统软件，提供网络通信、资源管理、网络服务、网络管理、交互操作等功能。

目前常用的网络操作系统平台有 NetWare、Windows 2000 Server、Windows Server 2003/2008 UNIX、Linux 等。

1. Windows Server

20 世纪末，微软公司为了抢占网络操作系统中高端市场，在 Windows NT 4.0 基础上开发，并倾力推出了 Windows 2000 Server。在 2003 年 4 月，在 Windows 2000 Server 的基础上，对服务器的可靠性、可伸缩性、可用性、安全性、方便管理方面进行提升，推出了 Windows Server 2003，在 2007 年推出了 Windows 2008 Server。目前 Windows Server 2003 是微软公司应用最广泛的网络操作系统。

Windows Server 2003 支持即插即用、多任务、大内存、多处理器，采用了 NTFS 文件系统、活动目录、文件加密、集群、XML Web 服务等多项新技术，操作简便、扩展性强、支持软件丰富、兼容性好、安全可靠，成为目前市场上主流的网络操作系统。

2. Linux

Linux 是一种"自由软件"，源代码公开，支持多种硬件平台、多种协议、多种文件系统，安全可靠，具有良好的可移植性。它完全遵循 POSLX 标准，是真正的多任务、多用户系统，内置网络支持，能与 NetWare、Windows NT、OS/2、UNIX 等无缝连接。由于是开源系统，其开发版本较多，但配套软件不太丰富，限制了其应用。

3. UNIX

1970 年，美国的电报电话公司（AT&T）在 Bell 实验室首先在 PDP-7 机器上实现了 UNIX 系统。1973 年 Ritchie 又用 C 语言对 UNIX 进行了重写。1976 年正式公开发表了 UNIX V6 版本，并开始向美国各大学及研究机构颁发 UNIX 的许可证并提供了源代码。

UNIX 系统是为多用户环境设计的，支持多用户、多任务的运行环境，具有内建的 TCP/IP 支持。采用模块化设计，文件系统可随意卸载，具有良好的开放性、稳定性和可移植性，采用完善的安全机制，集成多种功能，成为事实上的多用户、多任务操作系统的标准。目前 UNIX 系统有多个版本，但版本之间并不兼容，适合于科学计算、大型网站等，是大型服务器操作系统的首选。

4. NetWare

NetWare 是美国 Novell 公司的产品，1983 年，伴随着 Novell 公司的面世，NetWare 局域网操作系统出现了。Novell 的 NDS 目录服务及后来的基于 Internet 的 e-Directory 目录服务是 NetWare 中最具特色的功能。它提供优秀的文件服务和完善的打印服务，可靠性高，是 20 世纪 90 年代的主导网络操作系统。由于其主要是基于命令行方式，不易于使用，目前市场占用率不高。

综合以上各种网络操作系统的特点，基于易用性、安全性、可靠性、兼容性、软件的支持等因素，Windows Server 已成为目前市场主流产品，本章主要讲述 Windows Server 2003 网络操作系统的应用。

3.2 Windows Server 2003 配置

Windows Server 2003 主要版本有 Windows Server 2003 标准版、Windows Server 2003 企业版、Windows Server 2003 Web 版、Windows Server 2003 Datacenter 版，如图 3-1 所示。

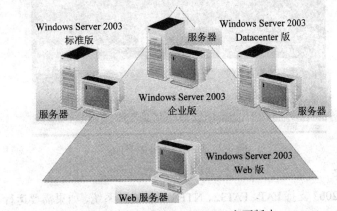

图 3-1 Windows Server 2003 主要版本

- Windows Server 2003 标准版

Windows Server 2003 标准版主要面向小企业及部门级应用。

- Windows Server 2003 企业版

Windows Server 2003 企业版面向中型企业，支持 8 路 CPU、32GB 内存、8 节点集群。

- Windows Server 2003 Datacenter 版

Windows Server 2003 Datacenter 版可以满足大型企业的各种网络应用，为大负载、关键性应用而设计，支持 32 路 CPU、64GB 内存、8 节点集群。

- Windows Server 2003 Web 版

Windows Server 2003 Web 版针对 Web 应用服务的企业，专为用作 Web 服务器而构建的操作系统，通过 IIS 6.0 服务器的部署，使用.NET 框架技术提供一个快速开发和部署 XML Web 服务和应用程序的平台。

3.2.1　Windows Server 2003 安装

Windows Server 2003 的安装对硬件有一个基本的要求，最小 CPU 主频为 133MHz，建议 550MHz 以上，内存最小 128MB，建议 256MB 以上，硬盘剩余空间在 2GB 以上。Windows Server 2003 支持大多数的最新硬件设备，安装过程中会自动检测硬件兼容性。如果有不在列表中的硬件设备，须找硬件厂家获取相应的驱动程序方可使用。

一、安装前的规划

在安装 Windows Server 2003 之前须对系统进行规划，主要包括磁盘分区选择、文件系统选择、工作组和域的选择以及授权模式的选择 4 个方面。

1. 磁盘分区选择

如果执行全新安装，根据实际需求划分磁盘分区的大小即可；如果安装双系统，则需要提前预留足够的剩余硬盘空间，并在安装系统时选择对应的硬盘空间创建分区。 图 3-2 是在安装 Windows Server 2003 时，选择准备安装系统的磁盘分区的界面。

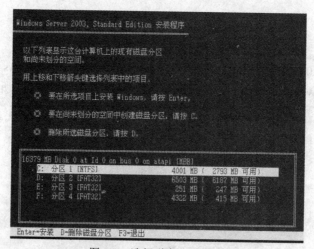

图 3-2　选择磁盘分区界面

2. 文件系统选择

Windows Server 2003 支持 FAT、FAT32、NTFS 三种文件系统，如果需要运行早期的操作系统，则需将分区的文件系统设置为 FAT 或 FAT32，否则选择 NTFS 文件系统。NTFS 支持活动目录、域、文件加密、单个文件权限设置、远程存储、磁盘活动恢复记录、磁盘配额等多项功能，并可以更好地支持大驱动器，它是安装 Windows Server 2003 的首选文件系统。图 3-3 是在安装 Windows Server 2003 时选择文件系统的界面。

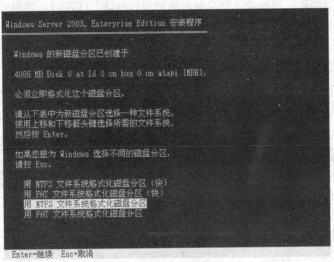

图 3-3　选择文件系统界面

3．工作组和域的选择

对于不需要集中管理的小型网络，可以选用工作组方式。工作组方式各成员之间平等，网络资源分散存放，配置简单，但安全可靠性较差，不便于管理。采用域方式，网络资源统一存放在域控制器的 AD 中，便于管理，安全可靠，是安装 Windows Server 2003 的首选。图 3-4 是工作组和域的选择界面。

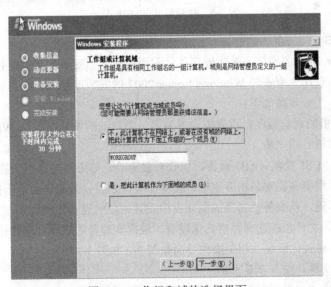

图 3-4　工作组和域的选择界面

需要注意的是：在安装网络中的第一台 Windows Server 2003 服务器时，只能将其选为工作组方式，然后通过运行 Dcpromo 命令安装活动目录后，方可将其加入域中。安装其他服务器时，可以直接将其加入网络已有的域中。

4. 授权模式的选择

在 Windows Server 2003 中可以选择"每设备或每用户"授权模式和"每服务器"授权模式。

● "每设备或每用户"授权模式。

要求每台客户端计算机都需要一个"客户端访问许可证"（CAL）。使用一个 CAL，一个特定的客户端计算机可以连接到任意数量的 Windows Server 2003 上。

● "每服务器"授权模式。

要求与服务器的每个并发连接都需要一个"客户端访问许可证"（CAL）。这意味着在任何时候，这台 Windows Server 2003 都可以支持固定数量的连接。图 3-5 是安装 Windows Server 2003 时授权模式的选择界面。

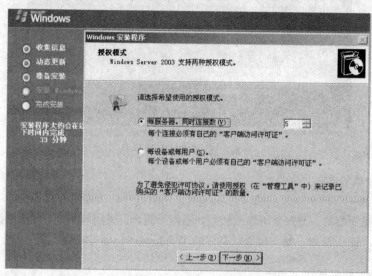

图 3-5　授权模式的选择界面

二、Windows Server 2003 的安装

Windows Server 2003 的安装方法比较简单，常用的有光驱安装、直接安装和网络安装 3 种，建议采用光驱安装。使用光驱安装 Windows Server 2003 的安装过程可以分为字符界面安装和图形界面安装两大部分，主要步骤如下：

（1）设置计算机的启动顺序。将光驱设置为第一个启动的设备，插入 Windows Server 2003 安装光盘，启动计算机开始安装。

（2）选择安装 SCSI 或者 RAID 设备，加载必要驱动。如果服务器中安装有 RAID 卡、SCSI 等设备时，在安装过程中需要安装相应驱动，在复制文件之前安装向导会提示按 F6 键。然后在随后的操作界面中按 S 键，从服务器自带的驱动盘中安装相应的设备驱动程序。

（3）磁盘分区、文件系统选择并格式化硬盘。根据安装前的规划，选择相应的磁盘分区和所需的文件系统，然后格式化硬盘。相关操作界面如图 3-2 和图 3-3 所示。

（4）复制系统文件，输入产品密钥。

（5）选择授权模式。根据安装前的规划选择相应的授权模式，相关操作界面如图 3-5 所示。

（6）设置计算机名称和管理员密码。

（7）选择工作组或计算机域。根据安装前的规划进行工作组和域的模式选择，相关操作界面如图 3-4 所示。

三、注意事项

（1）多操作系统的安装。安装多操作系统时，先安装低版本系统，再安装高版本系统。尽量不要把多个操作系统安装在同一个分区，以免把先前的操作系统或应用程序覆盖掉。由于无法共享应用程序，因此应该为每一套操作系统分别安装所需要的应用程序。

（2）及时安装最新的系统补丁程序 Service Pack。

（3）关闭事件跟踪程序。Windows Server 2003 安装完后，每次关闭或重启系统都要说明理由，如图 3-6 所示。这种方式使用起来比较麻烦，为了恢复简洁的关闭系统界面，可以在"组策略编辑器"窗口中关闭事件跟踪程序来方便使用。

图 3-6　关闭系统界面

具体操作步骤如下：

（1）运行 gpedit.msc 程序，打开"组策略编辑器"窗口。

（2）在"组策略编辑器"窗口中选择"本地计算机策略"中的"计算机配置"，展开"管理模板"，从"系统"中选择"显示'关闭事件跟踪程序'"选项，如图 3-7 所示。

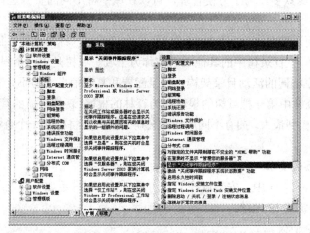

图 3-7　"组策略编辑器"窗口

（3）双击'显示"关闭事件跟踪程序"'选项，打开其属性界面，选择"已禁用"单选项，如图 3-8 所示。

以后关闭或重启系统将不再要求说明原因，出现图 3-9 所示界面，可以直接关闭或重新启动系统。

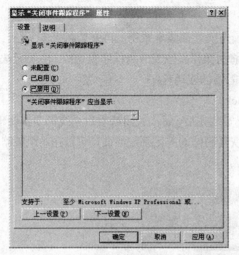 

图 3-8 "显示'关闭事件跟踪程序'属性"对话框　　图 3-9　简洁关闭系统界面

四、活动目录及域控制器的安装

在网络操作系统中，目录服务是指系统存取信息的方式。活动目录是一种分布式的目录服务，以树型目录的形式显示网络上的可用资源，实现资源的动态管理。活动目录的逻辑结构有域、域树、森林。

（1）域。域是安全的边界，是一个区域的资源的目录汇总。域内的资源统一由域控制器管理。用户一次登录就可访问所有的网络资源。在 Windows Server 2003 中安装活动目录后就构成了域，安装了活动目录的服务器称为域控制器。

域控制器的主要功能是为网络用户和计算机提供目录服务、存储目录数据、 管理域用户和域之间的交互作用（包括用户登录过程、验证和目录搜索）等。

在基于域的 Windows 2003 网络中，必须最少有一个域控制器，可以有多个域控制器，多个域控制器相互之间通过"复制"机制进行数据库的同步。

由于域管理的资源众多，为了方便管理，可以在域中将不同的资源进行逻辑组合，这就是组织单元（OU）。

（2）域树。共用连续名字空间的域就组成了一个目录树，称为域树。目录树中的第一个域被称为目录树的根域，同一目录树中的其他域则被称为子域。域树是由一个根域和多个子域构成的。

（3）森林。共享相同的活动目录架构、目录配置和复制信息，但不共享连续的 DNS 名称空间的域树构成森林。森林中第一棵域树的根域称为森林的根域，森林根域的管理员称为森林管理员，森林管理员在森林中权利最大。拥有不同域树的公司之间合并将构建一个森林，这是一个典型的森林应用实例。

1. 安装域控制器的要求

在 Windows Server 2003 中，安装域控制器的服务器需要满足如下要求：

● 必须拥有固定的 IP 地址。

● 安装 TCP/IP 协议。

● 配置了 DNS。

● 采用 NTFS 文件系统。

● 有足够的磁盘剩余空间。

● 安装的用户账号有足够的权限，建议采用管理员 Administrator。

2. 安装域控制器前的规划

（1）规划 DNS。如果已经在互联网中注册 DNS 域名，建议使用已注册的 DNS 域名。今后该服务器连入互联网后就可直接使用；否则，需要卸载活动目录并重新安装，才可以修改域名。

（2）规划域的结构。活动目录的逻辑结构可以选择单域和多域，多域是指创建域树和森林。对于小型网络一般采用单域模式，但在下列情况下建议采用多域模式：

- 由于数据安全的需要，部门之间要求使用不同的密码。
- 网络管理的资源、对象众多。
- 各部门要求拥有不同的互联网注册域名。
- 网络中计算机地理位置分布分散。

（3）注意事项。

- 每个域中至少创建一个域控制器。
- 限制域使用的个数，在满足需要的前提下越少越好。
- 组织单位的层次、包含对象不要过多。
- 安装活动目录后，服务器的开机和关机时间变长，且系统的执行速度变慢。

3. 域控制器的安装

域控制器可以使用 Dcpromo 命令安装，也可以在"配置服务器向导"中启动"Active Directory 安装向导"来完成。图 3-10 是安装域控制器时选择域控制器类型的界面。

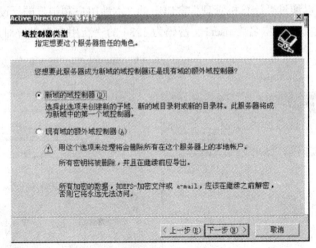

图 3-10　选择域控制器类型界面

3.2.2　用户与组的管理

一、用户账号

用户账号是用户在网络上的标识号，它赋予每个用户使用网络资源的权限，为了方便使用和管理，建议给每个用户单独创建一个用户账户。

1. 用户账号的分类

在 Windows Server 2003 中，用户账号分为两类：本地用户账号和域用户账号。

- 本地用户账号

本地用户账号是在 Windows Server 2003 本地建立的用户账户。用户拥有使用本地资源的权限，存在于本地数据库 SAM 中，SAM 的路径为%systemroot%\system32\config\SAM。

● 域用户账号

域用户账号存在于域控制器的活动目录中，如果网络中有多个域控制器，可以在任何域控制器上创建新的域用户账户，因为这些域控制器都是对等的。当在一个域控制器上创建新的用户账户时，这个域控制器会把信息复制到其他域控制器，从而确保该用户可以登录并访问任何一个域控制器。

2. 内置的用户账号

Windows Server 2003 安装后会自动创建多个用户账号，并且赋予其相应的权限，这些用户账号称为内置账号，内置账号是不允许用户删除的。最常用的两个内置账号是 Administrator 和 Guest。

● Administrator

初次安装系统后的预设系统管理员具有对服务器的完全控制权限，并可以根据需要向用户指派用户权利和访问控制权限。由于该用户账户为大家共知，权限最高，但无法删除和禁用，因此它是黑客非法进入系统的首选破解目标。为了系统安全，建议将 Administrator 改名，设置复杂密码。

● Guest

Guest（来客）账号是为临时需要使用网络资源的用户设置的，它不能删除，但可改名与禁用。系统安装后，Guest 账户默认状态是禁用的。因此如果无特殊需要，建议不要启用。

通常，我们使用管理员账号（Administrator）管理计算机，进行相应的 Server 配置。在域或计算机中没有固定账号的用户临时访问域或计算机时使用来宾账号（Guest）。

3. 用户账户的使用与管理

本地用户账户可以通过"计算机管理"窗口中的"本地用户和组"进行设置和管理，如图 3-11 所示。图 3-12 是创建一个用户名为 user1、密码为 1234 的"新用户"设置对话框。

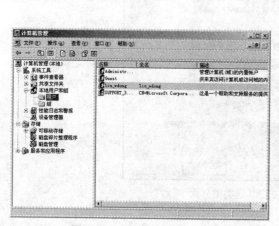

图 3-11　本地用户配置窗口

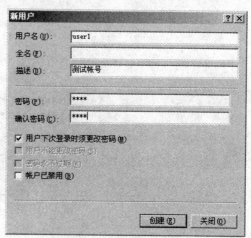

图 3-12　"新用户"对话框

域用户账户则需要通过"管理工具"中的"Active Directory 用户和计算机"窗口进行配置，如图 3-13 和图 3-14 所示。

（1）用户名。用户账户具有唯一性，不能与被管理的计算机的其他用户或组名称相同。用户名不区分大小写，最长 20 个字符，可以使用 26 个字母（大小写均可）、数字、符号等，但特殊字符如" / \ [ ] : ; | = , + * ? < >不可用。

（2）用户密码。用户密码是用来保护用户账户不被非法使用，其严格区分大小写，密码长度建议 8 位以上，最长允许 128 位。在创建用户账号时有四个密码相关选型，配置时需要合理选择。

图 3-13　域用户和组配置窗口

图 3-14　创建域用户对话框

● 用户下次登录时须更改密码

这是默认选项，强迫用户在初次登录系统时自己更改密码，更改后，管理员也无法知晓其密码。既保证了密码的安全，又便于用户记忆。

● 用户不能更改密码

"用户不能更改密码"是针对共享账号，为了方便大家访问，不允许用户更改密码，更改密码工作由管理员来完成。

● 密码永不过期

密码默认 42 天过期，设置"密码永不过期"，则密码不受时间限制。为了系统安全，建议不要对管理员账户启用"密码永不过期"。

● 账户已锁定

用户无法以该账户登录，但该用户账号数据仍存在账户数据库内，需管理员将该账户重新启用后方可使用。为新员工提前创建的用户账号、暂时不用的用户账号建议禁用。

（3）用户账号属性。本地用户账号属性比较简单，这里重点分析一下域用户账号属性。域用户账号属性选项比较多，如图 3-15 所示。

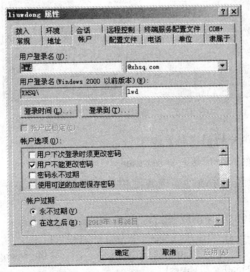

图 3-15　域用户属性对话框

　　在图 3-15 中，可以设置用户账号的过期时间，方便用户账号的管理。需要注意的是，对管理员账号的过期时间设置一定要慎重，避免出现管理员账号过期而无法管理系统的情况出现。单击"登录时间"按钮，进入"用户的登录时间"对话框，如图 3-16 所示。

　　默认情况下，系统的用户账号可以随时访问网络，在图 3-16 中设置该用户账号使用网络的时间为工作日的 8:00～19:00，避免用户在非指定时间段访问网络，加强了网络的安全。

　　在图 3-15 中，单击"登录到"按钮，进入"登录工作站"对话框，如图 3-17 所示。默认情况下，用户账号可以访问域中所有的计算机，如果有特殊需要，可以在图 3-17 中进行设置。

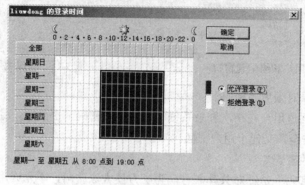

图 3-16　"用户的登录时间"对话框

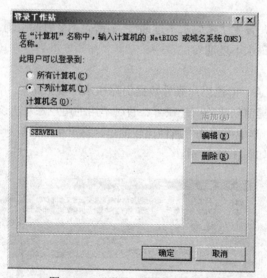

图 3-17　"登录工作站"对话框

4. 命令实现本地用户账号的创建与管理

（1）查看当前系统现有的用户账户：net user。

示例：输入命令，查看当前系统现有的本地用户账户信息（黑体字为命令，下同）。

　　　　C:\> **net user**
　　　　　　\\XHZD-2C85610BDD 的用户账户

　　　　　　Administrator　　　　　　Guest　　　　　　　　liu_wdong
　　　　　　SUPPORT_388945a0　　　　user1

以上信息表明，系统当前有 5 个用户。

（2）查看用户账户信息：net user 用户名。

示例：输入命令查看用户账户 user1 的相关信息。

```
C:\>net user user1
用户名                      user1
全名                        user1
注释                        测试用户
用户的注释
国家(地区)代码               000 (系统默认值)
账户启用                     Yes
账户到期                     从不
上次设置密码                 2013-5-5 16:04
密码到期                     2013-6-17 14:51
密码可更改                   2013-5-15 16:04
需要密码                     Yes
用户可以更改密码             Yes
允许的工作站                 All
登录脚本
用户配置文件
主目录
上次登录                     从不
可允许的登录小时数           All
本地组成员                   *Users
全局组成员                   *None
```

以上是用户账号 user1 的信息，包括用户名、全名、设置密码时间、密码到期时间等。

（3）创建用户账户：net user 用户名 密码 /add

示例：创建一个用户名为 user2、密码为 123456 的用户，并测试是否创建成功。

```
C:\> net user user2 123456 /add
C:\> net user
\\XHZD-2C85610BDD 的用户账户

-------------------------------------------------------------------------
Administrator              Guest              liu_wdong
SUPPORT_388945a0           user1              user2
```

以上信息表明，用户账户 user2 已成功创建。

（4）修改用户账户密码：net user 用户名 密码。

示例：修改用户 user2 的密码为 1111。

```
C:\> net user user2 1111
```

（5）禁用用户账户： net user 用户名 /active:no。

示例：禁用用户 user2。

```
C:\>net user user2 /active:no
```

（6）启用用户账户： net user 用户名 /active:yes。

示例：启用用户 user2。

```
C:\> net user user2 /active:yes
```

（7）删除用户账户： net user 用户名 /del。

示例：删除用户 user2。

```
C:\>net user user2 /del
```

二、组账号

组账号是用来管理对共享资源进行访问的用户账户的集合。组内的用户账户会获得组的所有权限。一个用户账户可以同时属于多个组，它将获得多个组的权限。

1. 组账号的分类

与用户账号一样，在 Windows Server 2003 中，组账号也分为两类：本地组账号和域中的组。

● 本地组账号

本地组账号是在 Windows Server 2003 本地建立的组，只允许使用本地资源的权限，存在于本地数据库"安全账户管理器"SAM 中。

● 域中的组

域中的组用于访问域中的资源，存在于域控制器的活动目录中。

2. 内置的本地组

内置的本地组的功能是可以将内置的使用权利指派给用户，使这些用户直接具有本地全部或部分的系统管理控制权。内置的本地组主要有 Administrators、Backup Operators、Guests 和 Users 等。

● Administrators

系统管理员组，可以给自己赋予所有自己没有的权力，可以完全不受限制地存取本地计算机的资源。

● Backup Operators

备份操作员组，可以忽略文件系统的权利，使用 Windows 备份工具进行备份/还原。即使是加密文件也可做备份，这样既可以保证文件系统的安全，又完成了备份/还原操作。

● Guests

来宾组，组内成员是临时用户，只能享有管理员授予的存取指定权限的资源。

● Users

普通用户组，每个新建的用户账号默认都属于该组。

3. 系统组

系统组无法在 Windows Server 2003 所提供的工具中管理这些组的成员，Windows Server 2003 为了某些管理上的方便，会使用系统组自动组织用户，这些组在设置权限时会看到。常用的系统组有 Everyone、Interactive、Network、Anonymous Logon 和 Dialup 等。

● Everyone

任何一个可以访问该计算机的用户都属于 Everyone 组，Guest 也是 Everyone 的成员。指定 Everyone 组权限时一定要小心，避免安全隐患。

● Interactive

任何在本地登录的用户都属于 Interactive 组。

● Network

通过网络连接到本地的用户都属于 Network 组。

● Anonymous Logon

匿名登录的用户都属于 Anonymous Logon 组。

● Dialup

任何利用拨号方式连接本地的用户都属于 Dialup 组。

4. 组账户的使用与管理

本地组账户可以通过"计算机管理"窗口中的"本地用户和组"进行设置和管理，如图 3-18

所示。图 3-19 是创建一个组名为 group1、成员包含用户 user1 的组的对话框。

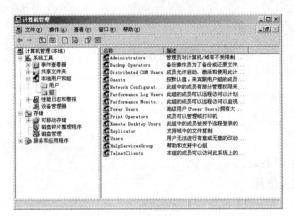

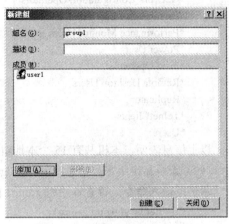

图 3-18　"计算机管理"窗口　　　　　　　　　图 3-19　创建本地组的对话框

域中的组则需要通过"管理工具"中的"新建对象－组"进行配置，如图 3-20 所示。

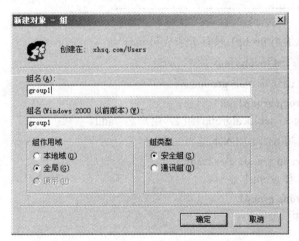

图 3-20　"新建对象－组"对话框

从图 3-20 中可以看出，组的性质由"组作用域"和"组类型"共同决定。组作用域指定该组的适用范围，分为本地域、全局、通用 3 种。组类型包括安全组和通讯组。

5. 命令实现本地组的创建与管理

同用户账号一样，本地组账号也可以通过命令来创建与管理。

（1）查看当前系统现有的组账户：net localgroup。

示例：输入命令，查看当前系统现有的本地组（黑体字为命令，下同）。

C:\> **net localgroup**
\\XHZD-2C85610BDD 的别名

----
*Administrators
*Backup Operators
*Distributed COM Users
*group1
*Guests

　　　　　*HelpServicesGroup
　　　　　*Network Configuration Operators
　　　　　*Performance Log Users
　　　　　*Performance Monitor Users
　　　　　*Power Users
　　　　　*Print Operators
　　　　　*Remote Desktop Users
　　　　　*Replicator
　　　　　*TelnetClients
　　　　　*Users

以上信息表明，本机共有 15 个本地组。

（2）查看指定组账号信息：net localgroup 组名。

示例：输入命令，查看本地组 group1 的相关信息。

　　　C:\> net localgroup group1
　　　别名　　　group1
　　　注释
　　　成员

　　　---
　　　user1

以上信息表明，本地组 group1 只有 1 个成员 user1。

（3）创建组账户：net localgroup 组名 /add。

示例：输入命令，创建本地组 group2。

　　　C:\> net localgroup group2 /add

（4）将用户加入组：net localgroup 组名 用户名 /add。

示例：输入命令，将 user2 加入本地组 group1。

　　　C:\> net localgroup group1 user2 /add

此时输入命令，查看 group1 显示以下信息：

　　　C:\> net localgroup group1
　　　别名　　　group1
　　　注释
　　　成员

　　　---
　　　user1
　　　user2

以上信息表明，user2 已经加入到 group1 中。

（5）删除组账户：net localgroup 组名 /del。

示例：输入命令，删除本地组 group2 的相关信息。

　　　C:\> net localgroup group2 /del

三、注意事项

（1）每个用户或组都有唯一的 SID。

（2）本地用户和组不是 AD 的一部分，在域控制器中，"本地用户和组"是禁用的。在"计算机管理"窗口中已经没有"本地用户和组"工具，如图 3-21 所示。

（3）不要直接给用户设置权限，可以先将用户加入指定的组，然后设置组权限，从而实现用户的权限。

（4）OU 是组织单元，注意其与组的区别。

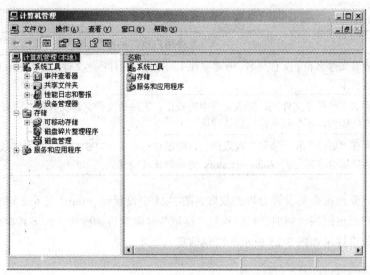

图 3-21　禁用的本地用户和组

3.2.3　权限管理

一、共享权限

在 Windows Server 2003 中，为了实现文件的共享，使多个用户可以通过网络同时访问一个文件，需要对该文件所在的文件夹配置共享权限。注意不能设置共享文件，只能设置共享文件夹，共享权限对本地用户不起作用。

1. 共享文件夹配置

共享文件夹的配置是在文件夹的"属性"对话框中选择"共享"选项卡进行设置的，如图 3-22 所示。共享文件夹默认以文件夹名为共享名，对网络访问用户数没有限制，可以根据需要进行修改。单击"权限"按钮，进入权限设置对话框，如图 3-23 所示。系统默认 Everyone 组拥有读的权限。文件夹共享可以设置三种权限：读取、更改、完全控制，其相关含义如表 3-1 所示。

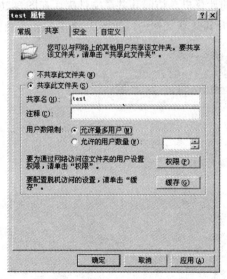

图 3-22　共享文件夹设置对话框

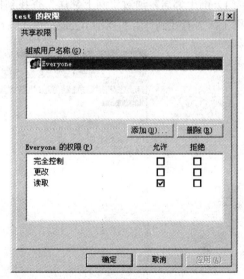

图 3-23　共享权限设置对话框

表 3-1　共享权限含义

权限	允许用户执行的操作
读取	查看文件名和子文件夹名、查看文件中的数据、运行程序文件，是指派给 Everyone 组的默认权限
更改	添加文件和子文件夹、更改文件中的数据、删除子文件夹和文件以及所有"读取"权限允许的操作，不是任何组的默认权限
完全控制	所有"更改"和"读取"权限所允许的操作，对于 NTFS 文件和文件夹还拥有更改权限，是指派给本机上的 Administrators 组的默认权限

实际应用中，要根据需要设置合理的权限，图 3-24 中设置组 group2 对 test 共享"读取"权限，则该组的成员用户通过网络访问时，只能执行"读取"权限允许的操作，如果其在该共享文件夹内创建文件夹，系统将提示如图 3-25 所示的错误信息。

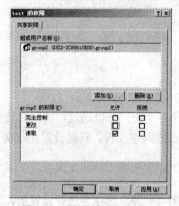

图 3-24　设置读取权限窗口

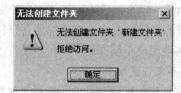

图 3-25　权限错误提示对话框

2. 访问共享文件夹

设置好共享后，从网络访问共享文件夹的常用方法有网上邻居、网络映射和 UNC 访问 3 种。

（1）网上邻居。通过"网上邻居"查找到指定的计算机，访问其共享文件夹。在图 3-26 中，通过网上邻居查找到计算机 Xhzd-2c85610bdd 后，打开其共享文件夹，如图 3-27 所示。

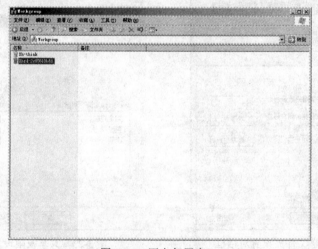

图 3-26　网上邻居窗口

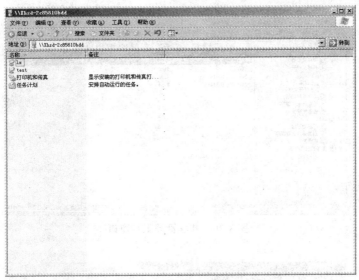

图 3-27　打开共享文件夹窗口

（2）网络映射。将共享文件夹映射为本地的一个盘符，访问该资源就如同访问本地盘一样方便。在图 3-28 中，将计算机 Xhzd-2c85610bdd 的共享文件夹映射为本地的 T 盘，并选择登录时重新连接，保证下次登录时该映射仍然有效。

（3）UNC 访问。在命令行中输入"\\计算机名或者 IP 地址\共享名"命令即可访问对应的共享文件夹，图 3-29 中输入\\Xhzd-2c85610bdd\test 就可以访问计算机 Xhzd-2c85610bdd 上共享 test 文件夹。

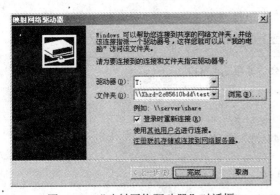

图 3-28　"映射网络驱动器"对话框

图 3-29　UNC 访问对话框

3. 隐含共享

如果设置的共享名的最后一个字符是"$"，则该共享为隐含共享，通过网上邻居是无法看到的。在图 3-27 中只显示了计算机 Xhzd-2c85610bdd 上的普通共享，通过这种方式是无法访问隐含共享的。用户访问隐含共享必须知道共享名，可以利用 UNC 方式访问。

4. 管理共享文件夹

通过"计算机管理"窗口中的"共享文件夹"可以方便地管理共享。在图 3-30 中显示了该计算机所有的共享（包括隐含共享）以及客户端的连接数。

如果想断开某个用户对本机的共享连接，可以在"会话"中选择该用户并右击，从弹出的快捷菜单中选择"关闭会话"命令即可完成，如图 3-31 所示。

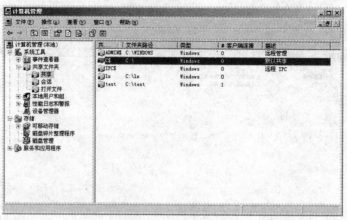

图 3-30　共享管理工具窗口

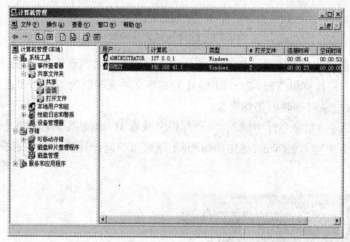

图 3-31　会话管理工具窗口

5．网络命令实现共享

（1）显示本机的共享资源：net share。

示例：输入命令显示本机的共享资源（黑体字为命令，下同）。

C:\> net share

共享名	资源	注释
C$	C:\	默认共享
ADMIN$	C:\WINDOWS	远程管理
IPC$		远程 IPC
lx	C:\lx	
test	C:\test	

以上信息显示，本机共有 5 个共享，其中包括 3 个隐含共享。

（2）创建共享资源：net share 共享名=路径。

示例：输入命令，将本机的 C:\kh 创建为共享，共享名为 hhh。

　　C:\>　net share hhh=c:\kh

hhh 共享成功。

　　C:\> net share

```
共享名          资源             注释
---------------------------------------------------------------
C$            C:\              默认共享
ADMIN$        C:\WINDOWS       远程管理
IPC$                           远程 IPC
hhh           C:\kh
lx            C:\lx
test          C:\test
```

（3）删除共享资源：net share 共享名 /delete。

示例：输入命令，删除本机的共享 hhh。

　　C:\> **net share hhh /del**

hhh 已经删除。

6. 用户的有效权限

当用户属于多个组，而多个组都对某个文件夹拥有不同的权限时，该用户对这个文件夹的有效权限采用累加和拒绝优先原则。

● 累加原则

用户对某个文件夹的有效权限是分配给这个用户和该用户所属的所有组的共享权限的总和。

● 拒绝优先原则

当用户对某文件夹拥有拒绝权限和其他权限时，拒绝权限优先于其他权限。

例如，user1 同时是组 group1、group2 的成员，group1、group2 分别对共享文件夹 test 拥有读和完全控制的权限，则 user1 将继承组 group1、group2 的权限，采用累加原则，其对共享文件夹 test 拥有完全控制的权限。

二、NTFS 权限

在 Windows Server 2003 中，针对 NTFS 文件系统可以设置文件和文件夹的 NTFS 权限，该权限可以控制网络用户和本地用户对该文件或文件夹的访问权限。

1. NTFS 文件权限

NTFS 文件权限有 5 种，其含义如表 3-2 所示。

表 3-2　NTFS 文件权限

权限名称	权限含义
读取	读文件以及查看文件的属性、所有权和权限等
写入	可以覆盖文件、更改文件的属性以及查看文件的所有权和权限，但不可以更改文件内的数据
读取及运行	执行应用程序以及"读取"权限所允许的操作
修改	拥有"写入"权限和"读取并运行"权限所允许的操作，可以修改和删除文件、更改文件名
完全控制	拥有所有 NTFS 文件权限，包括修改权限、取得所有权等

2. NTFS 文件夹权限

NTFS 文件夹权限有 6 种，其含义如表 3-3 所示。

表 3-3　NTFS 文件夹权限

权限名称	权限含义
读取	查看文件夹内的文件和子文件夹，查看文件夹属性、所有权和权限等
写入	在文件夹内创建新文件和子文件夹、更改文件夹属性以及查看文件夹的所有权和权限等

续表

权限名称	权限含义
列出文件夹目录	拥有"读取"权限所允许的操作以及进入子文件夹功能
读取及运行	拥有"读取"权限和"列出文件夹目录"权限所允许的所有操作,并具备运行权限
修改	拥有"写入"权限和"读取及运行"权限所允许的所有操作,并具备删除文件夹、改变子文件夹名等功能
完全控制	拥有所有 NTFS 权限,包括修改权限、取得所有权等

　　3. NTFS 权限的配置

　　NTFS 权限的配置是在文件或文件夹的属性对话框中选择"安全"选项卡进行设置的。

　　NTFS 文件夹权限设置界面如图 3-32 所示。可以看出,文件夹权限包括"完全控制"、"修改"、"读取和运行"、"列出文件夹目录"、"读取"及"写入"。如果还想进一步细分权限,可以在图 3-32 中单击"高级"按钮,打开如图 3-33 所示的"高级安全设置"对话框。单击"编辑"按钮,就可以打开"权限项目"对话框,如图 3-34 所示。在"权限项目"对话框中,可以灵活地选择权限、组合权限。

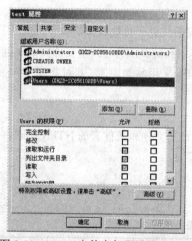

图 3-32　NTFS 文件夹权限设置对话框

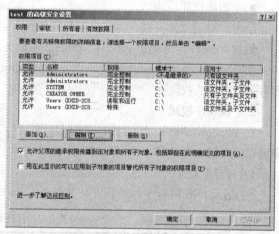

图 3-33　"高级安全设置"对话框

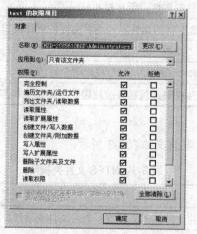

图 3-34　"权限项目"对话框

4. 用户的有效权限

当用户属于多个组，而多个组都对某个文件或文件夹拥有不同的 NTFS 权限时，该用户对这个文件或文件夹的有效 NTFS 权限采用累加性、拒绝优先、文件权限优先于文件夹权限的原则。

5. 共享与 NTFS 权限的配合

如果某个文件夹同时设置了共享权限和 NTFS 权限，则最终权限选择二者中最严格的设置。

三、分布式文件系统

当需要频繁访问多个网络共享文件夹时，用网上邻居、网络映射、UNC 访问都不太方便。此时可以采用 Windows Server 2003 中的分布式文件系统来实现。

分布式文件系统（DFS）可以使用户方便地访问和管理物理上分布在网络各处的文件。通过 DFS，可以使分布在多个服务器上的文件挂接在统一命名空间下，如同位于网络上的一个位置一样显示在用户面前。用户在访问文件时不再需要知道和指定它们的实际物理位置。更为方便的是，目标的物理位置的更改也不会影响用户访问文件夹。例如，某公司承接了一个设计项目，由一个项目经理和不同部门的 3 个设计师共同完成，每人负责一个模块，并且相互之间有很多数据、资料需要共享。4 个设计师设计的资料分别存放在网络中不同的服务器上，设置 DFS，如图 3-35 所示，使得所有资料如同存储在一个本地计算机上一样。这样，用户可避免为查找需要的信息而访问网络上的多个位置。为了保证数据安全，DFS 管理使用标准 NTFS 权限和文件夹共享权限，确保只有授权的用户才能访问敏感数据。

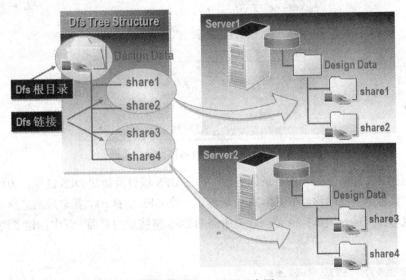

图 3-35 DFS 设置示意图

1. 分布式文件系统的类型

实施分布式文件系统有两种方式：独立的根目录分布式文件系统和域根目录分布式文件系统。后者将分布式文件系统放置在活动目录中，安全性能更高。

2. 分布式文件系统操作

（1）创建一个共享文件夹。在 NTFS 分区上创建一个空文件夹，例如 DFSLX，将其设置为共享文件夹，作为分布式文件系统的容器，存放网络中需要访问的共享文件夹的链接。

（2）建立 DFS 根目录。运行"管理工具"的"分布式文件系统"，新建 DFS 根目录，可以选择建立独立的根目录或者域根目录的选项，如图 3-36 所示。

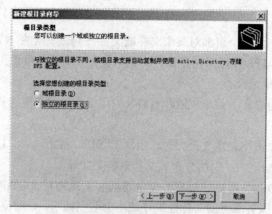

图 3-36　DFS 根目录类型选择对话框

如果希望利用活动目录统一管理 DFS，则选择域根目录，否则选择独立根目录，图 3-36 中选择的是"独立的根目录"单选项。然后需要在其后的对话框中将 DFS 根目录指向前面已创建的共享文件夹，如图 3-37 所示。必须为该根目录设置一个唯一的名称，该名称就是共享文件夹的名称。

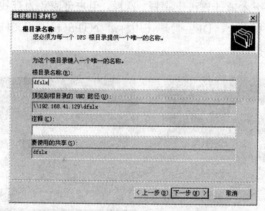

图 3-37　DFS 根目录名称设置对话框

（3）建立 DFS 链接。DFS 根目录创建后，需在 DFS 根目录新建 DFS 链接，为网络中需要访问的共享文件夹指定链接名称。在图 3-38 中新建了一个 DFS 链接 p1，其对应的共享文件夹是计算机 XH-THINK 上的 Users。图 3-39 是创建完所需的 DFS 链接后的界面，图中创建了两个 DFS 链接 p1、p2。

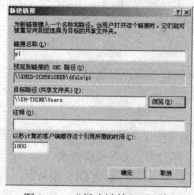

图 3-38　"新建链接"对话框

图 3-39　创建好 DFS 链接后的界面

（4）访问 DFS 根目录。由于 DFS 根目录中存放的是需要访问的共享文件夹的链接，因此直接打开共享文件夹是不能访问 DFS 根目录的，图 3-40 是直接打开 DFS 根目录报错的界面。访问 DFS 根目录可以利用网络映射、UNC 路径等方法，图 3-41 是利用网络映射将分布式文件系统 DFSLX 映射为本地的 X 盘，打开 X 盘就可以直接访问该系统了。

图 3-40　直接打开 DFS 根目录报错的界面　　　图 3-41　网络映射 DFS 根目录的界面

3.2.4　DNS 服务器配置

在 TCP/IP 网络中，IP 地址是用来区分网络中每一台计算机的。每个网站都有一个 IP 地址，但人们访问它时却很少使用 IP 地址，而使用的是方便易记的域名，二者之间的桥梁就是 DNS，DNS 的作用就是域名解释，可以实现域名与 IP 地址之间的转换。

一、DNS 域名空间

域名采用层次的和逻辑的树形结构，其基本格式是：域主机名…… .三级域名.二级域名.顶级域名。域名内不分大小写。域名分为绝对域名和相对域名。为了简化实现，整个域名的长度不得大于 255 个字节。域名空间有根域、顶层域、二级域、子域、区域之分。

（1）根域是没有命名的树根，它是所有域的汇总。

（2）顶层域有几百个，分为三种：普通域、国家域、反域。

（3）二级域。位于顶层域下面的域，可以顺序下排，称为二级、三级、四级域等。一个域如果是在另一个域下，则称它为这个域的子域。即使是顶层域也是根域的子域。

（4）主机名称。主机名称是在域名系统（DNS）中用来唯一标识某个域中的计算机的。它与计算机名不同，计算机名是在 Windows 系统中用来唯一标识网络中的计算机的。

二、DNS 服务器的管理

DNS 服务器以区域为单位进行管理，区域是一个独立管理的 DNS 子树。基于区域方式的域名有两种常用的划分方式。

1. 主机名+区域名

例如，域名 www.xhsq.edu.cn 中可以将 xhsq.edu.cn 设置为区域，www 则为区域 xhsq.edu.cn 下的主机。

2. 主机名+子域名+区域名

例如，域名 www.xhsq.edu.cn 中可以将 edu.cn 设置为区域，xhsq 设置为子域，www 为子域 xhsq 下的主机；或者将 cn 设置为区域，edu 设置为一级子域，xhsq 设置为二级子域，www 为二级子域 xhsq 下的主机。

三、DNS 服务器的类型

DNS 服务器的类型主要有主 DNS 服务器、辅 DNS 服务器、前向 DNS 服务器、从属 DNS 服务器和只缓存 DNS 服务器 5 种。

四、主 DNS 服务器的安装与配置

1. DNS 组件的安装

在 Windows Server 2003 中，为了实现域名解析，需要通过 Windows 组件向导安装"网络服务"，如图 3-42 所示，然后单击"详细信息"按钮，在"网络服务"对话框中选中"域名系统（DNS）"复选项，如图 3-43 所示，单击"确定"按钮，开始安装 DNS 组件。安装过程中，系统会提示插入 Windows Server 2003 系统光盘，从中选择系统文件进行安装。

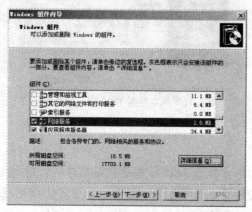
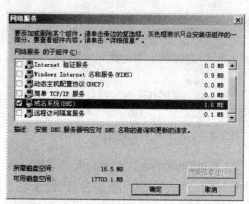

图 3-42　选择网络服务组件对话框　　　　图 3-43　选择域名系统（DNS）组件对话框

2. 添加 DNS 服务器

安装 DNS 组件后，在"管理工具"窗口中就添加了 DNS 工具，选择 DNS 工具进入 DNS 配置界面，默认状态是系统将本机添加为 DNS 服务器。需要注意的是，DNS 服务器必须使用固定 IP 地址，以便于网络访问。图 3-44 是安装 DNS 组件后进入 DNS 工具显示的界面。

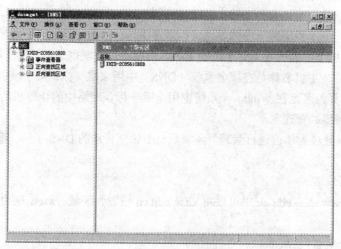

图 3-44　DNS 工具管理界面

3. 添加 DNS 的正向区域

右击"正向查找区域"，在弹出的快捷菜单中选择"新建区域"命令，出现"新建区域向导"对话框，如图 3-45 所示。区域的类型有主要区域、辅助区域、存根区域 3 种，选择"主要区域"是创建主 DNS 服务器的区域，选择"辅助区域"是创建辅助 DNS 服务器的区域，选择"存根区域"

则含有该区域的服务器对该区域没有管理权。

　　选中"主要区域"单选项，进入"区域名称"对话框。假如需要创建域名 www.xhsq.edu.cn，则可以将区域设置为 xhsq.edu.cn，如图 3-46 所示。

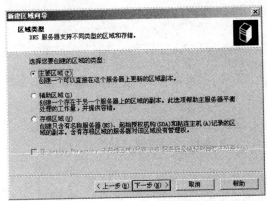 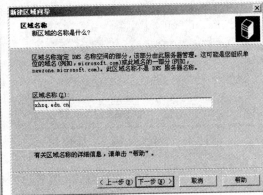

图 3-45　"区域类型"选择对话框　　　　　　图 3-46　"区域名称"对话框

　　单击"下一步"按钮，系统将自动创建以该区域名命名的区域文件，完成区域的创建，本例的区域文件为 xhsq.edu.cn.dns。图 3-47 是创建完区域后的界面。可以看到，在正向查找区域下面已经添加了 xhsq.edu.cn 区域。

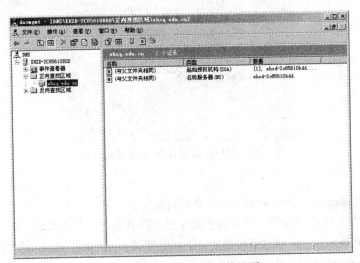

图 3-47　创建完区域后的界面

　　4. 新建主机名和 IP 的对应

　　在对应的区域或者子域中需要添加主机，并指定其对应的 IP 地址。选择对应的区域并右击，在弹出的快捷菜单中选择"新建主机"命令，在图 3-48 所示的"新建主机"对话框中输入主机名称 www 和 IP 地址 192.168.41.129，则新建的域名为 www.xhsq.edu.cn，其与 IP 地址 192.168.41.129 建立了一一对应的关系。图 3-49 是域名创建成功的提示对话框。

　　5. 工作站的 DNS 设置

　　在客户端，为了使用 DNS 服务器上的域名解析，必须在其 TCP/IP 属性中指定为其做域名解析的服务器的 IP 地址，设置界面如图 3-50 所示。该图表明即使本机是 DNS 服务器，也需要在首选 DNS 服务器中指定 DNS 服务器的 IP 地址，即本机 IP。

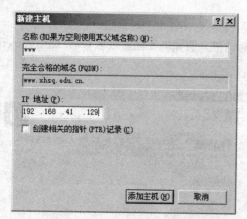

图 3-48　"新建主机"对话框

图 3-49　域名创建成功提示对话框

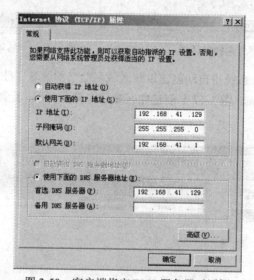

图 3-50　客户端指定 DNS 服务器对话框

6. 域名测试

域名可以使用 ping 命令或者 nslookup 命令来测试。

（1）ping 命令。使用 ping 命令查看解析结果是否符合要求，其格式是"ping 域名"，如果能够解析为对应的 IP 地址，证明域名解析成功。下面是测试 www.xhsq.edu.cn 的过程：

```
C:\ping www.xhsq.edu.cn
Pinging www.xhsq.edu.cn [192.168.41.129] with 32 bytes of data:
Reply from 192.168.41.129: bytes=32 time<1ms TTL=60
Reply from 192.168.41.129: bytes=32 time<1ms TTL=60
Reply from 192.168.41.129: bytes=32 time<1ms TTL=60
Reply from 192.168.41.129: bytes=32 time<1ms TTL=60
Ping statistics for 192.168.41.129:
    Packets: Sent = 4, Received = 4, Lost = 0 (0% loss),
Approximate round trip times in milli-seconds:
Minimum = 0ms, Maximum = 0ms, Average = 0ms
```

以上信息显示，www.xhsq.edu.cn 已经正确地解析为 192.168.41.129。需要注意的是，ping 不通不代表 DNS 服务器一定有问题，只要能解析出 IP 地址，就表示 DNS 服务器是正常的。

（2）nslookup 命令。使用 nslookup 命令查看解析结果是否符合要求，其格式是"nslookup 域名"，如果能够解析为对应的 IP 地址，证明域名解析成功。下面是测试 www.xhsq.edu.cn 的过程：

```
C:\> nslookup www.xhsq.edu.cn
Server:   www.xhsq.edu.cn
Address:  192.168.41.129
Name:     www.xhsq.edu.cn
Address:  192.168.41.129
```

以上信息显示，www.xhsq.edu.cn 已经正确地解析为 192.168.41.129。

五、DNS 子域的配置

1. 添加 DNS 的子域

如果域名中存在子域，则需要在创建区域后右击该区域，在弹出的快捷菜单中选择"新建域"命令，在该区域下创建子域。图 3-51 是在 xhsq.edu.cn 区域下新建子域 cwb 的界面。

图 3-51 "新建 DNS 域"对话框

2. 在子域下新建主机

子域下新建主机与区域下新建主机类似，右击相应的子域，在弹出的快捷菜单中选择"新建主机"命令，在弹出的"新建主机"对话框中输入主机名和对应的 IP 地址即可。图 3-52 所示对话框是在 cwb 子域下创建主机 www 与 IP 地址 192.168.41.1 对应的界面。其最后生成的域名为www.cwb.xhsq.edu.cn，如图 3-53 所示。

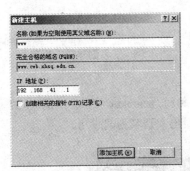

图 3-52 "新建主机"对话框

图 3-53 域名创建成功提示对话框

3. 域名测试

图 3-54 是域名 www.cwb.xhsq.edu.cn 的测试界面，从图中可以看到，用两种方法都测试成功。

六、别名的设置

为了使用方便，有些域名需要设置别名。别名的创建比较简单，其操作步骤如下：

1. 新建别名

选择域名所在的区域或者子域，右击新建别名，在弹出的快捷菜单中选择相应命令，随后出现"新建资源记录"对话框，如图 3-55 所示，输入别名和其对应的域名即可，在图 3-55 中为域名www.cwb.xhsq.edu.cn 新建的别名为 pc1。图 3-56 是别名创建成功后的界面，可以看出在 cwb 子域中增加了一条别名记录。

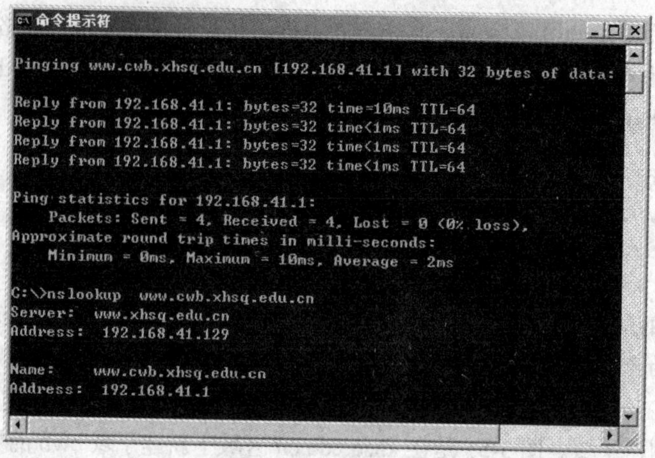

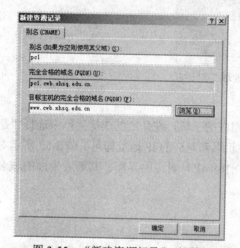

图 3-54　测试域名的窗口

图 3-55　"新建资源记录"对话框

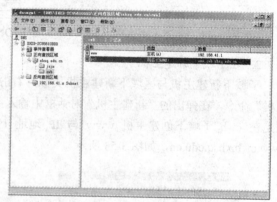

图 3-56　别名创建成功窗口

2. 测试别名

别名的测试与域名测试一样，可以用 ping 命令和 nslookup 命令。图 3-57 是测试 www.cwb.xhsq.edu.cn 的别名 pc1 的界面。从图中可以可看出，别名测试成功。

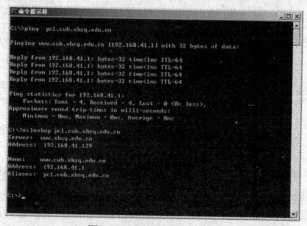

图 3-57　测试别名的窗口

七、辅助 DNS 服务器的配置

辅助 DNS 服务器的配置比主 DNS 服务器更简单。首先，新建区域，在"区域类型"对话框中选择"辅助区域"单选项，如图 3-58 所示。

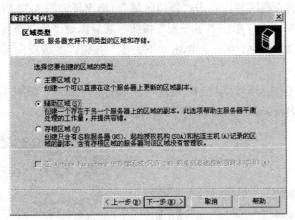

图 3-58　选中"辅助区域"单选项

然后，单击"下一步"按钮，在弹出的"主 DNS 服务器"对话框中输入需要备份的主区域的 IP 地址和区域名即可，如图 3-59 和图 3-60 所示。这样主 DNS 服务器的数据将备份到辅助 DNS 服务器上。

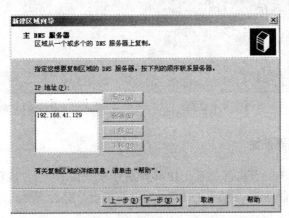

图 3-59　输入主 DNS 服务器 IP 地址对话框

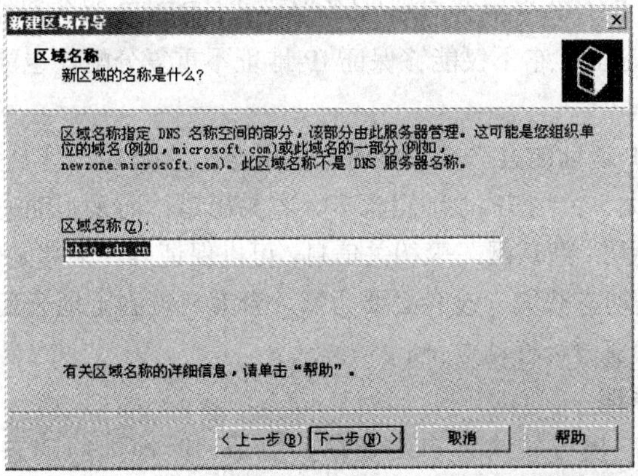

图 3-60　输入主 DNS 服务器区域名称对话框

八、反向区域的配置

DNS 的域名解析分为两类：一类是域名翻译成 IP 地址，这是正向解析，对应的区域是正向区域；另一类是将 IP 地址翻译成域名，称为反向解析，对应的区域为反向区域。

在 DNS 中选择反向查找区域，右击"新建区域"，将出现如图 3-58 所示的"区域类型"对话框，选择"主要区域"单选项，单击"下一步"按钮，随后出现"反向查找区域名称"对话框，输入反向区域的网络号，如图 3-61 所示。单击"下一步"按钮，生成反向区域文件，完成反向区域的创建。

在反向区域中可以创建指针，建立 IP 地址与域名的对应关系，如图 3-62 所示，建立了 IP 地址 192.168.41.129 与域名 www.xhsq.edu.cn 的对应关系。

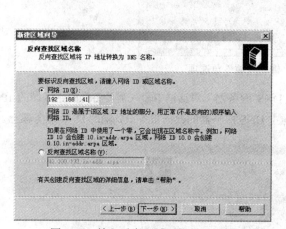

图 3-61　输入反向区域网络号对话框

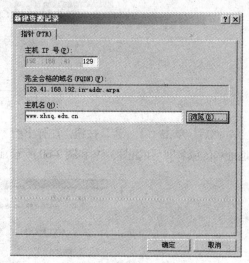

图 3-62　创建指针对话框

3.2.5　DHCP 服务器配置

TCP/IP 网络中的所有计算机都是通过 IP 地址进行标识的。一台主机获得 IP 地址的方法有两种：静态 IP 和动态 IP。静态 IP 必须手工在每一台计算机上分配 IP 地址，动态 IP 则由 DHCP 服务器自动分配 IP 地址。

DHCP（Dynamic Host Configuration Protocol，动态主机配置协议）的作用是向主机动态分配 IP 地址及其他相关信息，DHCP 采用客户端/服务器模式，DHCP 服务器能够从预先设置的 IP 地址池里自动给主机分配 IP 地址，它不仅能够保证 IP 地址不重复分配，也能及时回收 IP 地址，以提高 IP 地址的利用率。

当网络中需要分配 IP 地址的客户端较多时，采用静态分配 IP，需要为每一个客户端固定地分配一个 IP 地址，工作量大、占用 IP 地址资源多、容易出错；而采用动态 IP 配置时，由服务器自动地分配 IP 地址、子网掩码、默认网关等相关信息，可以保证客户端总是使用正确的 IP 地址配置。最重要的一点是，由于是动态获取，没有必要为每一台客户端固定地分配一个 IP 地址，提高了 IP 地址的使用效率，并且特别适合移动办公。

一、DHCP 的工作原理

DHCP 服务器通过广播方式与客户端通信，完成 IP 地址的动态分配，其工作过程分为 DHCPDISCOVER、DHCPOFFER、DHCPREQUEST 和 DHCPACK 4 个步骤。

1．DHCP 客户机首次登录网络

（1）DHCPDISCOVER。需要申请 IP 地址的客户端使用 0.0.0.0 作为源地址，255.255.255.255 为目标地址，发送广播帧申请 IP，为了便于识别，广播帧中包含该客户端的硬件地址和主机名称，发送间隔为 1s、9s、13s 和 16s。如果在指定时间内无法获得 IP 地址，则该客户端将使用保留的私有 IP 地址 169.254.x.y，子网掩码为 255.255.0.0。

（2）DHCPOFFER。网络中的 DHCP 服务器收到客户端发来的申请 IP 地址广播帧后，将使用自己的 IP 作为源地址，255.255.255.255 为目标地址，发送广播帧，该广播帧中包括它准备分配给指定客户端（通过硬件地址识别）的 IP 地址、子网掩码、IP 地址的有效时间等信息。

（3）DHCPREQUEST。客户端收到服务器发来的广播帧后，接收第一台 DHCP 服务器分配的 IP 作为自己的 IP 地址，然后向网络中所有的 DHCP 服务器广播它准备接收的 IP 地址及 IP 提供者（DHCP 服务器）的 IP 地址。

（4）DHCPACK。网络中的 DHCP 服务器收到该客户端发回的反馈广播帧后，按照以下方式进行处理：

● IP 提供者的 IP 与自己的 IP 不同

证明客户端没有接受自己分配的 IP 地址，则撤消提供的信息，收回准备分配的 IP 地址。

● IP 提供者的 IP 与自己的 IP 相同

证明客户端接受自己分配的 IP 地址，则发送 DHCPACK 消息，确认给该客户端分配 IP 地址。这样该客户端将获得一个 IP 地址、一个子网掩码、租约、某些可选值，如默认的网关、DNS 服务器的 IP 地址、WINS 服务器的 IP 地址等配置信息。

2．DHCP 客户端再次登录网络

当 DHCP 客户端再次登录网络时，就不必重复上述 4 个过程，而是直接发送一个包含前一次所获得 IP 地址的 DHCPREQUEST 信息，分配其 IP 地址的 DHCP 服务器会尝试让 DHCP 客户端继续使用原有 IP。如果该 IP 地址目前尚未分配给其他客户端，则 DHCP 服务器回答一个 DHCPACK 确认信息，分配原有 IP 给该客户端；否则发送 DHCPNACK 信息，此时客户端需要发送 DHCPDISCOVER 广播帧重新申请 IP。

二、IP 地址的租约

DHCP 服务器分配的 IP 地址默认的租约为 8 天，如果需要继续使用，需要提前更新 IP 地址租约。当客户端重新启动、IP 地址已释放时，IP 地址租约也会进行同步更新。

三、DHCP 服务器配置

1．添加 DHCP 作用域

作用域是 DHCP 服务器分配的 IP 地址范围，需要先安装 DHCP 服务器，然后在 DHCP 服务器中添加作用域。

可以通过"控制面板"中的"添加/删除程序"安装 DHCP 组件，然后进入"DHCP 管理工具"进行 DHCP 服务器的安装；也可以通过"管理工具"窗口中的"管理您的服务器"来完成。下面是使用"管理工具"窗口中的"管理您的服务器"来配置 DHCP 作用域的操作过程。

（1）添加"DHCP 服务器角色"。在图 3-63 所示的"管理您的服务器"窗口中单击"添加或删除角色"链接，在随后出现的"配置您的服务器向导"对话框中选中"DHCP 服务器"选项，如图 3-64 所示，单击"下一步"按钮，系统将自动安装 DHCP 组件。

（2）添加 DHCP 服务器作用域 IP 地址范围。随后将出现"作用域名"对话框。首先输入作用域的名称和描述，描述此作用域，如图 3-65 所示，图中设置作用域的名称为 test。

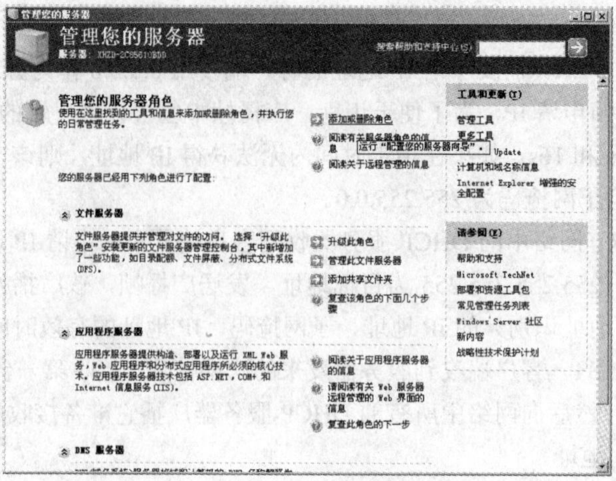

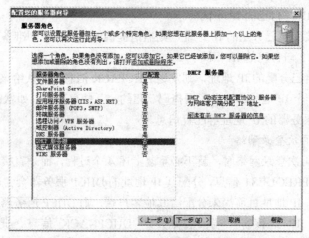

图 3-63　　"管理您的服务器"窗口

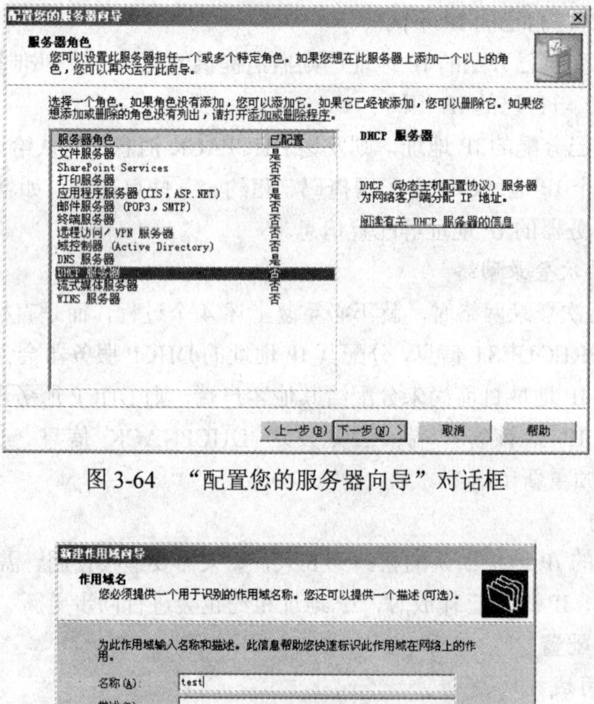

图 3-64　　"配置您的服务器向导"对话框

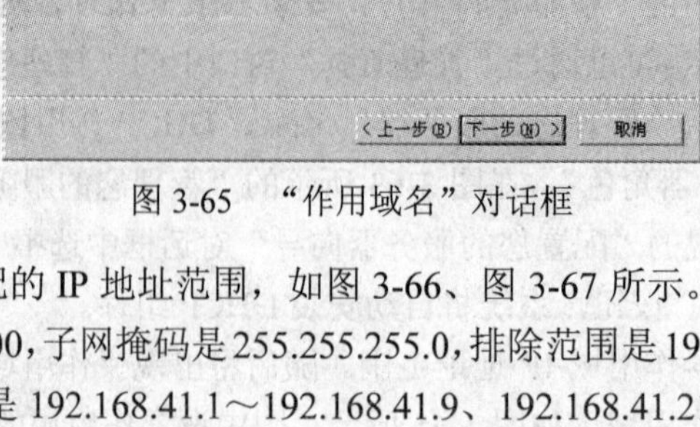

图 3-65　　"作用域名"对话框

接下来设置作用域分配的 IP 地址范围，如图 3-66、图 3-67 所示。图中设置的 IP 地址范围是 192.168.41.1～192.168.41.100，子网掩码是 255.255.255.0，排除范围是 192.168.41.10～192.168.41.20，即该作用域分配的 IP 地址是 192.168.41.1～192.168.41.9、192.168.41.21～192.168.41.100。

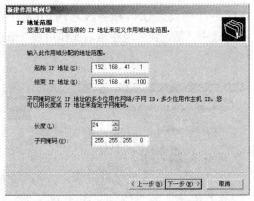

图 3-66　"IP 地址范围"对话框

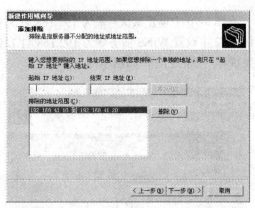

图 3-67　"添加排除"对话框

（3）设置作用域租约期限。为客户端指定从此作用域获得 IP 地址的使用期限，默认值为 8 天，如图 3-68 所示。

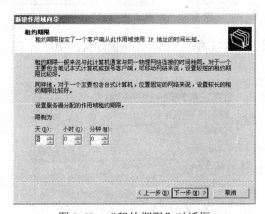

图 3-68　"租约期限"对话框

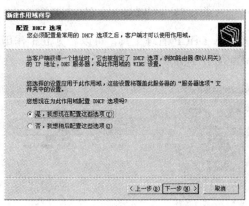

图 3-69　"配置 DHCP 选项"对话框

（4）配置 DHCP 选项。客户端动态获得 IP 地址的同时也会被指定 DHCP 选项，DHCP 选项可以在创建作用域时配置，也可以创建后配置。在图 3-69 中选中"是，我想现在配置这些选项"单选项，即在创建作用域时配置 DHCP 选项。DHCP 选项包括默认网关、DNS 服务器、WINS 服务器等。

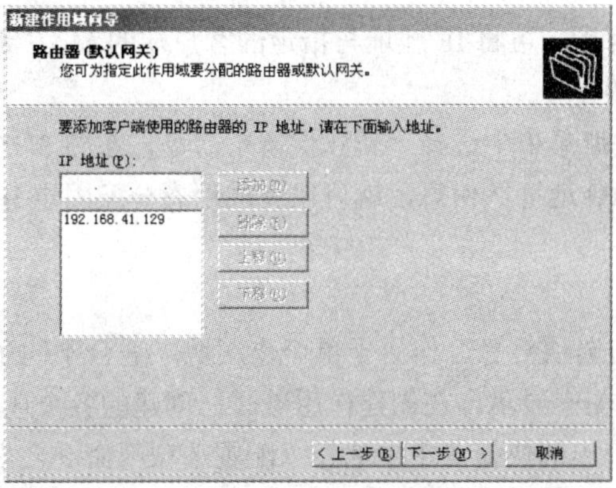

图 3-70　"路由器（默认网关）"对话框

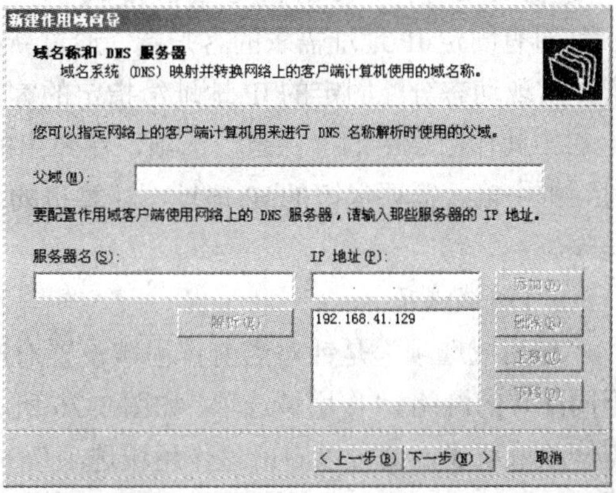

图 3-71　"域名称和 DNS 服务器"对话框

在图 3-70 中设置默认网关为 192.168.41.129，在图 3-71 中设置 DNS 服务器为 192.168.41.129，在图 3-72 中设置 WINS 服务器为 192.168.41.129。最后选中"是，我想现在激活此作用域"单选项来完成作用域的创建，如图 3-73 所示。

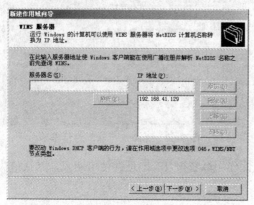

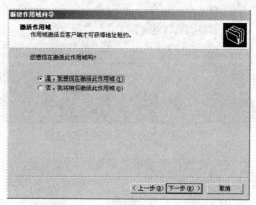

图 3-72　"WINS 服务器"对话框	图 3-73　"激活作用域"对话框

进入 DHCP 管理工具，可以看见 test 作用域已创建成功，在此作用域的地址池中显示了其可以分配的 IP 地址范围，如图 3-74 所示。

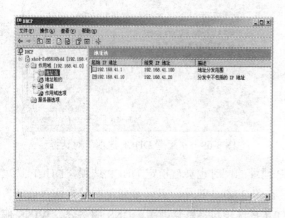

图 3-74　作用域创建成功窗口	图 3-75　"新建保留"对话框

2. 为特定计算机分配指定的 IP 地址

针对有固定 IP 地址需求的客户端，通过新建保留，可将 IP 地址与指定的客户端的 MAC 地址捆绑，实现动态分配固定的 IP 地址给指定的客户端。

右击此作用域中的"保留"选项，在弹出的快捷菜单中选择"新建保留"命令，在图 3-75 所示对话框中输入需要保留的 IP 地址、计算机的 MAC 地址等信息，就可以完成动态分配固定 IP 地址操作。

3. 作用域选项

"作用域选项"是针对当前作用域设置对应的选项信息，作用于单个作用域，适合不同子网有不同配置的网络。"作用域选项"如图 3-76 所示，图中显示出在创建作用域时已创建的各个选项，如需修改或新建，则可以右击"作用域选项"，在弹出的快捷菜单中选择"配置选项"命令，出现如图 3-77 所示对话框，在"常规"选项卡中选择需要配置的"可用选项"进行相关配置。在图 3-77 中新建了一个时间服务器选项，指定的服务器 IP 地址是 192.168.1.210。

图 3-76　"作用域选项"窗口

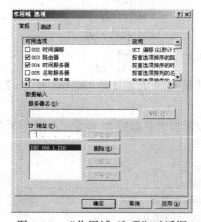

图 3-77　"作用域 选项"对话框

　　各作用域选项相同的项目可以在"服务器选项"中配置,"服务器选项"针对所有从该 DHCP 服务器获得 IP 地址的 DHCP 客户机,适合所有子网配置相同的网络。

　　4. 客户端配置及调试

　　客户端的配置很简单,只需将 TCP/IP 属性设置成"自动获得 IP 地址"即可,如图 3-78 所示。在客户端的命令行方式下,使用 ipconfig 命令可以对申请到的 IP 地址信息进行查看和简单管理。

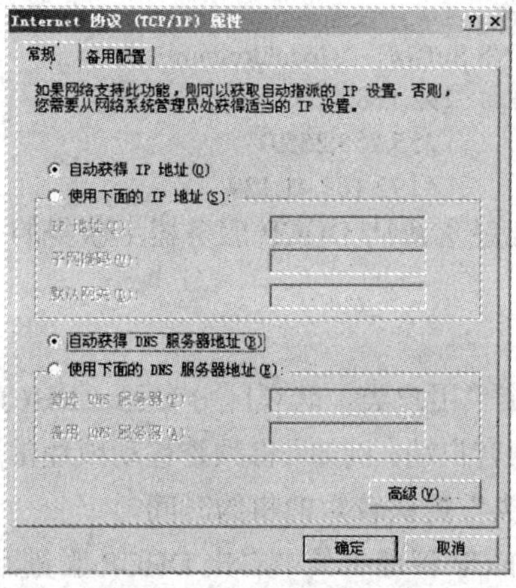

图 3-78　选中"自动获得 IP 地址"单选项

（1）ipconfig/all 命令。可以查看其获得的 IP 地址配置信息，下面是客户端执行 ipconfig/all 命令显示的信息：

```
Windows IP Configuration
        Host Name . . . . . . . . . . . . : xhzd-2c85610bdd
        Primary Dns Suffix   . . . . . . . :
        Node Type . . . . . . . . . . . . : Unknown
        IP Routing Enabled. . . . . . . . : No
        WINS Proxy Enabled. . . . . . . . : No
Ethernet adapter  本地连接:
        Connection-specific DNS Suffix   . :
        Description . . . . . . . . . . . : Intel(R) PRO/1000 MT Network Connection
        Physical Address. . . . . . . . . : 00-0C-29-D8-AC-DC
        DHCP Enabled. . . . . . . . . . . : No
        IP Address. . . . . . . . . . . . : 192.168.41.5
        Subnet Mask . . . . . . . . . . . : 255.255.255.0
        Default Gateway . . . . . . . . . : 192.168.41.129
        DHCP Class ID . . . . . . . . . . : computer
        DNS Servers . . . . . . . . . . . : 192.168.41.129
```

以上信息表明，该计算机申请到的 IP 地址是 192.168.41.5，默认网关是 192.168.41.129，DNS 服务器是 192.168.41.129。

（2）ipconfig/release。可以释放所获得的 IP 地址，下面是客户端执行 ipconfig/ release 命令显示的信息：

```
Windows IP Configuration
Ethernet adapter  本地连接:
        Connection-specific DNS Suffix   . :
        IP Address. . . . . . . . . . . . : 0.0.0.0
        Subnet Mask . . . . . . . . . . . : 0.0.0.0
        Default Gateway . . . . . . . . . :
        DHCP Class ID . . . . . . . . . . : computer
```

以上信息表明，该计算机已经释放所获得的 IP 地址，目前没有 IP 地址。

（3）ipconfig/renew。可以重新向 DHCP 服务器申请 IP 地址，下面是客户端执行 ipconfig/ renew 命令显示的信息：

```
Windows IP Configuration
Ethernet adapter  本地连接:
        Connection-specific DNS Suffix   . : localdomain
        IP Address. . . . . . . . . . . . : 192.168.41.5
        Subnet Mask . . . . . . . . . . . : 255.255.255.0
        Default Gateway . . . . . . . . . : 192.168.41.129
```

以上信息表明，该计算机已经重新从 DHCP 服务器上获得的 IP 地址为 192.168.41.5，默认网关为 192.168.41.129。

5.　"用户类"的使用

DHCP 客户端可以通过指定"用户类"选项区分自己，DHCP 服务器可以针对"用户类"来组合作用域中有相似配置需求的客户端。例如，将频繁移动或经常用于远程访问的便携计算机设置为一个"用户类"，为该"用户类"提供较短的租约时间。

（1）定义"用户类"。在 DHCP 管理工具中右击 DHCP 服务器，在弹出的快捷菜单中选择"定义用户类别"命令，将出现如图 3-79 所示"DHCP 用户类别"对话框，该对话框列出 DHCP 服务器已有的可用类别。单击"添加"按钮，出现如图 3-80 所示的"新建类别"对话框，图中新建了一个 computer 用户类。

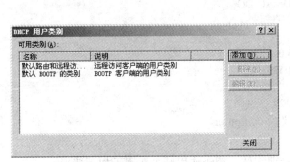

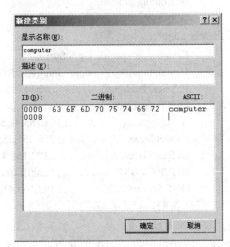

图 3-79　"DHCP 用户类别"对话框　　　　图 3-80　"新建类别"对话框

（2）为作用域指定用户类。右击需设定用户类别的作用域的"作用域选项"，在弹出的快捷菜单中选择"配置选项"命令，修改对话框中"高级"选项卡的"用户类别"，如图 3-81 所示，将"用户类别"修改为 computer。

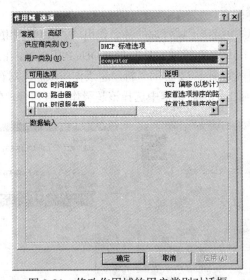

图 3-81　修改作用域的用户类别对话框

（3）客户端配置。客户端设置用户类别，需执行以下命令：ipconfig/setclassid "本地连接" "用户类别"，下面是将客户端配置为 computer 用户类的命令及执行后显示的相关信息。

  C:\> **ipconfig/setclassid　"本地连接"　"computer"**

  Windows IP Configuration

  Successfully set the class id for adapter　本地连接.

通过命令 ipconfig/all 可以查看到配置后的信息如下：

  Windows IP Configuration

    Host Name . . . . : xhzd-2c85610bdd

```
        Primary Dns Suffix  . . . . . . . :
        Node Type . . . . . . . . . . . . : Unknown
        IP Routing Enabled. . . . . . . . : No
        WINS Proxy Enabled. . . . . . . . : No
Ethernet adapter  本地连接:

        Connection-specific DNS Suffix  . :
        Description . . . . . . . . . . : Intel(R) PRO/1000 MT Network Connection
        Physical Address. . . . . . . . : 00-0C-29-D8-AC-DC
        DHCP Enabled. . . . . . . . . . : No
        IP Address. . . . . . . . . . . : 192.168.41.5
        Subnet Mask . . . . . . . . . . : 255.255.255.0
        Default Gateway . . . . . . . . : 192.168.41.129
        DHCP Class ID . . . . . . . . . : computer
        DNS Servers . . . . . . . . . . : 192.168.41.129
```

以上信息表明，该客户端的用户类别已定义为 computer。

6. 超级作用域配置

超级作用域可以将多个作用域组合为单个管理实体。超级作用域主要用于如下情形：

● 当前活动作用域的可用地址池几乎已耗尽，而且需要向网络添加更多的计算机。

● 客户端必须根据时间迁移到新作用域，例如重新为当前 IP 网络编号，从现有的活动作用域中使用的地址范围到包含另一个 IP 网络地址范围的新作用域。

● 在同一物理网段上使用两个 DHCP 服务器以管理分离的逻辑 IP 网络。

配置超级作用域的步骤如下：

（1）创建作用域。创建超级作用域管理的各个作用域，并进行相应的作用域选项配置。

（2）新建超级作用域。在 DHCP 管理工具中右击 DHCP 服务器，在弹出的快捷菜单中选择"新建超级作用域"命令，将出现如图 3-82 所示"新建超级作用域名"对话框，输入超级作用域名，单击"下一步"按钮，在随后出现的对话框中选择该超级作用域需管理的作用域，如图 3-83 所示。

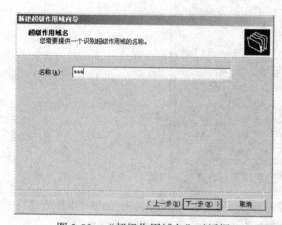

图 3-82　"超级作用域名"对话框

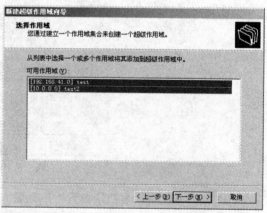

图 3-83　"选择作用域"对话框

单击"下一步"按钮，完成新建超级作用域操作。图 3-84 是创建后的效果。

7. 监视 DHCP 服务器性能

在"管工具理"窗口的性能工具中添加 DHCP SERVER 计数器可以监控 DHCP 服务器的性能，如图 3-85 所示。

图 3-84 创建完成超级作用域后的界面

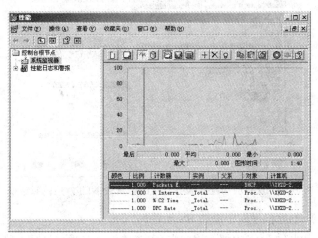

图 3-85 监控 DHCP 服务器的性能窗口

3.2.6 Web 服务器配置

Internet 信息服务（Internet Information Services，IIS），实际上是一组以 TCP/IP 为基础的服务，它们都运行在相同的系统上，但在功能上彼此还是不同的。IIS 有不同的因特网的功能，以满足人们不同的需要。

在 Windows Server 2003 中，IIS 版本为 6.0，IIS 6.0 提供多种服务，主要有 WWW 服务、FTP 服务、SMTP 服务、NNTP 服务、Internet 信息服务管理器和 Internet 打印服务等。

● WWW 服务

WWW 服务是指在网上发布可以通过浏览器查看的用 HTML 标识语言编写的图形化页面的服务，即网页服务，客户端使用 HTTP 协议可以浏览其提供的信息服务。

● FTP 服务

FTP 服务是一种文件传输协议，主要用于实现网络中文件的上传和下载。

● SMTP 服务

SMTP 服务允许基于 Web 的应用程序传送和接收邮件，实现邮件的中继。

● NNTP 服务

网络新闻传输协议服务。

● Internet 信息服务管理器

提供 IIS 管理界面的 Microsoft 管理控制台管理单元。

● Internet 打印

提供基于 Web 的打印机管理，并能够通过 HTTP 协议将数据打印到共享打印机上。

一、IIS 6.0 的安装

方法一：使用"配置您的服务器向导"来安装 IIS

在"服务器角色"对话框中添加服务器角色"应用程序服务器（IIS，ASP.NET）"，如图 3-86 所示，按照提示即可完成 IIS 6.0 的安装。

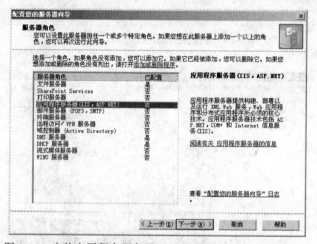

图 3-86　安装应用程序服务器（IIS，ASP.NET）角色对话框

方法二：在"添加/删除程序"中添加 IIS 组件。

在"控制面板"中运行"添加/删除程序"，单击"添加/删除组件"，打开如图 3-87 所示的"Windows 组件"对话框，选中"应用程序服务器"组件，单击"详细信息"按钮，确保已选中"Internet 信息服务（IIS）"复选框，如图 3-88 所示，单击"确定"按钮，开始安装 IIS 组件。

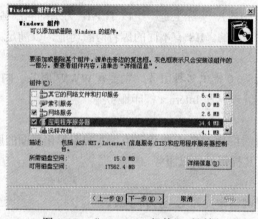

图 3-87　"Windows 组件"对话框

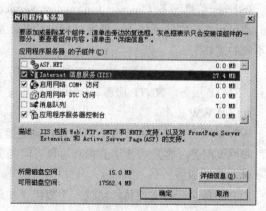

图 3-88　"应用程序服务器"对话框

二、默认的 Web 站点

IIS 6.0 安装后，系统会默认创建一个 Web 网站，该网站默认端口为 80，默认主目录为 C:\intepub\wwwroot，默认的首页文件为 Default.htm 或 Default.asp，如图 3-89 所示。

图 3-89　IIS 中的默认网站

三、新建 Web 站点

默认的 Web 站点采用系统的默认参数，存在一定的安全隐患，一般将其停用，通过新建站点来完成 Web 服务器的发布。新建 Web 站点的步骤如下。

1. 创建 Web 服务器发布的网站

利用相关工具创建网站，将相关内容统一放置在一个文件夹内，并设置一个首页。

2. 在 IIS 中新建一个 Web 站点

在图 3-89 中，右击"网站"，在弹出的快捷菜单中选择"新建网站"命令，出现"网站描述"对话框，输入网站描述，如图 3-90 所示。该描述信息是设置网站的标识信息的名称，一定要唯一，图中输入的名称是 lx。然后出现"IP 地址和端口设置"对话框，如图 3-91 所示。在图中，需要设置 Web 站点的标识特征：IP 地址、端口和主机头，不同的 Web 站点的 3 项特征必须有一项与其他站点不同方可创建。如果只有一个 Web 站点，可以使用默认值。

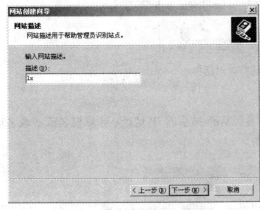
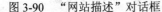

图 3-90　"网站描述"对话框

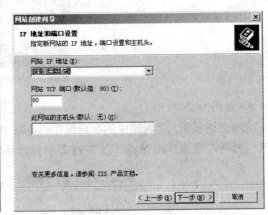

图 3-91　"IP 地址和端口设置"对话框

单击"下一步"按钮，在"网站主目录"对话框中指定网站存放的路径，设置是否允许匿名访问，默认是允许的，如图 3-92 所示。单击"下一步"按钮，在"网站访问权限"对话框中指定网站允许的权限，读取权限是最基本的，必须设置，其他权限视网站的需要而设置。在图 3-93 中选择了默认的读取权限，单击"下一步"按钮，完成"网站创建向导"的设置。

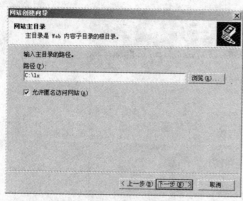 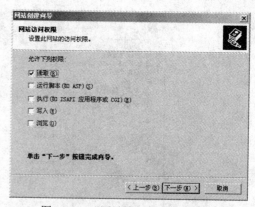

图 3-92　"网站主目录"对话框　　　　　　图 3-93　"网站访问权限"对话框

3. 停止默认的 Web 站点

如果采用默认的 Web 站点的标识信息，则其标识特征"IP 地址、端口和主机头"与默认的 Web 站点一致，二者存在冲突，需要停止默认的 Web 站点，方可启动新建的 Web 站点。

4. 设置 Web 站点的首页

进入新建 Web 站点的属性对话框，在"文档"选项卡中添加首页文件，并将其上移到最上面，如图 3-94 所示。

图 3-94　设置网站首页对话框

5. 访问 Web 站点

完成上述设置后，网络中的客户端在浏览器中输入 Web 站点的 IP 地址、计算机名或者域名均可通过网络访问该 Web 站点。图 3-95 是访问的界面。

图 3-95　访问网站的界面

四、Web 站点属性

1. "网站"选项卡

"网站"选项卡如图 3-96 所示，包含"网站标识"、"连接"、"启用日志记录"三部分内容。

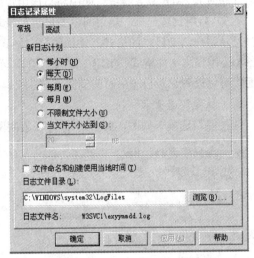

图 3-96 "网站"选项卡　　　　图 3-97 "日志记录属性"对话框

（1）网站标识。

● 描述

用户对网站的描述，设置一个唯一的名称，以便识别。

● IP 地址

用户分配给该网站的 IP 地址。如果未指定，则安装该网站的计算机的所有 IP 地址均可以使用。

● TCP 端口

默认值为 80，用户可以根据自己的需要进行改动。如果不用默认的 80 端口，访问该网站必须指定端口值方能访问，格式为"http://IP 地址（或者计算机名或者域名）:端口值"，图 3-98 是设置端口为 90 后访问时的界面。

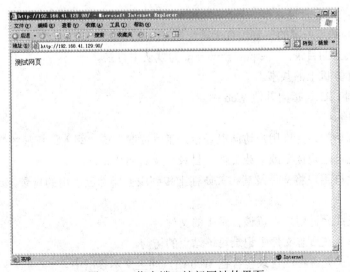

图 3-98 指定端口访问网站的界面

- SSL 端口

指定使用安全套接层（SSL）的端口，使用安全套接字可提高传输的安全，默认值为 443。

（2）连接。需要指定连接超时的时间，如果访问用户在指定的时间范围内没有发出新的访问请求（超时），Web 服务器将自动中断与该用户的连接。

（3）启用日志记录。启用网站的日志记录功能，该功能可记录用户活动的细节，并根据需要选择记录用户活动日志的格式。常用的日志格式有 W3C 扩展日志文件格式、IIS 日志文件格式、NCSA 公用日志文件格式、ODBC 日志记录等。图 3-97 是 W3C 扩展日志文件格式设置日志属性的界面，可以设置记录日志的时间间隔、日志文件大小限制、存放路径等信息。

2."性能"选项卡

"性能"选项卡如图 3-99 所示，可以限制网站使用的网络带宽及网站连接的用户数。

图 3-99　"性能"选项卡

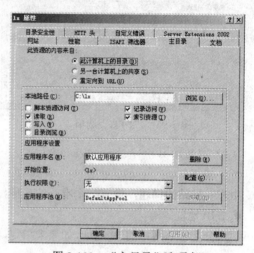
图 3-100　"主目录"选项卡

3."主目录"选项卡

"主目录"选项卡如图 3-100 所示，主目录是 Web 站点上发布文件的中心位置，每个 Web 站点必须有一个主目录。

（1）此资源的内容来自。

设置存储 Web 站点内容的位置，有 3 种选择。

- 本计算机上的目录：\Inetpub\wwwroot 为默认主目录。
- 另一台计算机上的共享。
- 重定向到 URL：指向其他 Web 站点。

（2）权限选项。

- 脚本资源访问：允许用户访问已经设置了"读取"或"写入"权限的资源代码。
- 读取：允许用户读取或下载文件（目录）及其相关属性。
- 写入：允许用户将文件及其相关属性上传到服务器上已启用的目录，或者更改可写文件的内容。
- 目录浏览：允许用户浏览该目录中的文件。
- 记录访问：在日志文件中记录对该站点的访问。
- 索引资源：允许将该目录包含在 Web 站点的全文本索引中。

4. "文档"选项卡

"文档"选项卡如图 3-101 所示，需启用默认文档，设置当访问客户没有具体指定浏览页面时显示的默认页面。指定的文件一定要输入全名：文件名+扩展名，并通过"上移"按钮将其移动至顶端。

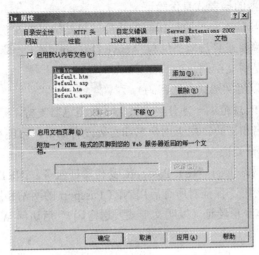

图 3-101　"文档"选项卡

5. "目录安全性"选项卡

"目录安全性"选项卡如图 3-102 所示，用于设置安全访问网站的选项，包括"身份验证和访问控制"、"IP 地址和域名限制"、"安全通信"等。

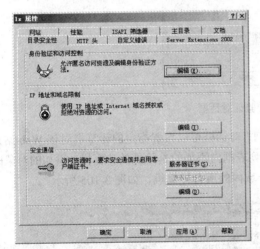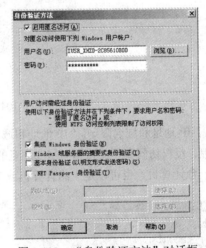

图 3-102　"目录安全性"选项卡　　　　图 3-103　"身份验证方法"对话框

（1）身份验证和访问控制。使用该选项可以配置 Web 站点验证用户身份，阻止未授权用户与受限制内容建立 Web 连接，其设置对话框如图 3-103 所示。

匿名访问是最常见的网站访问控制方法，它允许任何用户访问网站的公共部分。在 IIS 6.0 中为匿名用户分配了 IUSR_computername 账户，该账户是有效的 Windows 账户，并且是 Guests 组的成员，默认拒绝 IUSR_computername 账户拥有 Web 站点内容的写入访问权限。

如果设置了"用户访问需经过身份验证"选项，访问该 Web 站点则需要使用合法的用户名和密码，Web 站点支持 4 种验证访问方法。

● 集成 Windows 身份验证

集成 Windows 身份验证是默认验证方法，是一种安全的验证形式，选择该选项可以确保用户名和密码是以哈希值的形式通过网络发送的。

● Windows 域服务器的摘要式身份验证

摘要式身份验证提供与基本身份验证相同的功能。但是摘要式身份验证在通过网络发送用户凭据方面提高了安全性，摘要式身份验证仅与 Active Directory 账户一起工作，选择该选项在网络上发送的是哈希值，而不是明文密码。

● 基本身份验证（以明文形式发送密码）

基本身份验证是 HTTP 规范的一部分，并被大多数浏览器支持，基本身份验证方法以非加密的形式在网络上传送用户名和密码。由于用户名和密码没有加密，可能存在一定的安全风险。

● .NET Passport 身份验证

选择该选项可以启用网站上的 .NET Passport 身份验证服务。.NET Passport 允许站点的用户创建单个易记的登录名和密码，保证对所有启用.NET Passport 的网站和服务访问的安全。

图 3-104 是选择"基本身份验证（以明文形式发送密码）"后访问 Web 站点时，系统提示输入合法用户名和密码的界面。

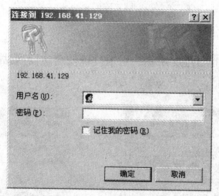

图 3-104　身份验证对话框

（2）IP 地址和域名限制。"IP 地址和域名限制"对话框可以设置指定的计算机对该 Web 站点访问限制：授权访问和拒绝访问。需要注意的是，列表框内添加的是除外的计算机，添加的对象既可以是一台计算机，也可以是一组计算机或者某个域内的所有计算机，如图 3-105 所示。

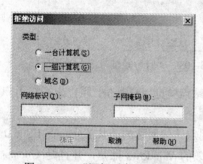

图 3-105　"添加对象"对话框

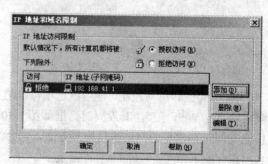

图 3-106　"IP 地址和域名限制"对话框

在图 3-106 中选择"授权访问"单选项，然后将 1921.68.41.1 添加到除外的队列中，其结果是拒绝 192.168.41.1 访问 Web 站点。

图 3-107　被拒绝 IP 地址访问网站报错界面

被拒绝的计算机访问该 Web 站点时，会提示如图 3-107 所示的"您未被授权查看该页"窗口，不能访问该 Web 站点。

（3）安全通信。访问 Web 站点时要求安全通信，并启用客户端证书。有关证书的知识及具体操作见本书的第 4 章。

五、虚拟目录

1. 物理目录和虚拟目录

实际存放 Web 内容的主目录称为物理目录，要从主目录以外的其他目录中发布 Web，就必须创建虚拟目录，虚拟目录不包含在主目录中，但在显示给客户浏览器时就像位于主目录中一样。虚拟目录是将一个 Web 站点的文件分散存储在不同的磁盘或者计算机上，当数据移动到其他物理位置时，也不会影响到 Web 站点的逻辑结构，便于分别开发与维护。

虚拟目录和物理目录都显示在 IIS 管理器中，滚轮图标表示虚拟目录。对于简单的 Web 站点不需要添加虚拟目录，只需将所有文件放在该站点的主目录中即可。如果站点比较复杂或者需要为站点的不同部分指定不同的 URL，可以按需要添加虚拟目录。

2. 虚拟目录的配置

创建虚拟目录的步骤如下：

（1）组织虚拟目录文件。按照实际需要创建目录，存放虚拟目录所需的网页文件。

（2）创建虚拟目录。右击"Web 站点"，在弹出的快捷菜单中选择"新建"→"虚拟目录"命令，如图 3-108 所示，随后将出现"虚拟目录别名"对话框。

图 3-108　选择"新建"→"虚拟目录"命令

在"虚拟目录创建向导"对话框中设置虚拟目录别名、实际存放目录，如图3-109和图3-110所示。然后设置虚拟目录的访问权限，完成"虚拟目录创建向导"的设置。

虚拟目录使用"别名"来访问，别名通常要比目录的路径名短，便于用户输入。而且使用别名访问更加安全，因为用户通过别名无法知道存放在服务器上的网站文件的物理位置，保证了这些文件的安全。使用别名还可以方便地移动站点中的目录，无须更改目录的 URL，而只需更改别名与目录物理位置之间的映射。

（3）设置虚拟目录文档。右击虚拟目录，在弹出的快捷菜单中选择"属性"命令，设置"文档"选项卡，指定该虚拟目录的首页文件，如图3-111所示。

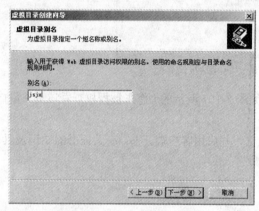
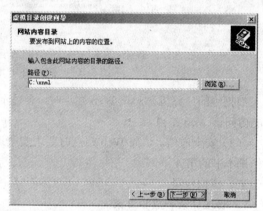

图 3-109　输入虚拟目录别名　　　　　　　图 3-110　"网站内容目录"对话框

（4）访问虚拟目录。访问虚拟目录可以使用别名访问或者链接访问。

● 使用别名访问

在浏览器地址栏输入"http://IP 地址（或者计算机名、域名）/虚拟目录名"就可以访问虚拟目录，图3-112是访问虚拟目录 jsjx 的界面，其真实目录为 C:\xnml。

● 使用链接访问

通过在网页中的链接访问 Web 网站。

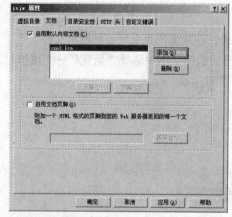
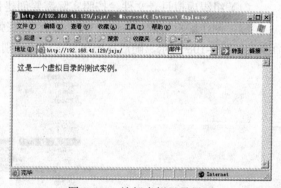

图 3-111　设置虚拟目录"文档"选项卡　　　　　图 3-112　访问虚拟目录界面

六、虚拟 Web 服务器

虚拟 Web 服务器是在一台服务器中创建多个 Web 站点。Web 站点的标识特征有三项：IP 地址、端口和主机头，不同的 Web 站点的三项特征必须有一项与其他站点不同方可创建。因此创建虚拟 Web 服务器的方法有三种：不同的 IP 地址；相同的 IP 地址，不同的端口号；相同的 IP 地址，不同的主机头（域名）。

1. 使用不同的 IP 地址实现虚拟 Web 服务器

（1）创建多个 IP 地址。在"本地连接"的"Internet 协议（TCP/IP）"属性中单击"高级"按钮，弹出"高级 TCP/IP 设置"对话框，添加多个 IP 地址，如图 3-113 所示，系统设置了两个 IP：192.168.41.129、192.168.41.229。

（2）创建并配置多个 Web 站点。创建多个 Web 站点并为每个 Web 站点设置不同的 IP 地址，如图 3-114 所示。

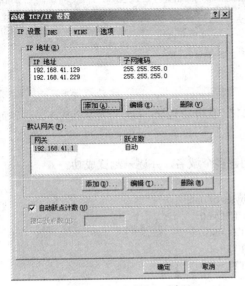

图 3-113　创建多个 IP 地址

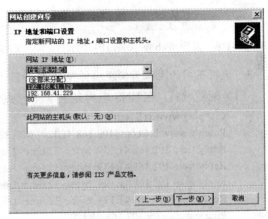

图 3-114　为 Web 站点指定 IP 地址

（3）访问多个 Web 站点。在客户端浏览器上使用"http://IP 地址"访问虚拟 Web 服务器，如图 3-115 所示，使用 http://192.168.41.129 访问第一个 Web 站点，使用 http://192.168.41.229 访问第二个 Web 站点。

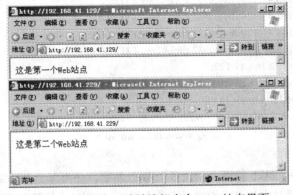

图 3-115　使用 IP 地址访问多个 Web 站点界面

2. 使用不同的端口实现虚拟 Web 服务器

（1）创建并配置多个 Web 站点。创建多个 Web 站点，并为每个 Web 站点设置不同的端口，

图 3-116 中为 lx1 站点设置端口为 90。

（2）访问多个 Web 站点。在客户端浏览器上使用"http://IP 地址:端口"访问虚拟 Web 服务器，如图 3-117 所示，使用 http://192.168.41.129:90 访问第一个 Web 站点，说明其端口为 90；使用 http://192.168.41.129 访问第二个 Web 站点，说明其端口为默认的 80，访问时不需要指定端口。

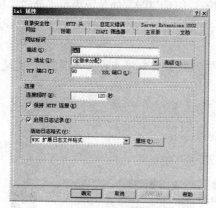

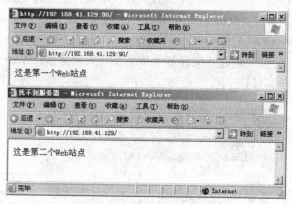

图 3-116　设置 Web 站点端口的界面　　　图 3-117　使用 IP 地址：端口访问多个 Web 站点界面

3. 使用不同的主机头实现虚拟 Web 服务器

（1）配置域名。在 DNS 中为多个 Web 站点创建多个域名，并逐一测试成功。

C:\>**ping www.lx1.com**

Pinging www.lx1.com [192.168.41.129] with 32 bytes of data:
Reply from 192.168.41.129: bytes=32 time=16ms TTL=60
Reply from 192.168.41.129: bytes=32 time<1ms TTL=60
Reply from 192.168.41.129: bytes=32 time<1ms TTL=60
Reply from 192.168.41.129: bytes=32 time<1ms TTL=60
Ping statistics for 192.168.41.129:
　　Packets: Sent = 4, Received = 4, Lost = 0 (0% loss),
Approximate round trip times in milli-seconds:
　　Minimum = 0ms, Maximum = 16ms, Average = 4ms

C:\>**ping www.lx2.com**

Pinging www.lx2.com [192.168.41.129] with 32 bytes of data:
Reply from 192.168.41.129: bytes=32 time<1ms TTL=60
Reply from 192.168.41.129: bytes=32 time<1ms TTL=60
Reply from 192.168.41.129: bytes=32 time<1ms TTL=60
Reply from 192.168.41.129: bytes=32 time<1ms TTL=60
Ping statistics for 192.168.41.129:
　　Packets: Sent = 4, Received = 4, Lost = 0 (0% loss),
Approximate round trip times in milli-seconds:
　　Minimum = 0ms, Maximum = 0ms, Average = 0ms

以上信息显示，系统创建了两个域名 www.lx1.com 和 www.lx2.com，都与 1921.68.41.129 对应，测试 DNS 解析成功。

（2）创建并配置多个 Web 站点。创建多个 Web 站点，并为每个 Web 站点设置不同主机头，在"高级网站标识"对话框中为站点指定对应的主机头（域名）。设置完成后，该网站只能使用设定的域名访问，如图 3-118 所示。图中设置该网站的 IP 地址是 192.168.41.129，端口是 80，域名为 www.lx1.com。

（3）访问多个 Web 站点。在客户端浏览器上使用"http://域名"访问虚拟 Web 服务器，如图 3-119 所示，使用 http:// www.lx1.com 访问第一个 Web 站点，其域名为 www.lx1.com；使用 http:// www.lx2.com 访问第二个 Web 站点，其域名为 www.lx2.com。

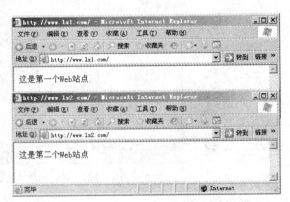

图 3-118　为 Web 站点指定主机头　　　　图 3-119　使用域名访问多个 Web 站点界面

3.2.7　FTP 服务器配置

FTP（文件传输协议）是用来在客户机和服务器之间实现文件传输的标准协议。它采用客户机/服务器方式，实现 FTP 服务器上数据的上传和下载。通过 FTP 协议，客户端程序将客户的请求告诉服务器，并将服务器发回的结果显示出来。FTP 服务器端则执行真正的工作，例如数据存储、文件传送等。

一、默认的 FTP 站点

由于 IIS 6.0 默认不安装 FTP 服务，因此需要安装 FTP 组件。在"控制面板"中运行"添加/删除程序"中的"添加/删除组件"，打开"Windows 组件向导"对话框，选择应用程序服务器中的"Internet 信息服务（IIS）"选项，单击"详细信息"按钮，选中"文件传输协议（FTP）服务"复选项，如图 3-120 所示，单击"确定"按钮，安装 FTP 组件。

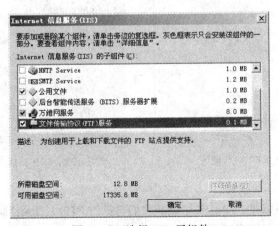

图 3-120　选择 FTP 子组件

安装 FTP 组件后，IIS 默认会创建一个 FTP 站点，该站点默认端口为 21，默认主目录为 C:\intepub\ftproot。通过"开始"→"程序"→"管理工具"→"Internet 信息服务管理器"命令，打开如图 3-121 所示的"Internet 信息服务（IIS）管理器"窗口，可以看见"默认 FTP 站点"。

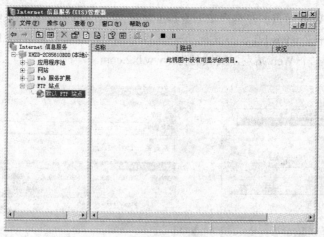

图 3-121　IIS 中的"默认 FTP 站点"

二、新建 FTP 站点

默认的 FTP 站点采用系统的默认参数，存在一定的安全隐患，一般将其停用，新建站点来完成 FTP 站点的发布。新建 FTP 站点的步骤如下：

（1）创建一个文件夹，管理需要下载的文件，客户端上传的文件也将放到该文件夹内。

（2）在 IIS 中新建一个 FTP 站点。

在图 3-121 中，右击"FTP 站点"，在弹出的快捷菜单中选择"新建 FTP 站点"命令，出现"FTP 站点描述"对话框，输入 FTP 站点描述，如图 3-122 所示，该描述信息是设置 FTP 站点的标识信息的名称，一定要唯一。然后出现"IP 地址和端口设置"对话框，如图 3-123 所示。在图中需要设置 FTP 站点的标识特征：IP 地址和端口，不同的 FTP 站点的两项特征必须有一项与其他站点不同方可创建。如果只有一个 FTP 站点，可以使用默认值。

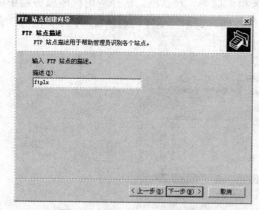

图 3-122　输入 FTP 站点描述

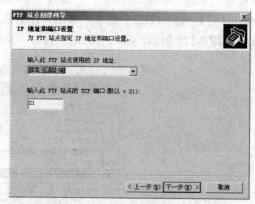

图 3-123　FTP 站点 IP 地址和端口设置

（3）选择 FTP 用户隔离模式。

FTP 用户隔离模式可以将 FTP 用户限制到它们自己的 FTP 主目录，防止用户查看或覆盖其他用户的内容。FTP 用户支持 3 种隔离模式，每一种隔离模式都会启动不同的隔离和验证等级。

● 不隔离用户

该模式不启用 FTP 用户隔离，最适合于只提供共享内容下载功能的站点或不需要在用户间进行数据访问保护的站点。

● 隔离用户

该模式在用户访问与其用户名匹配的主目录前，根据本机或域账户验证用户。所有用户的主目录都在单一 FTP 主目录下，每个用户均被安放和限制在自己的主目录中。不允许用户浏览自己主目录外的内容。

● 用 Active Directory 隔离用户

该模式根据相应的 Active Directory 容器验证用户凭据，为每个客户指定特定的 FTP 服务器实例，以确保数据完整性及隔离性。

图 3-124 是"FTP 用户隔离"对话框，选中"不隔离用户"单选项，单击"下一步"按钮。

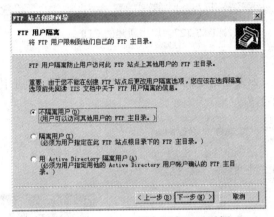

图 3-124　"FTP 用户隔离"对话框

（4）指定工作目录、权限等信息。

在随后出现的对话框中，设定 FTP 站点的工作目录和权限，完成"FTP 站点创建向导"的创建工作，如图 3-125 和图 3-126 所示。

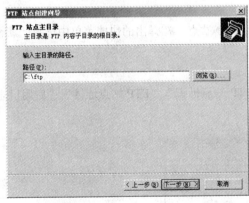

图 3-125　指定 FTP 站点主目录

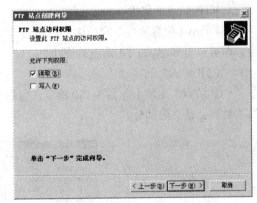

图 3-126　指定 FTP 站点访问权限

（5）停止默认的 FTP 站点。

如果采用默认的 FTP 站点的标识信息，则其标识特征（IP 地址和端口）与默认的 FTP 站点一致，二者存在冲突，需要停止默认的 FTP 站点，方可启动新建的 FTP 站点，如图 3-127 所示。

（6）访问 FTP 站点。

在客户端浏览器中输入"ftp://IP（或者计算机名或者域名）"访问该 FTP 站点，如图 3-128 所示。

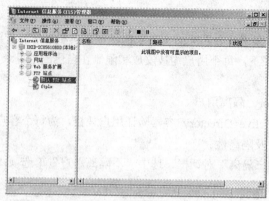

图 3-127　启用新建的 FTP 站点

（7）测试 FTP 站点。

测试上传、下载功能，如果在指定权限时未选择"写入"权限，则上传数据时会提示如图 3-129 所示的报错信息，不允许上传。

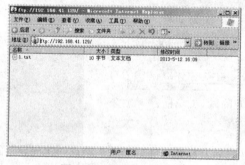

图 3-128　访问 FTP 站点

图 3-129　无法上传的报错信息

三、FTP 站点的属性

在"Internet 信息服务"窗口中右击需要管理的 FTP 站点，在弹出的快捷菜单中选择"属性"命令，即可查看和编辑 FTP 站点的属性值。

1. "FTP 站点"选项卡

"FTP 站点"选项卡如图 3-130 所示，包括"FTP 站点标识"、"FTP 站点连接"、"启用日志目录"、"当前会话"四部分。

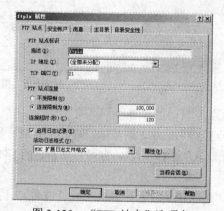

图 3-130　"FTP 站点"选项卡

（1）FTP 站点标识。

● 描述

用户对 FTP 站点的描述，设置一个唯一的名称，以便识别。

● IP 地址

用户分配给该 FTP 站点的 IP 地址。如果未指定，则安装该网站的计算机的所有 IP 地址均可以使用。

● TCP 端口

默认值为 21，用户可以根据自己的需要进行改动。如果不用默认的 21 端口，访问该 FTP 站点必须指定端口值方能访问，格式为 "ftp://IP 地址（或者计算机名、域名）:端口值"，图 3-131 是设置端口为 30 后访问时的界面。

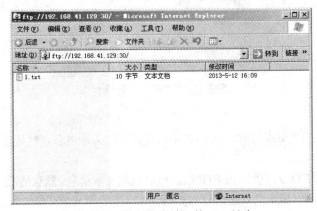

图 3-131　访问指定端口的 FTP 站点

（2）FTP 站点连接。设置 FTP 站点的用户连接限制以及连接超时的时间，如果访问用户在指定的时间范围内没有发出新的访问请求（超时），FTP 站点自动中断与该用户的连接。

（3）启用日志记录。启用 FTP 站点的日志记录功能，该功能可记录用户活动的细节，并根据需要选择记录用户活动日志的格式。常用的日志格式有 W3C 扩展日志文件格式、IIS 日志文件格式和 ODBC 日志记录等。

（4）当前会话。显示与本 FTP 站点连接的用户信息，包括连接的用户、连接者的 IP 地址、时间等。

图 3-132 显示当前只连接了 1 个用户。如果不希望某个 IP 地址访问本 FTP 站点，可以选中该用户的会话行信息，单击"断开"按钮将其断开。

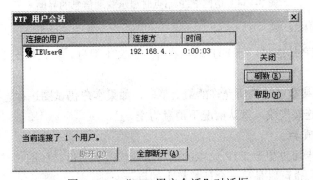

图 3-132　"FTP 用户会话"对话框

2．"消息"选项卡

使用"消息"选项卡可以创建在用户连接到 FTP 站点时显示的"标题"、"欢迎"、"退出"、"最大连接数"信息，如图 3-133 所示。

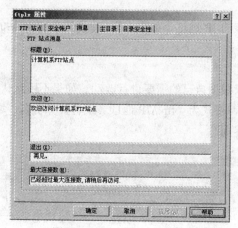

图 3-133　"消息"选项卡

● 标题

在客户端连接到 FTP 站点之前，该 FTP 站点将显示此文本消息。默认情况下消息为空。

● 欢迎

在客户端连接到 FTP 站点时，该 FTP 站点将显示此文本消息。默认情况下消息为空。图 3-134 是客户端访问 FTP 站点时显示的欢迎信息的界面。

图 3-134　访问 FTP 站点时显示欢迎信息的界面

● 退出

在客户端注销 FTP 站点时，该 FTP 站点将显示此文本消息。默认情况下消息为空。

● 最大连接数

当 FTP 站点的连接数已达到所允许的最大值时，如果客户仍试图进行连接，则 FTP 站点将显示此文本消息，提示连接失败。默认情况下消息为空。

3．"主目录"选项卡

"主目录"选项卡可以更改 FTP 站点的主目录或修改其属性，如图 3-135 所示。主目录可以是此计算机上的目录，也可以是另一台计算机上的目录。

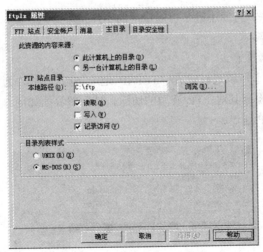

图 3-135　"主目录"选项卡

（1）目录权限设置。

● 读取：用户可以读取主目录内的文件，进行文件下载操作。

● 写入：用户可以在主目录内添加、修改文件，进行文件上传操作。

● 记录访问：记录对该主目录的访问到日志文件中。只有为该 FTP 站点启用日志记录时才记录访问，默认情况下启用日志记录。

（2）目录列表样式。

● UNIX：在文件的日期与 FTP 站点的年份不同时，使用四位数字格式显示年份。

● MS-DOS：在默认情况下，用两位数字格式显示日期中的年份。

4．"安全账户"选项卡

"安全账户"选项卡指定用于匿名登录的账户，并可以设置能够管理该 FTP 站点的账户，其配置界面如图 3-136 所示。

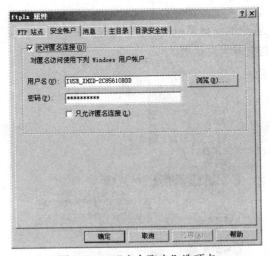

图 3-136　"安全账户"选项卡

（1）允许匿名连接。使用预定义的用户名和密码来允许匿名连接到 FTP 站点。在"用户名"和"密码"文本框内输入用于匿名连接的用户名和密码。

（2）只允许匿名连接。为使用匿名访问账户的用户指派访问权限，用户将无法使用用户名和密码登录。

5. "目录安全性"选项卡

"目录安全性"选项卡可以通过设置"TCP/IP 地址访问限制"，为单个计算机或计算机组指定授权或拒绝访问权限，控制其对 FTP 资源的访问。其配置界面如图 3-137 所示，图中设置只接受 192.168.41.1 访问该 FTP 站点。

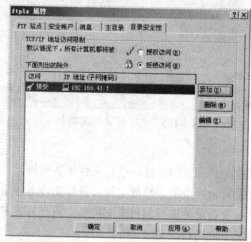

图 3-137　"目录安全性"选项卡

四、创建虚拟目录

虚拟目录能实现本地目录映射到 FTP 站点的目录，也可以将网络共享目录映射到虚拟目录，其操作步骤如下。

1. 组织虚拟目录文件

按照实际需要创建目录，存放虚拟目录所需文件。

2. 创建虚拟目录

右击"FTP 站点"，在弹出的快捷菜单中选择"新建"→"虚拟目录"命令，如图 3-138 所示，随后将出现"虚拟目录创建向导"对话框。

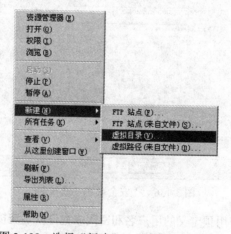

图 3-138　选择"新建"→"虚拟目录"命令

在"虚拟目录创建向导"对话框中设置虚拟目录别名、实际存放目录，如图 3-139 和图 3-140
所示。然后设置虚拟目录的访问权限，完成"虚拟目录创建向导"的设置。

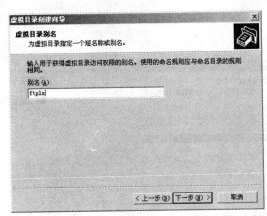

图 3-139　指定虚拟目录别名

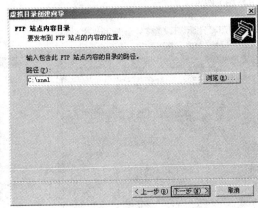

图 3-140　指定虚拟目录真实位置

虚拟目录使用"别名"来访问，别名通常要比目录的路径名短，便于用户输入；使用别名更安
全，因为用户不知道文件存在于服务器上的物理位置，所以无法使用这些信息来修改文件；使用别
名还可以更方便地移动站点中的目录，只需更改别名与目录物理位置之间的映射，无须更改访问的
URL。

3．访问虚拟目录

在浏览器地址栏使用别名访问虚拟目录，格式为"ftp://IP 地址（或者计算机名、域名）/虚拟
目录名"。图 3-141 是访问虚拟目录 ftplx 的界面，其真实目录为 C:\xnml。

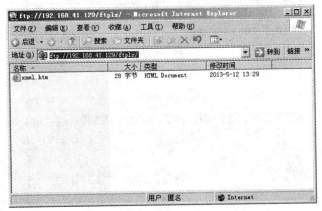

图 3-141　访问虚拟目录

五、虚拟 FTP 服务器

虚拟 FTP 服务器是在一台服务器中创建多个 FTP 站点。FTP 站点的标识特征有两项：IP 地址
和端口，不同的 FTP 站点的两项特征必须有一项与其他站点不同方可创建。因此创建虚拟 FTP 服
务器的方法有两种：不同的 IP 地址；相同的 IP 地址，不同的端口号。

1．使用不同的 IP 地址实现虚拟 FTP 服务器

（1）创建多个 IP 地址。在"本地连接"的"Internet 协议（TCP/IP）"属性中单击"高级"按
钮，弹出"高级 TCP/IP 设置"对话框，添加多个 IP 地址，如图 3-142 所示，系统设置了两个 IP：

192.168.41.129、192.168.41.229。

（2）创建并配置多个FTP站点。创建多个FTP站点，并为每个FTP站点设置不同的IP地址，如图3-143所示。

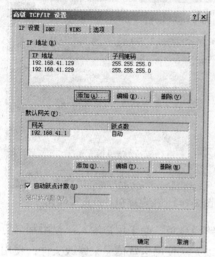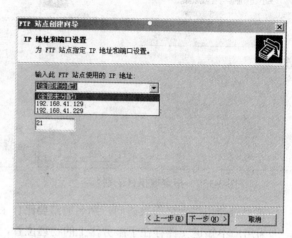

图3-142　设置多个IP地址　　　　　　　　图3-143　为FTP站点指定IP地址

（3）访问多个FTP站点。在客户端浏览器上使用"ftp://IP地址"访问虚拟FTP服务器，如图3-144所示，使用ftp://192.168.41.129访问第一个FTP站点，使用ftp://192.168.41.229访问第二个FTP站点。

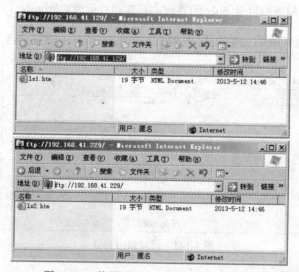

图3-144　使用不同IP地址访问FTP站点

2. 使用不同的端口实现虚拟FTP服务器

（1）创建并配置多个FTP站点。创建多个FTP站点，并为每个FTP站点设置不同端口，图3-145中为FTP1站点设置端口为60。

（2）访问多个FTP站点。在客户端浏览器上使用"ftp://IP地址:端口"访问虚拟FTP服务器，如图3-146所示，使用 ftp://192.168.41.129:60访问第一个FTP站点，说明其端口为60；使用ftp://192.168.41.129访问第二个FTP站点，说明其端口为默认的21，访问时不需要指定端口。

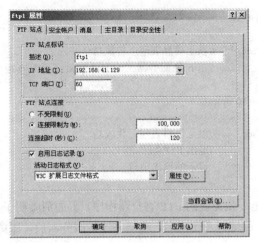

图 3-145　设置 FTP 站点端口

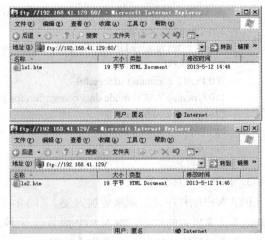

图 3-146　使用不同的端口访问 FTP 站点

六、FTP 客户端

FTP 站点支持三种 FTP 客户端：浏览器、FTP 命令、FTP 客户端程序

1. 浏览器

在 URL 处输入 "ftp://ftp 站点的名称或 IP 地址"，只要用户有相应的权限，此时就能进行文件的上传和下载。前面的操作一直采用这种方式访问 FTP 站点。

2. FTP 命令

在命令行中输入 "ftp 主机名（或 IP）"，输入合法的用户名就可以连接到 FTP 站点，如连接 FTP 站点 192.168.41.129 的命令是 ftp 192.168.41.129。输入命令后，屏幕将显示如下信息，并提示输入合法的用户名和密码。

```
Connected to 192.168.41.129.
220-Microsoft FTP Service
220 计算机系 FTP 站点                         //显示的标题信息
User (192.168.41.129:(none)): administrator   //输入用户名
331 Password required for administrator.
Password:                                     //输入密码
230-欢迎访问计算机系 FTP 站点                 //显示的欢迎信息
230 User administrator logged in.
ftp> dir                                      //查看 FTP 服务器目录
200 PORT command successful.
150 Opening ASCII mode data connection for /bin/ls.
05-12-13    04:09PM                   10 1.txt
226 Transfer complete.
ftp: 46 bytes received in 0.00Seconds 46000.00Kbytes/sec.
ftp> put lwd.txt                              //将本地文件 lwd.txt 上传至 FTP 服务器
200 PORT command successful.
150 Opening ASCII mode data connection for lwd.txt.
226 Transfer complete.
ftp: 9 bytes sent in 0.02Seconds 0.56Kbytes/sec.
ftp> dir
200 PORT command successful.
150 Opening ASCII mode data connection for /bin/ls.
05-12-13    04:09PM                   10 1.txt
```

```
05-13-13    07:14AM                        9 lwd.txt
226 Transfer complete.
ftp: 94 bytes received in 0.01Seconds 6.27Kbytes/sec.     //以上信息表明上传成功
ftp> get 1.txt                                            //将 FTP 服务器上的文件 1.txt 下载到本地
200 PORT command successful.
150 Opening ASCII mode data connection for 1.txt(10 bytes).
226 Transfer complete.
ftp: 10 bytes received in 0.01Seconds 0.67Kbytes/sec.     //以上信息表明下载成功
ftp> quit                                                 //退出 FTP 服务器
221    再见                                                //显示的退出消息
```

3. FTP 客户端程序

FTP 客户端程序使用起来更加方便，图 3-147 是一款免费的 FTP 客户端程序，界面清晰明了，左侧是本计算机内的数据，输入 FTP 服务器 IP 地址、端口及用户名、密码并连接服务器后，服务器内的信息显示在右侧区域，操作非常简便。

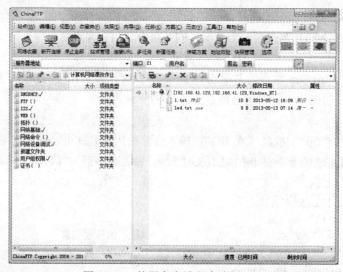

图 3-147　使用客户端程序访问 FTP 站点

3.2.8　邮件服务器配置

一、邮件服务系统组成

邮件服务系统由电子邮件服务器、邮件协议和电子邮件客户端三部分组成。

1. 电子邮件服务器

电子邮件服务器由发送邮件服务器和接收邮件服务器组成。发送邮件服务器负责接收用户发送来的邮件，根据收件地址发送到对方的邮件服务器上，同时还负责转发其他邮件服务器发来的邮件；接收邮件服务器负责从接收端邮件服务器的邮箱中取回邮件。

2. 邮件协议

邮件协议主要有 SMTP（简单邮件传输协议）、POP3（邮局协议第 3 版）、IMAP4（网际消息访问协议第 4 版）、MIME（多用途的网际邮件扩展）。

3. 电子邮件客户端

电子邮件客户端是用于读取、撰写及管理电子邮件的软件。其从邮件服务器检索电子邮件，并将其传送到用户的本地计算机上，方便用户对邮件的管理。

二、安装 SMTP 组件

由于 IIS 6.0 默认不安装 SMTP 服务，因此需要安装 SMTP 组件。在"控制面板"中运行"添加/删除程序"中的"添加/删除组件"，打开"Windows 组件向导"，选择"应用程序服务器"中的"Internet 信息服务（IIS）"，单击"详细信息"按钮，选中"SMTP Service"子组件，如图 3-148 所示，单击"确定"按钮，安装 SMTP 组件。

安装 SMTP 组件后，IIS 默认会创建一个 SMTP 虚拟服务器，该站点默认端口为 25。通过"开始"→"程序"→"管理工具"→"Internet 信息服务管理器"命令，打开如图 3-149 所示的"Internet 信息服务（IIS）管理器"窗口，可以看见默认 SMTP 虚拟服务器。SMTP 服务器就是发送邮件服务器，负责邮件的发送和中转。

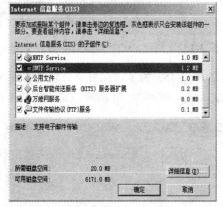

图 3-148 选择"SMTP Service"子组件

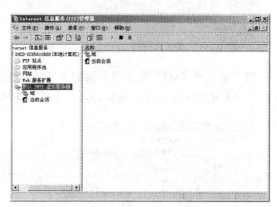

图 3-149 IIS 中的默认 SMTP 虚拟服务器

三、创建 SMTP 虚拟服务器

一般情况下，网络只需要一个简单邮件传输协议（SMTP）虚拟服务器。但是，如果需要管理多个默认域，则可以创建多个 SMTP 虚拟服务器。每个 SMTP 虚拟服务器就是一台独立的服务器，并且具有唯一的 IP 地址/TCP 端口组合。创建 SMTP 虚拟服务器的操作步骤如下。

1. 新建 SMTP 虚拟服务器

右击"默认 SMTP 虚拟服务器"，在弹出的快捷菜单中选择"新建"→"虚拟服务器"命令，如图 3-150 所示。随后出现"新建 SMTP 虚拟服务器向导"对话框。

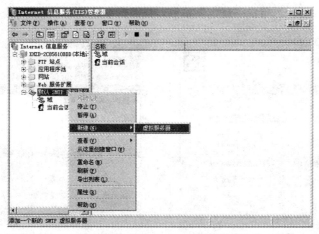

图 3-150 新建 SMTP 虚拟服务器

2. 输入 SMTP 虚拟服务器相关信息

在"新建 SMTP 虚拟服务器向导"中，首先输入其名称，标识该虚拟服务器，如图 3-151 所示。然后系统会提示输入适用于此 SMTP 虚拟服务器的 IP 地址，如图 3-152 所示。

图 3-151　输入 SMTP 虚拟服务器名称

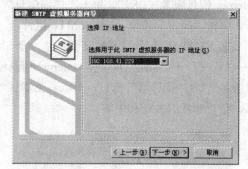

图 3-152　指定 SMTP 虚拟服务器 IP 地址

接下来选择 SMTP 虚拟服务器的主目录的路径，如图 3-153 所示，此目录必须是运行 SMTP 服务的计算机的本地目录。最后输入此虚拟服务器的默认域，如图 3-154 所示，完成创建工作。

图 3-153　指定 SMTP 虚拟服务器主目录的路径

图 3-154　指定 SMTP 虚拟服务器默认域

四、安装电子邮件服务组件

在"控制面板"中运行"添加/删除程序"，单击"添加/删除组件"，打开"Windows 组件向导"对话框，选中"电子邮件服务"复选框，如图 3-155 所示。

单击"详细信息"按钮，可以看到电子邮件服务包含"POP3 服务"和"POP3 服务 Web 管理"两个组件，如图 3-156 所示，单击"确定"按钮，按照提示完成电子邮件服务组件的安装。

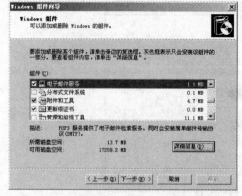

图 3-155　选中"电子邮件服务"复选框

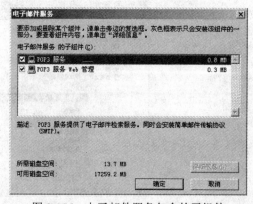

图 3-156　电子邮件服务包含的子组件

五、配置 POP3 服务器

安装电子邮件服务组件后，系统会在管理工具中创建一个 POP3 服务，通过"开始"→"程序"→"管理工具"→"POP3 服务"命令，打开如图 3-157 所示的"POP3 服务"窗口。

1. 配置 POP 服务属性

右击服务器，在弹出的快捷菜单中选择"属性"命令，打开 POP3 服务器的属性对话框，如图 3-158 所示。通过该属性对话框，可以设置邮件的身份验证方法、服务器端口、日志级别、根邮件目录等选项。

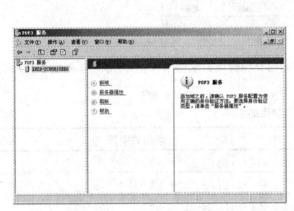

图 3-157　"POP3 服务"窗口

图 3-158　POP3 服务属性对话框

- 身份验证方法：默认为本地 Windows 账户身份验证，可以选择加密的密码文件身份验证，安全传递账号信息。如果安装了活动目录，还可以选择活动目录集成的身份验证，由活动目录统一管理。
- 服务器端口：默认为 110。
- 日志级别：有无、最小、中、最大 4 个选项供选择。选择"无"则不记录日志；选择"最小"则记录关键事件；选择"中"记录关键事件和警告事件；选择"最大"则记录关键事件、警告事件和信息事件。
- 根邮件目录：默认根邮件目录为 C:\inetpub\mailroot\mailbox。
- 对所有客户端连接要求安全密码身份验证：选中该复选项，保证合法的客户端连接。
- 总是为新的邮箱创建关联的用户：创建新邮箱的同时，为系统添加一个关联的用户。

2. 新建域

右击服务器，在弹出的快捷菜单中选择指向"新建"→"域"命令，出现如图 3-159 所示的"添加域"对话框，在"域名"文本框中输入要创建的域名，然后单击"确定"按钮。

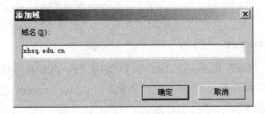

图 3-159　"添加域"对话框

3. 创建用户邮箱

右击要创建新邮箱的域，在弹出的快捷菜单中选择"新建"→"邮箱"命令，出现如图 3-160 所示的"添加邮箱"对话框，输入邮箱名和密码，并选中"为此邮箱创建相关联的用户"复选框。

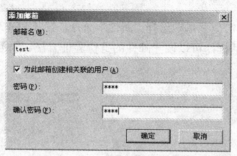

图 3-160　"添加邮箱"对话框

邮箱名不允许使用某些特定字符，针对不同的身份验证方法而略有差异。表 3-4 列出了每种类型的身份验证禁用的字符。

表 3-4　禁用的字符

身份验证方法	禁用的字符
Active Directory 集成的身份验证	@ ( ) / \ [ ] : ;　, " < > * = | ? +
本地 Windows 账户身份验证	@ ( ) / \ [ ] : ;　, " < > * = | ? +
加密密码文件身份验证	@ ( ) / \ [ ] : ;　, " < > * = | ?

图 3-161 提示已经成功添加了邮箱，并显示出使用不同身份验证的方法、该邮箱使用的账户名及邮件服务器名称。

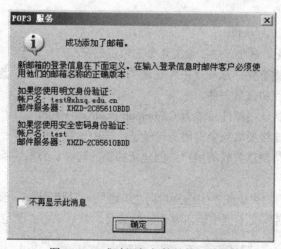

图 3-161　成功添加邮箱的提示信息

六、邮件客户端设置与使用

在邮件服务器上安装 POP3 服务后，用户可以使用支持 POP3 协议的电子邮件客户端连接到邮件服务器，检索电子邮件并将其下载到本地计算机。Outlook Express 是最常用的电子邮件客户端软件，其配置及使用方法如下。

1. 添加邮件账户

单击"开始"→"所有程序"命令，然后单击 Outlook Express，打开 Outlook Express 窗口，选择"工具"菜单的"账户"，单击"添加"→"邮件"命令，出现"Internet 电子邮件地址"对话框，输入电子邮件地址，如图 3-162 所示，此处输入的是前面新建的邮箱 test@xhsq.edu.cn，单击"下一步"按钮，然后在弹出的"电子邮件服务器名"对话框中输入发送邮件（SMTP）服务器和接收邮件（POP3）服务器的名称或 IP 地址，如图 3-163 所示。

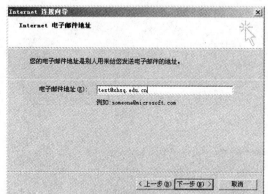 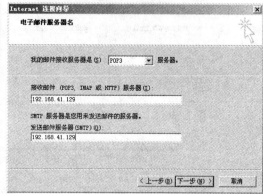

图 3-162　"Internet 电子邮件地址"对话框　　　图 3-163　成功添加邮箱的提示信息

接下来出现"Internet 邮件登录"对话框，输入账户名和密码，选中"使用安全密码验证登录"复选框，如图 3-164 所示，单击"下一步"按钮，完成"Internet 连接向导"操作。这时在图 3-165 中就可以看见已经配置好的邮件账户。

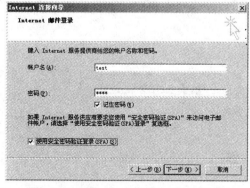 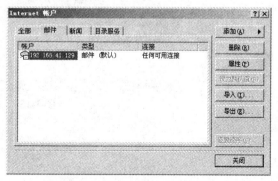

图 3-164　"Internet 邮件登录"对话框　　　　图 3-165　Internet 账户中的邮件账户

2. 设置发送邮件服务器要求身份验证

选择该邮件账户，单击"属性"按钮，在弹出的"属性"对话框的"服务器"选项卡中选中"我的服务器要求身份验证"复选框，如图 3-166 所示。

3. 发邮件

在图 3-168 中单击"创建邮件"按钮，在图 3-167 中写一封邮件，发送给收件人的邮箱，图中收件人是 test@xhsq.edu.cn，单击"发送"按钮发送该邮件。

4. 接收邮件

在 Outlook Express 窗口中单击"发送/接收"按钮，开始接收邮件，在图 3-168 中已经收到发送过来的 test 邮件。

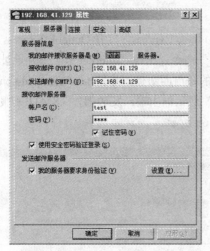

图 3-166   "服务器"选项卡

图 3-167   创建新邮件

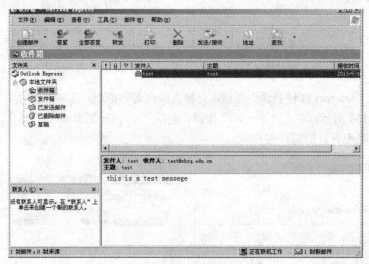

图 3-168   接收邮件

小   结

　　网络操作系统是网络用户与计算机网络之间的接口。网络操作系统的基本任务是屏蔽本地资源与网络资源的差异性，对整个计算机网络实施管理，并为用户提供统一的、方便的网络接口。目前常用的网络操作系统平台有 NetWare、Windows 2000/2003/2008 Server、UNIX、Linux 等。本章主要讲解 Windows Server 2003 的配置。

　　在安装 Windows Server 2003 之前，须对系统进行规划，主要包括磁盘分区选择、文件系统选择、工作组和域的选择和授权模式的选择 4 个方面。

　　用户账号是用户在网络上的标识号，它赋予每个用户使用网络资源的权限，为了方便使用和管理，建议给每个用户单独创建一个用户账户。组账号用来管理对共享资源进行访问的用户账户的集合。组内的用户账户会获得组的所有权限。一个用户账户可以同时属于多个组，它将获得多个组的权限。

　　共享权限使多个用户可以通过网络同时访问一个文件，共享权限对本地用户不起作用，只能设置共享文件夹，不能设置共享文件。当用户属于多个组，而多个组都对某个文件夹拥有不同的权限时，该用户对这个文件夹的有效权限采用累加和拒绝优先原则。针对 NTFS 文件系统，可以设置文件和文件夹的 NTFS 权限，该权限可以控制网络用户和本地用户对该文件或文件夹的访问权限。当用户属于多个组，而多个组都对某个文件或文件夹拥有不同的 NTFS 权限时，该用户对这个文件或文件夹的有效 NTFS 权限采用累加性、拒绝优先、文件权限优先于文件夹权限的原则。如果某个文件夹同时设置了共享权限和 NTFS 权限，则最终权限选择二者中最严格的设置。

　　分布式文件系统 DFS 可以使用户方便地访问和管理物理上分布在网络各处的文件。通过 DFS，可以使分布在多个服务器上的文件挂接在统一命名空间之下，如同位于网络上的一个位置一样显示在用户面前。用户在访问文件时不再需要知道和指定它们的实际物理位置。更为方便的是，目标的物理位置的更改也不会影响用户访问文件夹。

　　DNS 的作用就是域名解释，可以实现域名与 IP 地址之间的转换。DNS 服务器以区域为单位进行管理，区域是一个独立管理的 DNS 子树。域名可以使用 ping 命令或者 nslookup 命令来测试。

　　DHCP 是动态主机配置协议的缩写，其作用是向主机动态分配 IP 地址及其他相关信息。DHCP 服务器通过广播方式与客户端通信，完成 IP 地址的动态分配，其工作过程分为 DHCPDISCOVER、DHCPOFFER、DHCPREQUEST 和 DHCPACK 4 个步骤。

　　WWW 服务是指在网上发布可以通过浏览器查看的用 HTML 标识语言编写的图形化页面的服务，即网页服务，客户端使用 HTTP 协议可以浏览其提供的信息服务。Web 站点的标识特征有三项：IP 地址、端口和主机头（域名）。不同 Web 站点的三项特征必须有一项与其他站点不同方可创建。创建虚拟 Web 服务器的方法有三种：不同的 IP 地址；相同的 IP 地址，不同的端口号；相同的 IP 地址，不同的主机头。

　　FTP（文件传输协议）是用来在客户机和服务器之间实现文件传输的标准协议。它采用客户机/服务器方式，实现 FTP 服务器上数据的上传和下载。FTP 站点的标识特征有两项：IP 地址和端口，不同的 FTP 站点的两项特征必须有一项与其他站点不同方可创建。创建虚拟 FTP 服务器的方法有两种：不同的 IP 地址；相同的 IP 地址，不同的端口号。

　　邮件服务系统由电子邮件服务器、邮件协议和电子邮件客户端三部分组成。

习　　题

一、填空题

　　1. Windows Server 2003 主要版本有 Windows Server 2003 标准版、Windows Server 2003 企业版、Windows Server 2003 Web 版和_____。

　　2."每设备或每用户"授权模式要求每台客户端计算机都需要一个"客户端访问许可证"（CAL）。使用一个 CAL，一个特定的客户端计算机可以连接到_____的 Windows Server 2003 服务器上。

　　3. 域是安全的边界，是一个区域资源的目录汇总。域内的资源统一由_____管理。用户一次登录就可访问所有的网络资源。

　　4. 当用户属于多个组，而多个组都对某个文件夹拥有不同的共享权限时，该用户对这个文件夹的有效权限采用_____和_____原则。

5. 域名采用层次的和逻辑的_____结构，其基本格式是：域主机名.....三级域名.二级域名.顶级域名。域名内不分大小写。

6. 创建 Web 网站时，集成 Windows 身份验证是默认验证方法，是一种安全的验证形式，选择该选项可以确保用户名和密码是以_____的形式通过网络发送的。

7. 虚拟目录使用_____来访问，便于用户输入。而且保证了网站文件的安全。

8. FTP 站点支持三种 FTP 客户端：浏览器、_____和_____。

二、判断题

1. 共用不连续名字空间的域就组成了一个目录树，称之为域树。目录树中的第一个域称为目录树的根域，同一目录树中的其他域则称为子域。域树是由一个根域和多个子域构成的。（   ）

2. Windows Server 2003 安装后会自动创建多个用户账号，并且赋予了相应的权限，这些用户账号称为内置账号，内置账号是不允许用户删除的。（   ）

3. 组账号用来管理对共享资源进行访问的用户账户的集合。组内的用户账户会获得组的所有权限。一个用户账户可以同时属于多个组，它将继承权限最大的组的权限。（   ）

4. 如果某个文件夹同时设置了共享权限和 NTFS 权限，则最终权限选择二者中最严格的设置。（   ）

5. "作用域选项"是针对作用域设置对应的选项信息，作用于本服务器所有的作用域。（   ）

6. 隔离用户模式根据本机或域账户验证用户，所有用户的主目录都在单一 FTP 主目录下，每个用户均被安放和限制在自己的主目录中。不允许用户浏览自己主目录外的内容。（   ）

三、简答题

1. 共享权限与 NTFS 权限有何异同？

2. 如何标识 Web 站点？如何创建虚拟 Web 服务器？

3. 如何标识 FTP 站点？如何创建虚拟 FTP 服务器？

四、操作题

1. 在 D 盘创建文件夹 Web1、Web2，文件夹内分别放置网页 web1.Htm（内容为自己的个人简历）和 web2.htm（内容为自己的就业构想）。

2. 在 D 盘创建文件夹 ftp1、ftp2，文件夹内分别放置文件 ftp1.txt（内容自定）和 ftp2.txt（内容自定）。

3. 为本机设置两个 IP 地址并测试成功。

4. FTP 服务器配置

（1）创建两个 ftp 站点：ftp1、ftp2，分别对应题 2 中的两个文件夹，要求使用不同的 IP 地址访问。

（2）设置 ftp1 的端口为 39，访问该站点。

（3）为 ftp1 和 ftp2 站点分别设置域名 ftp1.xhsq.com 和 ftp2.xhsq.com，使用域名访问这两个站点。

（4）设置 ftp2 的欢迎消息为"欢迎进入 xhsq 的 ftp 站点"，退出消息为"你已经退出了 xhsq 的 ftp 站点"。

（5）使用命令访问 ftp2 站点，将 ftp2.txt 下载到本地 C 盘，将 C 盘中 ftp.TXT（需创建）上传到该站点，最后退出该站点。

5．Web 服务器配置。

（1）创建两个 Web 网站：Web1、Web2，分别对应题 1 中的两个网页，要求使用不同的 IP 地址访问。

（2）设置 Web1 的端口为 29，访问该网站。

（3）限制本机访问 Web1 网站。

（4）设置 Web2 不允许匿名访问。

（5）在 Web2 网站下配置虚拟目录 test，对应 C 盘下的 xnml.htm 文件（内容为 xhsq 的虚拟目录），访问该虚拟目录。

（6）为 Web1 和 Web2 网站分别捆绑域名 www.web1.xhsq.com、www.web2.xhsqcom，使用域名访问这两个网站。

第 4 章　计算机网络安全技术

💬 **知识点：**

- 网络安全、网络安全标准
- 磁盘阵列、服务器集群、备份
- 交换机端口安全、SSH 技术
- SID、进程
- 对称加密、非对称加密
- 病毒、木马、防火墙

✏ **难点：**

- 磁盘阵列、服务器集群
- SSH 技术
- 加密技术

◆ **要求**

熟练掌握以下内容：
- 计算机网络安全的定义、要素、面临的威胁
- 计算机网络安全的标准
- 磁盘阵列、备份
- 交换机端口安全、SSH 技术
- 进程、加密技术

了解以下内容：
- 服务器集群
- 病毒、木马、防火墙
- 防雷技术

4.1　网络安全概述

随着互联网的发展，上网人数越来越多。2013 年 1 月 15 日，中国互联网络信息中心（CNNIC）在北京发布第 31 次《中国互联网络发展状况统计报告》。报告显示，截至 2012 年 12 月底，我国网民规模达到 5.64 亿，全年共计新增网民 5090 万人，互联网普及率为 42.1%，较 2011 年底提升 3.8%。

现在，计算机网络应用已渗透到现代社会生活的各个方面：学习、工作、娱乐、购物、投资理财等，上网已经成为人们日常生活不可缺少的活动，但网络安全问题却越来越严峻，网络安全不仅是技术研究的热门领域，也成为商家关注的焦点，同时也是国家和政府的行为。网络信息安全空间也已成为传统的国界、领海、领空、太空的四大国防之外的第五国防。

4.1.1　网络安全定义

网络安全是指网络系统的硬件、软件及其系统中的数据受到保护，不受偶然的或者恶意的原因而遭到破坏、更改、泄露，确保系统能连续、可靠、正常地运行，使网络服务不中断。网络安全是木桶理论，网络中任何一个环节出现问题都可能影响到整个网络的安全。

4.1.2　网络安全的要素

网络安全具备五个要素，分别是保密性、完整性、可用性、不可否认性、可控性。

● 保密性

防止数据泄密，保证只有被授权的用户可以访问网络数据，保密性分为网络传输保密性和数据存储保密性。使用屏蔽设备防止电磁泄露可以实现网络传输的保密性，使用数据加密技术可以实现数据存储保密性。

● 完整性

防止数据被篡改，保证只有被授权的用户可以修改数据，确保数据的正确性、完整性。通过备份技术、冗余技术，设置访问控制权限、及时打补丁等方法可以有效地保证网络传递数据的完整性。

● 可用性

防止网络被中断，保证授权用户通过网络能及时获取所需的可用信息。通过设置防火墙的过滤技术、杀毒软件的病毒防疫技术、网络实时监测技术、漏洞扫描技术可以有效地保证网络传递数据的可用性。

● 不可否认性

通过数字签名技术可以保证网络的不可否认性。

● 可控性

可控性管理确保网络发生的事件可以控制其发展，所有与安全有关的事件都有案可查。通过网络系统提供或第三方的管理工具可以有效地保证网络传递数据的可控性。例如，在 Windows Server 2003 中提供了事件查看器功能，可以对网络中发生的安全事件、系统事件、应用程序事件逐一进行审查，记录到日志中。

4.1.3　网络面临的安全威胁

网络的互通性导致其必须与外界联系，在网络通信中，其安全受到多方面的威胁，主要有物理威胁、系统漏洞威胁、身份鉴别威胁、线缆连接威胁和有害程序等。

4.1.4　网络安全评价标准

各国根据自己的国情都制定了相关的网络安全评价标准，比较流行的是 1985 年美国国防部制定的可信任计算机标准评价准则（Trusted Computer Standards Evaluation Criteria，TCSEC），TCSEC 将操作系统的安全等级由低到高分成了 D、C1、C2、B1、B2、B3、A1 七个等级。

● D 级

最低的安全级别，没有系统访问和数据访问限制，任何人都可以不需账号就直接进入系统，不受任何限制就可以访问系统内的数据文件。DOS 是属于这个级别的典型操作系统。

● C1 级

自主安全保护级，对硬件有一定的保护能力，系统通过用户账号和密码来识别用户是否合法，并决定用户对程序和数据拥有何种访问权利。

- C2 级

受控存取保护级，本级实施比 C1 级更精细的自主存取控制。通过设置身份认证级别，进一步限制用户执行某些命令或访问某些文件的权限。通过注册、日志、安全事件审计、资源隔离技术加强网络系统的安全性、可审查性。目前常用的网络操作系统如 Windows Server 2003、UNIX、Linux 的安全等级都是 C2 级。

- B1 级

标志安全保护级，具有 C2 级的全部特性，还增加了强制存取控制。计算机系统的安全措施由操作系统决定，由系统统一设置每个用户的权限，不允许文件的拥有者改变其许可权限。

- B2 级

结构保护级，从本级开始，不仅具有自主访问控制，还具有强制访问控制。按照最小特权原则，取消了特权用户，将系统管理员与系统操作员智能隔离，系统管理员可以对系统的配置进行管理；系统操作员可以正常使用计算机，但不能对系统进行配置。它要求计算机系统中的所有对象都加上标签，并且可以给设备分配单个和多个安全级别。

- B3 级

安全域级，在原有的系统管理员、系统操作员的基础上又增加了安全管理员，将人为因素可能对计算机的威胁降到最低。加强了审计能力，不仅能记录发生的事件，而且能对相关的安全事件发出报警信号。B3 级采用安全途径连接网络系统，通常以硬件方式保护安全系统的存储区。

- A1 级

验证设计级，功能与 B3 类似。不同的是本级必须从数学角度对设计进行验证，保证设计的正确性。而且必须进行秘密通道和可信任分布的分析，确保软、硬件在传输过程中的安全性。

4.2　网络设备安全

4.2.1　防雷技术

近年来，由于气候的变化，计算机系统频频遭受雷击，使得防雷技术越来越受到大家的重视。雷电有两种类型，即直击雷（图 4-1）和感应雷。

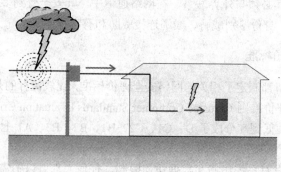

图 4-1　直击雷

直击雷击中建筑物时会产生很强的雷电流，使建筑的地电位升高到几万伏甚至几十万伏，并且通过电力系统和信号电缆的接地点反馈到其他地方，殃及接在电网和通信网络上的计算机设备。

对于直击雷的防护，可以采用避雷针、避雷带、避雷网、避雷线作为接闪器，把雷电流接下来，用引线引入大地，从而防止直击雷对计算机系统的危害。

感应雷是因直击雷放电而感应到附近的金属导体中的，对网络及计算机影响极大，有可能烧毁网络设备，甚至整个网络。感应雷可通过两种不同的感应方式侵入导体。

1. 静电感应

当雷云中的电荷积聚时，附近的导体也会感应上相反的电荷。当雷击放电时，雷云中的电荷迅速释放，而导体中原来被雷云电场束缚住的静电也会沿导体流动寻找释放通道，就会在电路中形成电脉冲，如图 4-2 所示。

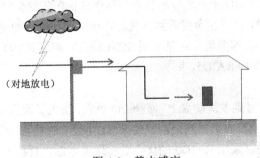

图 4-2　静电感应

2. 电磁感应

在雷云放电时，迅速变化的雷电流在其周围产生强大的瞬变电磁场，在其附近的导体中产生很高的感生电动势，如图 4-3 所示。网络机房的线路（如电力电缆、电话线、网络线、DDN 专线）都是感应雷及雷电波入侵的途径。

图 4-3　电磁感应

对于感应雷的防护，通常采用如下措施：

● 电源系统实行三级防雷防过压保护。

● 网络设备端口的安全防护

网络主干交换机与服务器设备是网络中最核心的设备，需要额外加以保护。常用的方法是在重要设备的端口上加装 RJ-45 端口信号防雷器。

● 屏蔽措施

在计算机房内敷设金属屏蔽网，屏蔽网应与机房内环形接地母线均匀多点相连。通过星型结构把设备直接以最短的距离连到邻近的等电位连接带上。机房内的电力电缆、通信电缆应尽量采用屏蔽电缆。

● 等电位连接

用连接导线或过电压（电涌）保护器，将防雷装置和建筑物的金属构架、金属装置、外来导线、电气装置、电信装置等连接起来，形成一个等电位连接网络，以实现均压等电位。

4.2.2　备份技术

一、磁盘阵列技术

由于关键业务数据都存放在服务器的硬盘上，当硬盘出现问题时，将导致数据的丢失，甚至整个网络瘫痪，后果不堪设想。因此，采用磁盘阵列（RAID）技术实现硬盘冗余必不可少。

RAID 是指通过硬件（RAID 卡）或管理软件将两个或更多的硬盘结合在一起，对于服务器而言就是一个或多个逻辑硬盘，计算机所能看到的就是存储空间和剩余的可用空间，不能看到存储空间是如何在磁盘上存放的。在服务器上经常采用 SCSI 硬盘来实现 RAID 技术。常用的 RAID 技术有 RAID0、RAID1、RAID3 和 RAID5。

1. RAID0

将数据分成多块，同时写到多块硬盘上，平衡 I/O 负载，加大了数据存储空间及数据访问速度，如图 4-4 所示。RAID0 是唯一没有数据冗余功能的 RAID 技术，如果磁盘阵列中一块硬盘出现问题，则阵列中所有数据都将丢失。采用 RAID0 的优点是实现成本低，且数据访问速度快，硬盘的使用效率是 100%。

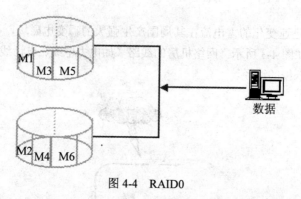

图 4-4　RAID0

2. RAID1

采用 RAID1 技术需要两块硬盘，计算机的每个写操作都同时写到两个硬盘上，因此两个硬盘上的数据是一模一样的。如果其中一块硬盘出现问题，在另一块硬盘上还有该数据的完整备份，不会造成数据的丢失，如图 4-5 所示。采用 RAID1 技术使数据得到了备份，但硬盘的使用效率只有 50%。

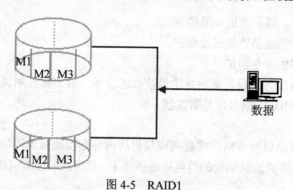

图 4-5　RAID1

3. RAID3

采用 RAID3 技术需指定一个固定的磁盘存储校验信息，其他磁盘存储数据，如图 4-6 所示，图中带有 "P" 标记的为校验盘。当磁盘阵列中有一块硬盘出现故障时，可用新硬盘替换坏硬盘，再通过校验硬盘与其他数据硬盘重建代码，在新硬盘上重新生成原有数据。采用 RAID3 最少需要 3 块硬盘，硬盘的使用效率是 $(n-1)/n$。

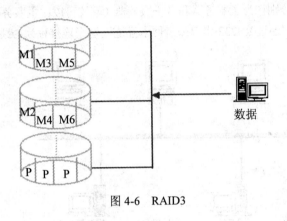

图 4-6　RAID3

4. RAID5

与 RAID3 类似，磁盘阵列中也存储校验信息。不同的是，RAID3 是将校验信息集中存放在同一块磁盘上，而 RAID5 则将校验信息分布在不同的磁盘上，提供更优的数据保护性能，如图 4-7 所示。图中带有 "P" 标记的为校验信息，它们均匀分布在阵列的各个磁盘中。采用 RAID5 最少需要 3 块硬盘，硬盘的使用效率是 $(n-1)/n$。

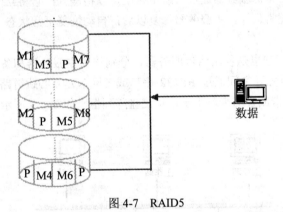

图 4-7　RAID5

二、服务器整机冗余

对于一些重要的网络，如证券、期货交易网络、金融网站及电子商务网站，在网络工作期间，不允许服务器关闭。这时，采用 RAID 技术是远远不够的，需要对整个服务器进行冗余。即采用多台服务器通过集群软件相连，为网络中的工作站提供一个单一的、可持续正常工作的服务器系统。系统内部各节点通过失效接管、负载均衡来实现利用率和硬件冗余度的统一。

服务器集群技术是为了解决服务器系统高可靠性而采用的一种技术，它可以避免整个系统的瘫痪，最大限度地保证网络正常运转，其可靠性可达到 99%以上，是网络关键应用的首选方案。

长期以来，集群技术一直广泛应用在 UNIX 操作系统上，并且成本很高。随着网络技术的发展，其成本逐渐降低。现在，微软公司推出的 Windows Server 2003 企业版及以上的版本就提供服器集群技术，不用添加其他的软件就可以在 Windows 网络中构建服务器集群系统，通过基于 TCP/IP 的负载均衡技术实现高效、稳定的网络。

服务器集群技术一个典型的应用就是双机热备份，有两种实施方案：纯软件方式和磁盘阵列柜方式。

1. 纯软件方式

使用两台服务器，分别作为主服务器和备份服务器（配置可以比主服务器低）。两台服务器都分别连在网络中，相互之间通过 RS232 串口或者网卡互连，这个连接称为心跳链路，如图 4-8 所示。

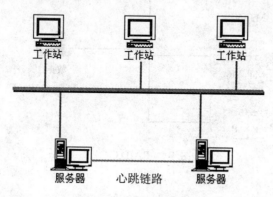

图 4-8 纯软件方式双机热备份

两台服务器都安装有网络操作系统、集群软件、应用软件，网络数据存储在服务器中。其工作过程如下：平时主服务器处理网络请求，备份服务器通过心跳链路实现与主服务器的数据同步。一旦主服务器发生故障，备份服务器通过心跳链路就可以检测到，它将立即接管主服务器的工作，保证网络中工作站继续正常运行。主服务器修复以后，自动恢复正常状态。

2. 磁盘阵列柜方式

与纯软件方式类似，它也是使用两台服务器，分别作为主服务器和备份服务器。两台服务器都分别连入网络中，并且相互之间通过 RS232 串口或者网卡建立心跳链路。不同的是，在两台服务器中都安装一个 SCSI 卡或者网卡，用于连接磁盘阵列柜，如图 4-9 所示。

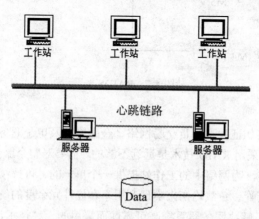

图 4-9 磁盘阵列柜方式双机热备份

两台服务器都安装有网络操作系统、集群软件、应用软件，网络数据存储在磁盘阵列柜中。其工作过程如下：平时主服务器处理网络请求，备份服务器通过心跳链路实现与主服务器的通信。

一旦主服务器发生故障，备份服务器通过心跳链路就可以检测到，它将立即接管主服务器的工作，自动接管主服务器的主机名和地址，从磁盘阵列柜中获取网络数据，保证服务器工作继续正常运行。主服务器修复以后，自动恢复到正常状态。

在上述两种双机方式使用过程中，需要注意以下几点：

● 工作方式的选择

两台服务器既可以采用一主一从方式，一个工作，一个备份；也可以采用双主方式，两台服务器同时工作，起一个均衡负载的作用，一旦一台服务器出现故障，将所有的工作由另一台服务器独立来完成。

● 心跳链路连接线

心跳链路采用网卡互联时，使用的是级联线，即将 1、2 和 3、6 反接而成。

● 集群软件的选择

可供选择的集群软件很多，既可以采用网络操作系统集成，也可以用第三方的集群软件。具体应用时，需要针对网络操作系统去选择。

● 备份数据

双机系统可以增强网络服务器的安全性，与各种安全措施一样，都不能保证 100%安全。因此需要定期备份数据，以防万一。

● 速度

采用双机系统后，网络运行会比无双机系统慢一些，这是因为两台服务器同步数据占用了一部分网络资源，属于正常现象。

三、数据备份

无论采用哪一种冗余技术，其可靠性都不可能达到 100%，再加上其他一些不可确定因素，如火灾、自然灾害、地震等，可能会造成整个网络的彻底瘫痪。因此对于网络中的关键数据应该按照其重要程度，制定相应的备份策略，及时备份。对于实时数据，可采用相应的实时备份软件，实现在线备份。

Windows Server 2003 提供了一个备份工具，可以方便地实现数据备份，有两种方法可以打开该备份工具。

方法一：单击"开始"，依次选择向"所有程序"→"附件"→"系统工具"命令，然后单击"备份"。

方法二：运行程序 NTBACKUP，图 4-10 是进入的"要备份的项目"对话框。

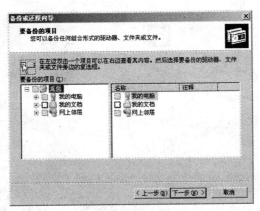

图 4-10 选择备份项目

1. 备份操作

（1）备份项目选择。在备份向导的界面中选择需要备份的文件夹。

（2）备份类型、目标和名称的选择。选择保存备份的位置及名称。

（3）备份类型的选择。备份工具支持 5 种方法备份计算机或网络上的数据，分别是正常备份、增量备份、副本备份、差异备份和每日备份。

● 正常备份

正常备份用于复制所有选定的文件，并且在备份后标记每个文件（清除存档属性）。使用正常备份，只需备份文件的最新副本就可以还原所有文件。通常，在首次创建备份集时执行一次正常备份。

● 增量备份

增量备份仅备份自上次正常或增量备份以来创建或更改的文件。它将文件标记为已经备份（清除存档属性）。如果将正常备份和增量备份结合使用，至少需要具有上次的正常备份集和所有增量备份集，以便还原数据。

● 副本备份

副本备份可以复制所有选定的文件，但不将这些文件标记为已经备份（不清除存档属性）。如果要在正常备份和增量备份之间备份文件，副本备份是很有用的，因为它不影响其他备份操作。

● 差异备份

差异备份用于复制自上次正常备份或增量备份以来所创建或更改的文件。它不将文件标记为已经备份（不清除存档属性）。如果要执行正常备份和差异备份的组合，则还原文件和文件夹将需要上次已执行过正常备份和差异备份。

● 每日备份

每日备份用于复制执行每日备份的当天更改过的所有选定文件。备份的文件将不会标记为已经备份（不清除存档属性）。

根据需要选择一种合适的备份类型，图 4-11 中选择的是正常备份。

（4）备份选项设置。选择是否要覆盖数据还是限制对数据的访问。

（5）备份时间的选择。可以立即备份，也可以选择计划备份，图 4-12 是选择计划备份进行备份日程安排的界面。计划任务可以选择每天、每周、每月、一次性、在系统启动时、在登录时、空闲时等多种方式完成。图中选择的是默认选项：一次性。这样系统将在 2013 年 10 月 20 日 17:28 开始，一次性完成此次备份工作。

（6）完成备份。备份完成，在指定路径生成指定的备份文件。

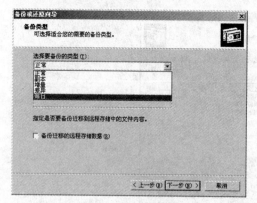

图 4-11　备份类型

图 4-12　备份日程安排

2. 还原操作

（1）还原项目的选择。在"还原项目"中选择还原项目，如图 4-13 所示，选择备份文件 backup.bkf 进行还原。

（2）设置还原位置。可以选择原位置、单个文件夹和备用位置进行还原。

（3）开始还原，完成还原工作。图 4-14 是"还原进度"对话框，显示已完成还原操作。

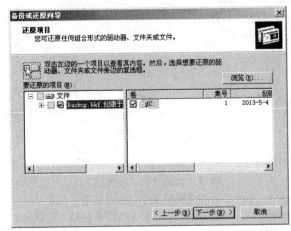

图 4-13　还原项目的选择

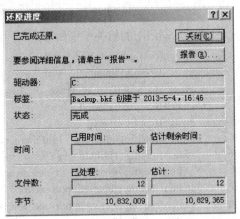

图 4-14　"还原进度"对话框

4.2.3　交换机端口安全

利用交换机端口的安全特性，既可以限制非法 MAC 地址的设备接入，也可以设定端口上最大的 MAC 地址数。

一、交换机端口安全相关命令

（1）开启交换机的端口安全功能：switch port-securitiy

（2）设置端口下的 MAC 条目：switch port-securitiy maximum 值。

（3）设置超过端口定义的最大 MAC 条目后端口的响应：

　　　switch port-securitiy violation { protect | shutdown | restrict }

参数说明：

1）protect。当端口有新的计算机接入时，如果此时超过端口定义的最大 MAC 条目，则这个新的计算机将无法接入，而原有的计算机不受影响。

2）shutdown。当端口有新的计算机接入时，如果此时超过端口定义的最大 MAC 条目，则该接口将会被关闭，并且新的计算机和原有的计算机都无法接入，需要管理员使用"no shutdown"命令重新打开端口方可使用。

3）restrict。当端口有新的计算机接入时，如果此时超过端口定义的最大 MAC 条目，则这个新的计算机可以接入，然而交换机将发送警告信息。

（4）手工绑定与指定端口连接的设备：port-security mac-address 设备的 MAC 地址。

二、交换机端口安全配置实例

交换机 Switch1 的 IP 地址为 192.168.0.1/24，其端口 1、2 分别与计算机 PC1:192.168.0.10/24、PC2:192.168.0.20/24 连接，拓扑结构如图 4-15 所示。设置端口 1 的安全特性，使得该端口只允许连接 PC1，若接入其他计算机，该端口将关闭。

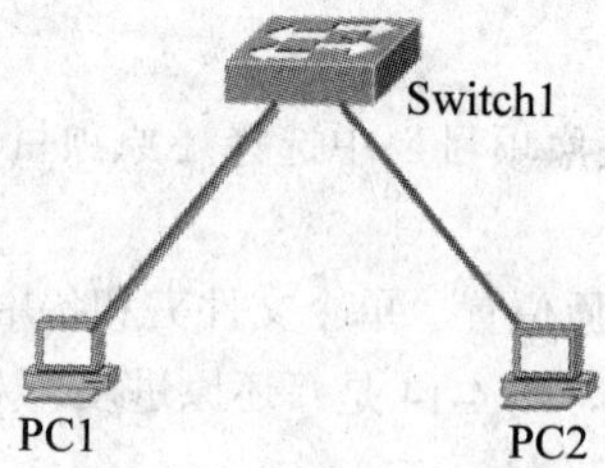

图 4-15 交换机端口安全拓扑图

交换机 Switch1 的相关配置如下：

```
switch(config)#hostname   switch1
switch1(config)#interface   vlan 1
switch1(config-if)#ip address   192.168.0.1 255.255.255.0
switch1(config-if)#no shutdown
switch1(config-if)#exit
switch1(config)#interface   fastEthernet 0/1
switch1(config-if)#shutdown
switch1(config-if)#switchport   mode access           //将该端口设置为访问模式
switch1(config-if)#switch port-security               //开启交换机的端口安全功能
switch1(config-if)#switch port-security maximum   1   //设置该端口下的 MAC 条目最大数量为 1
switch1(config-if)#switch   port-security   violation   shutdown
//超过端口定义的最大 MAC 条目，则关闭端口
switch1(config-if)#switch   port-security   mac-address 0004.9A2C.5DED
//手工绑定与该端口连接的计算机（PC1）
switch1(config-if)#no shutdown
switch1(config-if)#end
```

输入命令检查 MAC 地址表，显示以下信息：

```
switch1#show    mac-address-table
          Mac Address Table
-------------------------------------------
Vlan    Mac Address    Type      Ports
----    -----------    --------  -----
1       0004.9a2c.5ded STATIC    Fa0/1
```

可以看出，PC1 的 MAC 已经被登记在 Fa0/1 接口，并且是静态（STATIC）加入的。此时测试 PC1 可以 PING 通交换机（192.168.0.1）。将 PC1 从端口 1 移走，将 PC2 接入端口 1，测试 PC2 与交换机的连通性，经测试，无法 PING 通。几秒钟后，在交换机 Switch1 上出现如下信息：

```
%LINK-5-CHANGED: Interface FastEthernet0/1, changed state to administratively down
%LINEPROTO-5-UPDOWN: Line protocol on Interface FastEthernet0/1, changed state to down
```

以上信息表明端口 FastEthernet0/1 被关闭，输入查看 FastEthernet0/1 端口的命令：

```
switch1#show   interfaces   fastEthernet 0/1
FastEthernet0/1 is down, line protocol is down (err-disabled)
Hardware is Lance, address is 0060.4744.b601 (bia 0060.4744.b601)
  BW 100000 Kbit, DLY 1000 usec,
  reliability 255/255, txload 1/255, rxload 1/255
  Encapsulation ARPA, loopback not set
……
```

以上信息表明，fastEthernet0/1 接口因为错误而被关闭。输入 show port-security 命令查看端口安全的设置情况，显示如下信息：

```
switch1#show port-security
Secure Port MaxSecureAddr CurrentAddr SecurityViolation Security Action
            (Count)      (Count)        (Count)
---------------------------------------------------------------------
Fa0/1       1            1              0            Shutdown
```

移开 PC2 后，在 fastEthernet0/1 下输入 shutdown 和 no shutdown 命令可以将端口 1 重新打开。

4.2.4　SSH 技术

一、SSH 介绍

Telnet 使用明文在网络上传送口令和数据，易受 Sniffer 侦听，其安全验证方式也是很容易受到"中间人"方式的攻击。

SSH 的英文全称为 Secure Shell，它默认的连接端口是 22。通过使用 SSH，可以把所有传输的数据进行压缩、加密，防止了"中间人"攻击、DNS 和 IP 欺骗，并且传输的速度很快。

SSH 最初是由芬兰的一家公司开发的。但是因为受版权和加密算法的限制，现在很多人都转而使用免费的 OpenSSH。从客户端来看，SSH 提供两种级别的安全验证。

● 基于口令的安全验证

通过账号和口令登录远程主机，所有传输的数据都加密，但是不能确认连接的服务器是否被冒充，易受到"中间人"方式的攻击。

● 基于密匙的安全验证

需要为自己创建一对密钥，并把公用密钥放在需要访问的服务器上。采用此方式不需要在网络上传送口令，可以有效地避免"中间人"方式的攻击。整个登录的过程大约需要 10s。

二、SSH 相关命令

（1）定义域名：ip domain-name 域名。

说明：设置 SSH 功能时，必须配置域名。

（2）启用并生成 SSH 密钥：crypto key generate rsa。

说明：在 Cisco 中采用 rsa 实现主机密钥认证，确定客户机的可靠身份。配置完成后，使用 show running-config 不能看到此条命令。

（3）定义 SSH 超时时间：ip ssh time-out 时间。

（4）定义重试次数：ip ssh authentication-retries 次数。

说明：次数取值范围为 0～5。

（5）限制登录：transport input SSH

说明：设置线路只能使用 SSH 登录方式，默认情况下允许所有登录。

三、配置实例

路由器 Router1 的 f0/0 的 IP 地址为 192.168.10.1/24，该端口与计算机 PC0（192.168.10.2/24）相连，如图 4-16 所示。进行相关设置，使得计算机 PC0 可以使用 SSH 安全登录路由器。

Router1 的相关配置如下：

```
router>enable
router#conf  t
router(config)#hostname   router1
```

图 4-16　SSH 实验拓扑

```
router1(config)#no   ip   domain-lookup
router1(config)#enable password cisco
router1(config)#interface   fastEthernet   0/0
router1(config-if)#ip   address   192.168.10.1   255.255.255.0
router1(config-if)#no shutdown
router1(config-if)#exit
router1(config)#ip domain-name www.cisco.com      //配置域名为 www.cisco.com
router1(config)#crypto   key generate   rsa
The name for the keys will be: router1.www.cisco.com
```

Choose the size of the key modulus in the range of 360 to 2048 for your General Purpose Keys. Choosing a key modulus greater than 512 may take a few minutes.

```
How many bits in the modulus [512]: 1024
% Generating 1024 bit RSA keys, keys will be non-exportable...[OK]
                          //生成一个 rsa 算法的密钥，密钥为 1024 位
router1(config)#ip   ssh   time   120          //设置 SSH 时间为 120s
*?? 1 0:1:59.360:   %SSH-5-ENABLED: SSH 1.99 has been enabled
router1(config)#ip   ssh   authentication-retries   4      //设置 SSH 认证重复次数为 4
router1(config)#line vty   0 4
router1(config-line)#transport   input   ssh              //设置 vty 的登录模式为 SSH
router1(config-line)#password   cisco
router1(config-line)#login
router1(config-line)#end
router1(config-if)#end
```

设置完成后，在 PC 机上使用 Telnet 连接 Cisco 路由器，显示如下信息：

```
C>telnet 192.168.1.1
Trying 192.168.1.1 ...Open
[Connection to 192.168.1.1 closed by foreign host]
```

以上信息表明，由于设置了 SSH 验证，使用 Telnet 无法登录到路由器上，必须使用专门的 SSH 客户端进行远程登录。

PuTTY 是一个常用的 SSH 客户端，启动该软件，输入路由器的 IP 地址 192.168.10.1，如图 4-17 所示。单击 Open 按钮，根据提示输入相关信息就可以成功登录到路由器上。

图 4-17　PuTTY 登录对话框

4.3　网络操作系统安全配置

网络操作系统是网络用户与计算机网络的接口，网络操作系统的安全会影响其所在的计算机的安全，而计算机的安全则会影响网络系统的安全。本节以常用的 Windows Server 2003 为例，介绍其安全配置。

4.3.1　用户账号的安全

一、用户 SID

在 Windows Server 2003 中，每个用户账号都有唯一的一个安全标识符（SID），SID 用来标识一个用户或组，具有唯一性。

user2sid 命令用于查看用户 SID，其格式为：user2sid 用户名。下面是使用 user2sid 命令查看管理员与来宾用户的 SID 时系统显示的信息。

```
C:\>user2sid administrator
S-1-5-21-2318519775-3814351511-1448331098-500
Number of subauthorities is 5
Domain is XHZD-2C85610BDD
Length of SID in memory is 28 bytes
Type of SID is SidTypeUser
C:\>user2sid guest
S-1-5-21-2318519775-3814351511-1448331098-501
Number of subauthorities is 5
Domain is XHZD-2C85610BDD
Length of SID in memory is 28 bytes
Type of SID is SidTypeUser
```

上述信息表明，管理员账号的 SID 是 S-1-5-21-2318519775-3814351511-1448331098-**500**，来宾用户的 SID 是 S-1-5-21-2318519775-3814351511-1448331098-**501**。下面来测试一下用户 SID 的唯一性。

（1）创建一个用户 user1，密码为 123456，查看其 SID，显示如下信息：

```
C:\>net user user1 123456 /add
```
命令成功完成。
```
C:\>user2sid user1
S-1-5-21-2318519775-3814351511-1448331098-1003
Number of subauthorities is 5
Domain is XHZD-2C85610BDD
Length of SID in memory is 28 bytes
Type of SID is SidTypeUser
```
以上信息表明，新建的用户账号 user1，其 SID 是 S-1-5-21-2318519775-3814351511-1448331098-**1003**。

（2）修改该用户密码并将其禁用，再查看其 SID，显示如下信息：

```
C:\>net user user1 11111
```
命令成功完成。
```
C:\>net user user1 /active:no
```
命令成功完成。
```
C:\>user2sid     user1
```

S-1-5-21-2318519775-3814351511-1448331098-1003
Number of subauthorities is 5
Domain is XHZD-2C85610BDD
Length of SID in memory is 28 bytes
Type of SID is SidTypeUser

以上信息表明，将用户账号 user1 的密码改为 11111 并将其禁用后，账号仍然是原来的用户账号，其 SID 不变，还是 S-1-5-21-2318519775-3814351511-1448331098-**1003**。

（3）将用户 user1 改名为 user11，查看其 SID，显示如下信息：

C:\>user2sid **user11**
S-1-5-21-2318519775-3814351511-1448331098-**1003**
Number of subauthorities is 5
Domain is XHZD-2C85610BDD
Length of SID in memory is 28 bytes
Type of SID is SidTypeUser

由于命令无法修改用户账号名称，因此用计算机管理工具将其名称改为 user11。以上信息表明，即使改名了，仍然是原来的用户账号，其 SID 还是 S-1-5-21-2318519775-3814351511-1448331098-**1003**。

（4）删除 user1，重新创建一个用户 user1，密码为 123456，查看其 SID，显示如下信息：

C:\>**net user user11 /del**
命令成功完成。

C:\>**net user user1 123456 /add**
命令成功完成。

C:\>**user2sid user1**
S-1-5-21-2318519775-3814351511-1448331098-**1004**
Number of subauthorities is 5
Domain is XHZD-2C85610BDD
Length of SID in memory is 28 bytes
Type of SID is SidTypeUser

以上信息表明，虽然新建的用户账号 user1 的信息与前面的 user1 一样，但它是另外一个账号，其 SID 变为 S-1-5-21-2318519775-3814351511-1448331098-**1004**。

以上实验证明，通过用户 SID 的唯一性，可以方便地诊断用户的真实性。

二、用户密码的安全

用户账号的安全是保证系统安全的第一道屏障，而用户密码的安全是关键。很多用户不设置用户密码或者设置简单的密码，系统用户验证将形同虚设。

1. 弱口令

使用简单数字、常用的单词、用户名等作为密码，甚至空密码，这些统称弱为口令。图 4-18 显示了 X-SCAN 软件中默认的弱口令。

系统如果采用弱口令，利用工具软件的默认设置可以在几分钟之内快速破解，图 4-19 是使用 X-SCAN 软件破解出网络中两台计算机的弱口令的截图。

破解原理很简单，该软件自带一个"弱口令"密码库。破解时，利用穷举法，系统很快就破解出来了。

2. 安全密码的设置

复杂密码的破解需要用到字典工具，字典工具可以根据用户的选择自动生成符合要求的密码库，然后替换破解工具中的默认字典文件就可以破解密码了。图 4-20～图 4-23 是字典工具生成一个选择包含 x、h、1、6、8、L、W、D 等符号的 4 位密码的相关界面。

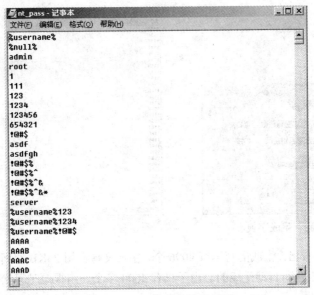

图 4-18　X-SCAN 软件中默认的弱口令

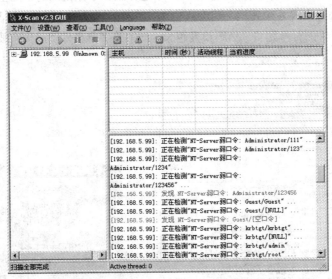

图 4-19　X-SCAN 破解弱口令的界面

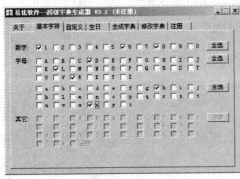

图 4-20　选择字符

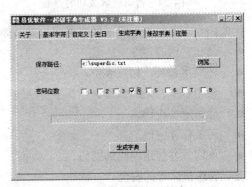

图 4-21　设置密码长度

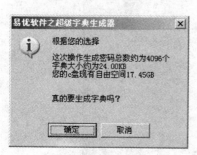

图 4-22　生成字典

图 4-23　字典文件内容

从图 4-22 中可以看出，生成的密码有 4096 个，字典文件占用 24KB 空间。字典文件是将上述包含的符号进行排列组合而自动生成的。由于只有 4000 多个，用很短时间就破解出来密码了，如图 4-24 所示。

图 4-25 是按照图 4-20 选择字符,但在图 4-21 中选择生成 8 位密码的密码生成界面。可以看出，同样选这些符号，如果生成 8 位密码，将会产生 16777216 个密码，字典文件占用 160MB 空间。很明显，密码可能包含的符号越多，密码长度越长，产生的字典文件就越大，破解该密码的难度就越大。

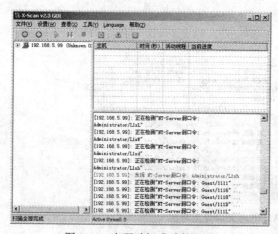

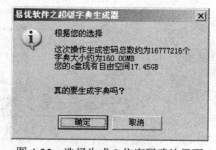

图 4-24　密码破解成功的界面

图 4-25　选择生成 8 位密码确认界面

因此，一个安全的用户账号密码应该具备如下特征：

- 禁止使用弱口令。
- 密码尽量长，超过 8 位。
- 利用数字、大写字母、小写字母、符号随机生成不同的密码。
- 经常更换密码。
- 不要保存密码。
- 不同地方使用不同的密码。

三、管理员账号的安全

管理员账号 Administrator 不能删除，也不能禁用，用户权限最高，是黑客破解密码的首选账号。因此，如何保证 Administrator 账号的安全是每一个网络管理人员必须考虑的问题，建议采用以下方法来确保 Administrator 账号的安全：

（1）将默认的 Administrator 账号改名，设置复杂密码，尽量把它伪装成普通用户，如 user12。

（2）为管理员创建一个普通权限用户，处理日常事物，真正的管理员账号只在管理网络时使用。

（3）创建一个陷阱账号，用户名为"Administrator"的本地账户，密码复杂、权限最低、并且已经禁用。

四、来宾账号安全

来宾账号 Guest 提供给临时访问网络用户使用，不能删除。如果被黑客利用，可能突破来宾用户权限，给系统带来安全隐患，如有些安全工具可以将来宾用户克隆成管理员。为了避免安全风险，建议对该账号做以下处理：

（1）将 Guest 账号改名，伪装为普通用户，如 user20。

（2）为 Guest 账号设置一个复杂的密码。

（3）停用 Guest 账号，需要时再启用。

（4）在 Guest 用户账号属性中，设置拒绝 Guest 账号远程访问，如图 4-26 所示。

（5）关闭远程控制。

在"Guest 属性"对话框中，关闭 Guest 账号的远程控制，如图 4-27 所示。

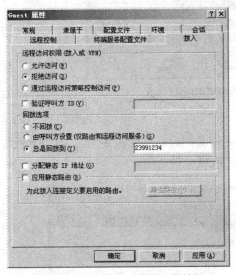
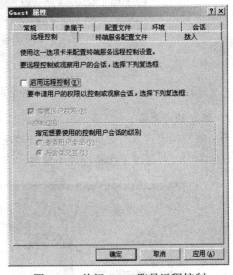

图 4-26　拒绝 Guest 账号远程访问　　　　图 4-27　关闭 Guest 账号远程控制

五、密码安全策略的设置

在本地安全策略中设置账户策略，强制用户必须按照设定规则设置用户账号。

1. 开启密码策略

开启密码策略可以保证密码的安全，密码策略在默认情况下都没有开启。图 4-28 是密码策略设置界面，其开启了"密码必须符合复杂性要求"，并要求设置最短密码长度为 8 位，密码最长使用期限为 42 天，密码最短使用期限为 10 天，强制记住 6 个历史密码，禁用可还原的加密来储存密码。

设置了密码安全策略后，修改 user1 密码，如果不符合上述规则，系统将提示如图 4-29 所示界面，无法修改密码。如果是新建一个用户，密码不符合设定的安全策略，将无法创建用户。

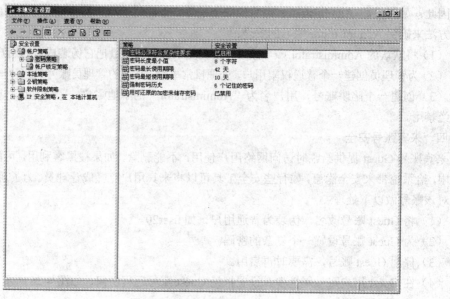

图 4-28 密码策略设置界面

图 4-29 密码不符合安全策略的报错界面

2. 账户锁定策略

开启账户策略可以有效地防止字典式攻击。图 4-30 是开启账户策略的界面。其设置系统允许用户登录 3 次，若超过 3 次验证还不通过，将账户锁定 30 分钟。

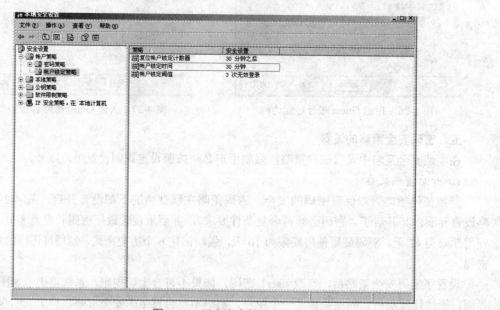

图 4-30 开启账户策略

（1）账户锁定阈值。此安全设置确定导致用户账户被锁定的登录尝试失败的次数。在管理员重置锁定账户或账户锁定时间期满之前，无法使用该锁定账户。可以将登录尝试失败次数设置为介于 0～999 之间的值。如果将值设置为 0，则永远不会锁定账户。默认值为 0。

（2）在此后复位账户锁定计数器。此安全设置确定在某次登录尝试失败之后将登录尝试失败计数器重置为 0 次错误登录尝试之前需要的时间。可用范围是 1～99999min。如果定义了账户锁定阈值，此重置时间必须小于或等于账户锁定时间。默认值为无。

（3）账户锁定时间。此安全设置确定锁定账户在自动解锁之前保持锁定的分钟数。可用范围从 0～99999min。如果定义了账户锁定阈值，则账户锁定时间必须大于或等于重置时间。默认值为无。

4.3.2　共享数据的安全

共享数据的安全可以通过设置共享权限、NTFS 权限、删除隐含共享来实现。

1．将所有分区都设置为 NTFS 格式

只有 NTFS 分区才能更好地发挥 Windows Server 2003 的安全保障作用。FAT 分区转化为 NTFS 分区的命令是：convert 盘符:/fs:ntfs。

2．删除默认的共享权限和 NTFS 权限

开启共享权限时，默认 Everyone 有读取的权限，如图 4-31 所示，应将其删除。

设置 NTFS 权限时，系统默认某些用户或者组拥有一定的权限，如图 4-32 所示，也应将其删除。直接删除时，系统会提示如图 4-33 所示的错误信息，表明该权限是从父系继承的权限，无法删除。

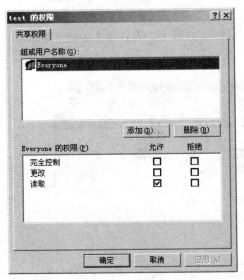

图 4-31　Everyone 的默认共享权限

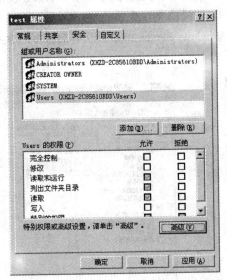

图 4-32　创建 NTFS 权限时的默认权限

图 4-33　报警对话框

　　必须在高级设置中，取消选中"允许父项的继承权限传播到该对象和所有子对象。包括那些在此明确定义的项目（A）"复选框，如图 4-34 所示，方可删除。

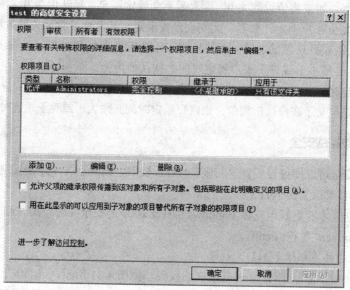

图 4-34　取消继承权限

3. 根据需要，合理设置共享权限和 NTFS 权限

　　为文件夹同时设置共享权限和 NTFS 权限，该文件夹将选取二者中最严格的权限。

4. 删除隐含共享

　　Windows Server 2003 默认开启很多隐含共享，如图 4-35 所示，存在很大的安全隐患，应将其删除。

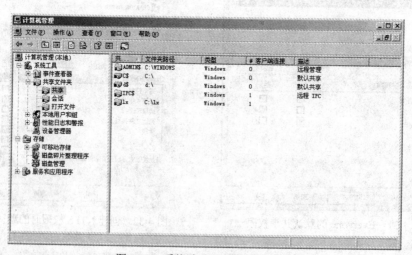

图 4-35　系统默认开启的隐含共享

4.3.3　安全策略配置

1. 关闭不必要的服务

系统默认开启了很多服务，为了减少系统的安全漏洞，建议关闭以下服务：

（1）Task Scheduler 服务。该服务使用户能在此计算机上配置和计划自动任务。

（2）Telnet 服务。允许远程用户登录到此计算机并运行程序，并支持多种 TCP/IP Telnet 客户端，包括基于 UNIX 和 Windows 的计算机。

（3）Terminal Services。允许用户以交互方式连接到远程计算机。远程桌面、快速用户切换、远程协助和终端服务器依赖此服务。

（4）Remote Registry 服务。远程用户能修改此计算机上的注册表设置。如果此服务被终止，只有此计算机上的用户才能修改注册表。

2. 关闭不必要的端口

与服务一样，开启了端口就开放了对应的功能。对于不用的端口，可以通过"本地安全策略"中的"IP 安全策略"或者在防火墙等安全工具中，通过定义规则关闭指定的端口。如图 4-36 所示，也可以在"TCP/IP 筛选"对话框中选择本机允许的端口，以实现关闭不必要的端口的目的。

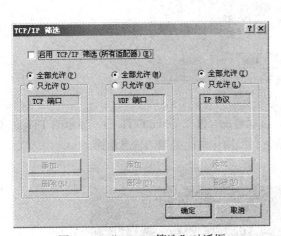

图 4-36　"TCP/IP 筛选"对话框

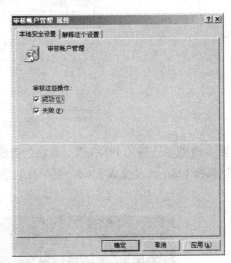

图 4-37　审核账户管理

3. 开启审核策略

安全审核是 Windows 2003 最基本的入侵检测方法，在"本地安全策略"中选择"审核策略"，根据系统需要，开启需要的审核策略。默认情况下，大多数审核策略是未开启的。图 4-37 是开启"审核账户管理"成功、失败事件的对话框。

4. 禁止判断主机类型

使用 PING 命令测试主机的连通性时，会显示 TTL。在命令行下 PING 一台 Windows Server 2003，显示如下信息：

C:\>PING 192.168.41.129

正在 Ping 192.168.41.129 具有 32 字节的数据：

来自 192.168.41.129 的回复: 字节=32 时间<1ms TTL=128

来自 192.168.41.129 的回复: 字节=32 时间<1ms TTL=128

来自 192.168.41.129 的回复: 字节=32 时间<1ms TTL=128

来自 192.168.41.129 的回复: 字节=32 时间<1ms TTL=128

192.168.41.129 的 Ping 统计信息：

数据包: 已发送 = 4,已接收 = 4,丢失 = 0 (0% 丢失),

往返行程的估计时间(以毫秒为单位)：

最短 = 0ms,最长 = 0ms,平均 = 0ms

　　以上信息表明，本机可以 PING 通 192.168.41.129，并且 TTL 值为 128。TTL 的含义是生存时间，用于指定数据包被路由器丢弃之前允许通过的网段数量。通过该数值可以粗略地判断对方所使用的操作系统。

　　为了避免被他人通过 PING 命令判断自己的操作系统类型，在 Windows Server 2003 中可以通过注册表修改 TTL 的值。具体方法如下：

　　修改主键 HKEY_LOCAL_MACHINE 的子键：

　　SYSTEM\CURRENT_CONTROLSET\SERVICES\TCPIP\PARAMETERS，新建一个双字节值 defaultTTL。例如，设置为十进制下的 60，如图 4-38 所示。修改后需将该计算机重新启动后，相关设置方可生效。

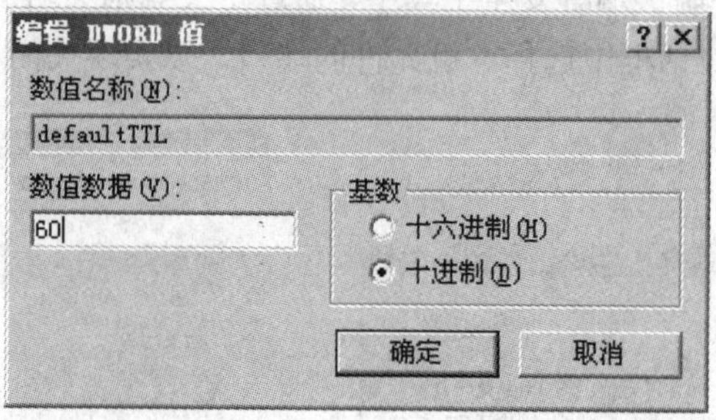

图 4-38　修改 TTL 值

　　图 4-39 是修改前后 PING 该计算机的界面，可以看出，修改 defaultTTL 后，显示的 TTL 值不再是默认的 128，而是变成了 60，可以有效地避免自己操作系统类型的信息泄露。

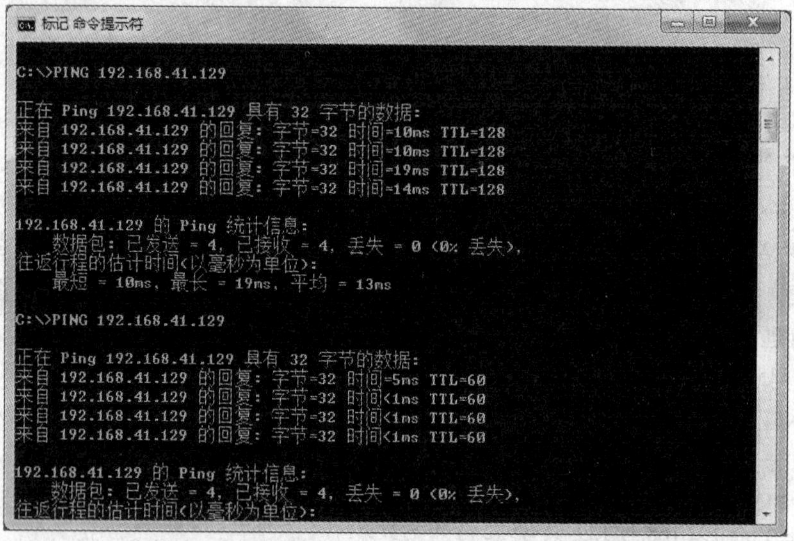

图 4-39　修改 TTL 值后使用 PING 命令测试界面

4.3.4　进程管理

　　进程是一个具有一定独立功能的程序关于某一数据集合的一次运行活动。简单地说，进程就是运行的程序。一个进程包含进程的状态、调度信息（决定将 CPU 分配给哪个进程）、进程标识符（PID，区分不同的进程）等属性信息。

一、利用"任务管理器"管理进程

图 4-40 是"Windows 任务管理器"的进程管理窗口，其管理的进程包括前台程序、后台服务，还有各种系统守护进程。

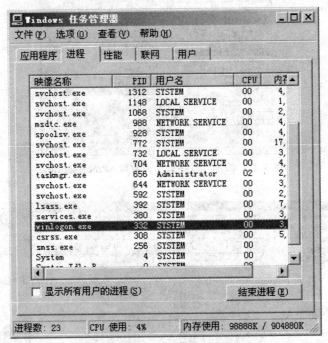

图 4-40　任务管理器管理进程窗口

利用任务管理器可以调整进程优先级、关闭进程，以及增减进程、查看项目等操作。图 4-40 中选中的进程 winlogon.exe 是 Windows 登录进程，存放着系统的登录账号相关信息。

二、利用命令管理进程

1. 查看本机进程命令：tasklist

使用 tasklist 命令查看本机进程，可以显示出进程名（映像名称）、PID 会话名、会话#、内存使用四部分信息。

2. 关闭进程的命令：taskkill

（1）方法一：taskkill /pid 进程号。

（2）方法二：taskkill /im 进程名。

三、利用性能工具管理进程

Windows Server 2003 的性能监视器从对象、计数器和实例三个方面来定义它收集的性能数据。性能监视器可以通过运行"管理工具"中的"性能"工具，或者直接运行 perfmon 命令来开启。

1. 利用系统监视器管理进程

示例：利用系统监视器管理"写字板"进程。

（1）运行"写字板"程序，系统将开启"写字板"进程。

（2）在"系统监视器"添加"写字板"计数器"%Processor Time"，如图 4-41 所示。% Processor Time 计数器是指所有进程线程使用处理器执行指令所花的时间百分比。

（3）查看添加计数器后的系统监视器，如图 4-42 所示。从图中可以看出，系统监视器已经添加了"写字板"计数器"%Processor Time"。

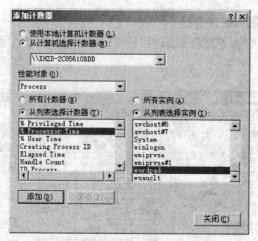

图 4-41　添加"写字板"计数器%Processor time

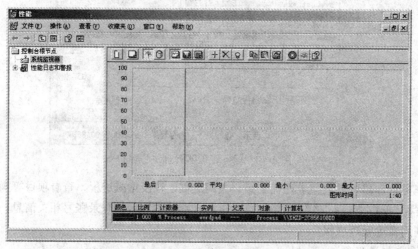

图 4-42　利用监视器查看"写字板"计数器

（4）在写字板中做一些文字编辑、排版操作，观察此时的系统监视器，如图 4-43 所示。

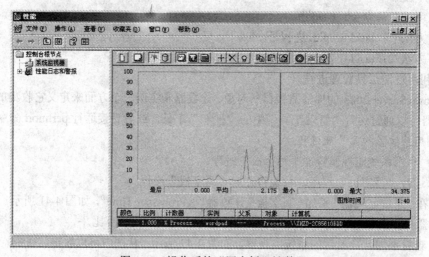

图 4-43　操作后的"写字板"计数器

从图中可以看出，系统监视器中的"写字板"计数器"%Processor Time 与图 4-42 相比，处理器执行指令所花的时间百分比明显加大。

2. 利用警报工具监视进程

示例：利用警报工具监视"写字板"进程，一旦% Processor Time 计数器超过 5，系统就报警。

（1）新建警报。在"性能"控制台中选择"性能日志和警报"，右击"警报"，在弹出的快捷菜单中选择"新建警报设置"命令，在弹出的对话框中输入警报名称。

（2）添加警报管理的计数器。如图 4-44 所示，从图中可以看出已添加"写字板"进程的%Processor Time 计数器，设置的触发警报值是超过 5。

（3）设置报警信息发送的对象。在"操作"选项卡中设置报警信息发送的对象，如图 4-45 所示。从图中可以看出，报警信息发往 192.168.41.129，并将报警信息记入应用程序日志备查。

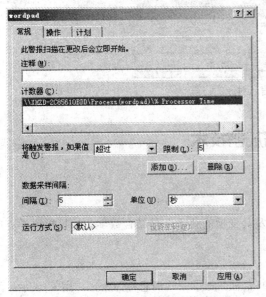

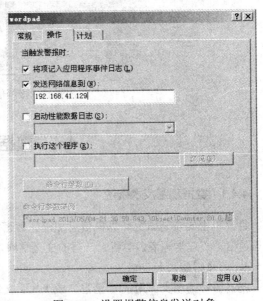

图 4-44　添加警报管理计数器　　　　　　图 4-45　设置报警信息发送对象

（4）触发警报。在写字板中做一些文字编辑、排版操作，很快就会触发报警值，系统弹出如图 4-46 所示的报警信息，图中表明"写字板"进程的 % Processor Time 计数器的值是 6.5625，超过 5 的限制。因此，通过信使服务发送报警信息。

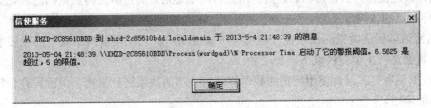

图 4-46　报警信息

（5）查看警报相关日志。打开事件查看器，查看应用程序日志中的相应日志信息件，如图 4-47 所示。图中显示该事件 ID 为 2031，该事件记录了"写字板"进程的%Processor Time 计数器的值是 6.5625，超过 5 的限制，触发了警报阈值。

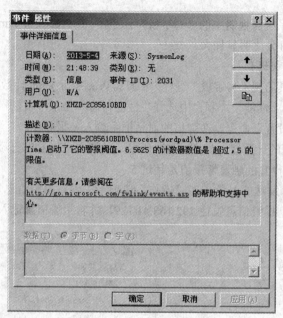

图 4-47　报警信息对应的日志

4.4　数据加密技术

4.4.1　数据加密技术概述

计算机密码学是研究计算机信息加密、解密及其变换的科学，是结合数学、计算机科学、电子与通信、心理学等诸多学科于一身的交叉学科。

1.　明文、密文和密钥

消息被称为明文，用 M（消息）或 P（明文）表示；加了密的消息称为密文，用 C 表示；为了有效地控制加密和解密算法的实现而设置的专门信息称为密钥，用 K 表示，密钥 K 的取值范围叫做密钥空间。

2.　加密提供的四种服务

在数据的传输过程中，为了保证数据的安全，将其原有数据信息进行编译，译成密文或密码的代码形式，该过程称为数据加密。数据传送到目的地址后，通过解密将数据信息转化为原有的形式，该过程称为数据解密。

数据加密可以保证数据的保密性，也可用于验证用户，它是实现网络安全的重要手段之一。一般来说，数据加密主要提供以下四种服务：

（1）数据保密性。通过使用特定的数学算法对传递的数据进行加密，保证只有合法接收者才能查看数据的原貌。

（2）数据完整性。应用哈希算法，判断数据在传递过程中是否被修改过，确保数据传输的安全性。

（3）认证。通过对数据应用非对称加密，为数据访问提供认证服务。

（4）不可否定性。在电子商务、金融服务等交易中，使用数字签名技术证明信息交换的发生，一旦确认，就不可否认。

4.4.2　对称加密技术

目前常用的加密技术主要有两种：对称加密和非对称加密。在对称加密中，数据发送方和接收方采用相同或者可以相互推导出来的密钥。尽管对称加密是一个简单的过程，但是数据传送的双方都必须完全相信对方，并且共同持有这个密钥的备份。图 4-48 是一个简单的对称加密过程。

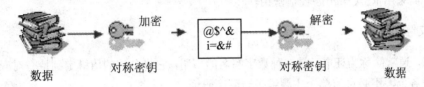

图 4-48　对称加密

对称加密的优点是有很强的保密强度，且能够经受住时间的检验和攻击，但其密钥必须通过一个安全的通道传输，如果它在传输过程被截取，那么这个密钥以及相关的重要信息就没有什么安全可言了。因此，在对称加密技术中，对称密钥的管理问题是保证加密成功的一个重要环节，既要将密钥传递给数据交换的双方，又要保证在传递过程中不被第三方截取。

DES 加密算法是对称加密技术影响力较大的一种加密方法。DES 算法将数据按照 64 位进行分组，使用 64 位密钥（其中第 8、16、24、32、40、48、56、64 位用作奇偶校验位，实际密钥长度为 56 位）通过 16 次迭代完成数据加密。DES 算法是公开的，其安全性主要依赖于密钥的安全。

为了进一步提高 DES 算法的安全性，三重 DES 算法、IDEA 算法对 DES 算法做了进一步改进，使之更加完善。

1. 三重 DES

三重 DES 采用 DES 加密算法，但使用两个 56 位密钥 K1、K2 执行三次 DES 加密来增强算法的强度。

2. IDEA 算法

IDEA 算法仍然采用 DES 加密算法，但在加密中使用三种不同的操作：异或、模加法、模乘法，并且采用 128 位密钥，安全性能较普通 DES 算法有了显著的提高。

4.4.3　非对称加密技术

非对称加密在加密的过程中使用一对密钥，数据发送方和接收方使用的密钥各不相同。一对密钥中一个用于加密，另一个用于解密，而且不可能从加密密钥推导出解密密钥，反之亦然。

这对密钥中用来向外公布的叫做公钥，另一个需要安全保护的是私钥。图 4-49 显示的就是一个简单的非对称加密流程。

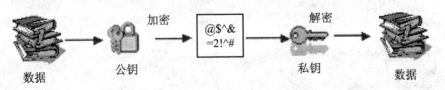

图 4-49　非对称加密

非对称加密适应了网络开放性的要求，特别是在互联网上通信。将公钥公开，保护好私钥，可以方便地在网络中实现数据加密、密钥管理、数字签名和身份验证等操作。

由于非对称加密采用复杂的数学运算程序，其显著的缺点就是加密的速度非常慢。目前比较著名的非对称加密算法有 RSA、McEliece 密码、Rabin、Eigamal、Diffe-Hellman、Ong-Fiat-Shamir、椭圆曲线等。RSA 算法被认为是现在理论上最为成熟、完善的一种非对称加密算法，由于加密、解密的速度非常慢，其很少用于加密，多用于数字签名、密钥管理和认证等方面应用。在实际应用过程中，人们通常将对称加密技术和非对称加密技术结合起来使用。例如，利用 DES 或者 IDEA 来加密信息，而采用 RSA 来传递会话密钥。

4.4.4 文件加密

公钥证书，通常简称为证书，是一种数字签名的声明，它将公钥的值绑定到持有对应私钥的个人、设备、服务上，不必再为单个主题维护一套密码证。

证书只有在指定的期限内才有效，一旦到了证书的有效期，到期证书的主题就必须申请一个新的证书。因为证书通常用来为实现安全的信息交换建立身份并创建信任，所以证书颁发机构（CA）可以把证书颁发给人员、设备（如计算机）和计算机上运行的服务。

在 Windows 系统中，针对 NTFS 文件系统提供了文件加密的安全性能，文件加密应用了证书技术，通过公钥对的身份验证，来保证只有合法用户才能打开加密的文件。图 4-50 是在 NTFS 分区中创建的一个文本文件，下面采用证书加密技术来实现文件的安全访问。

图 4-50　在 NTFS 分区中创建的一个文本文件

1. 加密文件

右击文件所在的目录，在弹出的快捷菜单中选择"属性"命令，在弹出的对话框中单击"高级"按钮，在图 4-51 所示的"高级属性"对话框中，选中"加密内容以便保护数据"复选框，单击"确定"按钮，完成加密操作。图 4-52 是加密后文件显示的效果。从图中可以看出，加密的文件以绿色标识。

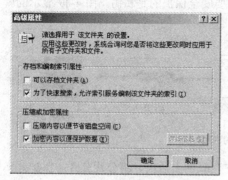

图 4-51　设置加密属性

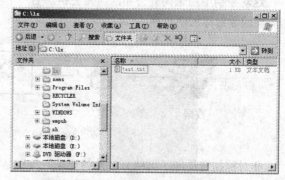

图 4-52　加密后文件的效果

2．导出证书

运行 certmgr.msc 程序，打开证书管理工具，如图 4-53 所示。在个人证书中可以看见当前用户创建的证书，右击当前用户（Administrator），在弹出的快捷菜单中选择"所有任务"命令，在弹出的对话框中单击"导出"按钮，出现"证书导出向导"对话框。

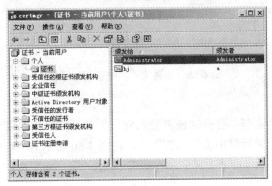

图 4-53　证书管理工具窗口

选择将私钥与证书一起导出，设置导出的文件格式为"个人交换信息"，并选中"启用加强保护"复选框，如图 4-54 和图 4-55 所示。

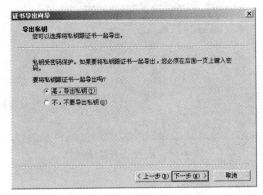

图 4-54　"导出私钥"对话框

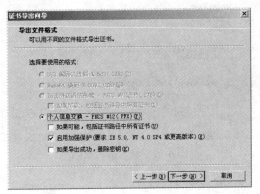

图 4-55　"导出文件格式"对话框

接下来设置密码保护私钥，指定导出文件的文件名及存放位置，如图 4-56 和图 4-57 所示，单击"下一步"按钮，系统提示"导出成功"，完成证书的导出操作。

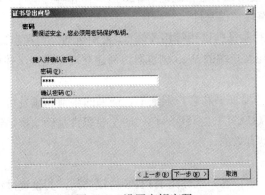

图 4-56　设置密钥密码

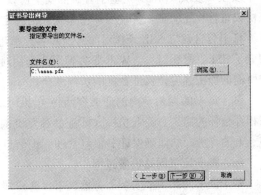

图 4-57　指定导出文件

3．验证文件的加密性能

注销当前用户，更换用户重新登录系统，测试其他用户对该加密文件的访问。打开该文件时，系统弹出如图 4-58 所示的警告对话框，拒绝当前用户访问该文件。

图 4-58　加密文件拒绝访问对话框

4．导入证书

双击打开刚才导出的证书，打开"证书导入向导"对话框，指定要导入的文件，单击"下一步"按钮，在图 4-59 所示对话框中输入私钥密码，在图 4-60 所示对话框中选择证书存储的系统区域，默认为"根据证书类型，自动选择证书存储"。单击"下一步"按钮，系统弹出"导入成功"提示框，完成导入操作。

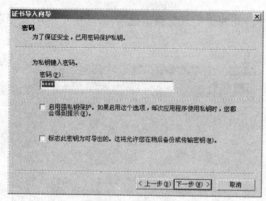

图 4-59　输入密钥密码

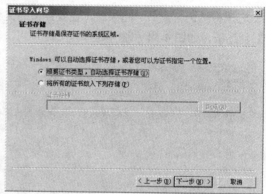

图 4-60　选择证书存储区域

5．验证访问性能

重新打开刚才拒绝访问的加密文件，由于拥有其证书，文件能够正常打开。

4.4.5　证书网站的配置

安全套接层（SSL）是基于公钥的安全协议，使用证书进行验证。Web 服务器和客户端可使用该协议进行相互验证，并使用加密来保证消息完整性和保密性。

证书包含建立 SSL 连接对服务器和客户端进行验证的密钥等相关信息，密钥包括公钥和私钥，构成了 SSL "密钥对"。Web 服务使用此密钥对与客户端的 Web 浏览器协商建立安全连接，并指定所需的加密强度，保证数据的访问安全。

基于证书的网站使用的证书有两种类型：服务器证书和客户端证书。证书的申请和颁发可以从相互信任的第三方商业机构（即证书颁发机构（CA））处获取，CA 的主要职责是确认申请证书一方的身份，从而确保证书中包含的标识信息是有效的。

一、基于证书网站设置过程

基于证书网站需要安装服务器证书、客户端证书，客户端使用 HTTPS 协议访问，其设置过程如图 4-61 所示。

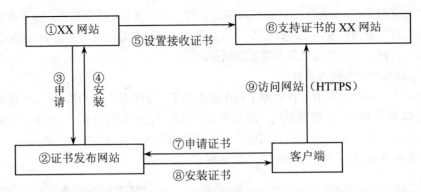

图 4-61　基于证书网站设置过程示意图

二、基于证书网站的操作步骤

1. 安装证书服务组件

在控制面板中运行"添加/删除程序",单击"添加/删除组件",在"Windows 组件向导"对话框中选中"证书服务"复选框,如图 4-62 所示。系统提示安装证书服务后,计算机名和域成员身份都不能更改,因此,在安装证书服务前,要确认配置了正确的计算机名和域成员身份。

单击"下一步"按钮,继续安装。接下来需要选择 CA 类型,有四种 CA 类型可供选择,如图 4-63 所示。

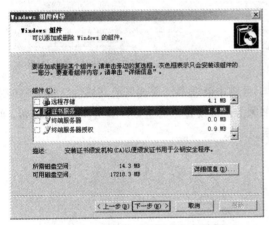

图 4-62　选中"证书服务"复选框

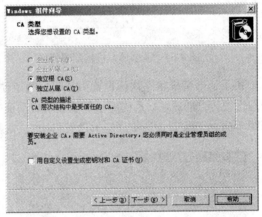

图 4-63　选择 CA 类型

● 企业根 CA

证书层次结构中的最高级 CA,要求系统安装 Active Directory 目录服务。它自我签发自己的 CA 证书,并使用组策略将该证书发布到域中的所有服务器和工作站的受信任的根证书颁发机构的存储区中。

● 企业从属 CA

企业从属 CA 从其他 CA 获得 CA 证书,要求系统安装 Active Directory 目录服务。

● 独立根 CA

独立根 CA 是证书层次结构中的最高级 CA,不需要安装 Active Directory 目录服务。

● 独立从属 CA

独立从属 CA 从其他 CA 获得 CA 证书,不需要安装 Active Directory 目录服务。

选中"独立根 CA"单选项，如图 4-63 所示。接下来设置 CA 识别信息，输入证书数据库、数据库日志和配置信息的位置，系统提示要完成安装，证书服务必须暂时停止 Internet 信息服务，单击"下一步"按钮，开始安装"证书服务"组件。

2. 设置证书颁发机构的属性

安装"证书服务"组件后，在管理工具中就添加了"证书颁发机构"，进入"证书颁发机构"，出现如图 4-64 所示的"证书颁发机构"配置窗口。右击"证书颁发机构"，在弹出的快捷菜单中选择"属性"命令，在图 4-65 所示的"属性"对话框界面中选择"策略模块"选项卡，单击"属性"按钮，进入如图 4-66 所示的"请求处理"对话框。

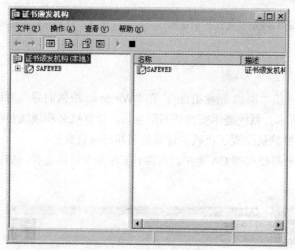

图 4-64　证书颁发机构配置界面

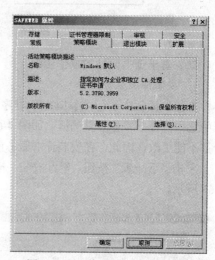

图 4-65　证书颁发机构属性界面

由于证书请求状态默认设置为挂起，为了便于尽快申请证书，需要修改其属性，将证书请求处理设置为自动颁发。系统提示需要重新启动证书服务，该设置方可生效，单击"确定"按钮，回到图 4-64 所示窗口，选中"证书颁发机构"，重新启动服务。

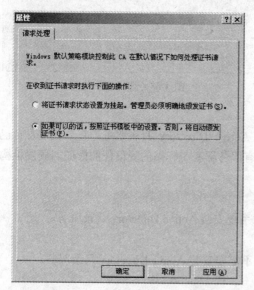

图 4-66　"请求处理"对话框

图 4-67　发布测试证书的 Web 站点 lx

3. 创建用于测试证书的 Web 站点

新建一个网页，在 IIS 新建 Web 站点，将其在网络中发布，如图 4-67 所示。

4. 创建一个用于证书发布的站点

为了便于识别，将该站点的名称设置为"证书发布"，端口设置为 85（可以设置为其他可用端口）。由于 Web 站点内容是安装"证书服务"组件后，系统自带生成的 ASP 程序，因此其主目录不能随意指定，其默认路径为 Windows 下的 system32 文件夹，并且需要脚本访问权限，如图 4-68 所示。

图 4-68　设置证书发布站点权限

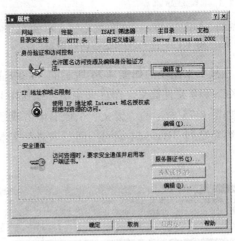

图 4-69　"目录安全性"选项卡

5. 测试证书站点，生成申请文件

右击测试证书的 Web 站点，在弹出的快捷菜单中选择"属性"命令，在弹出的对话框中的"目录安全性"选项卡中单击"安全通信"区域的"服务器证书"按钮，如图 4-69 所示。进入"IIS 证书向导"对话框，选择新建证书，输入申请证书的单位信息，在图 4-70 所示界面中输入证书请求的文件名，生成证书申请文件，系统默认证书申请文件名为 certreq.txt。证书申请文件内容如图 4-71 所示。

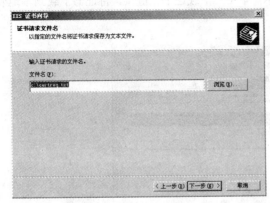

图 4-70　生成证书申请文件

图 4-71　证书申请文件内容

6. 下载 Web 站点证书

访问证书发布站点，如图 4-72 所示，选择申请一个证书，出现选择证书类型窗口，如图 4-73 所示，选择高级证书申请，申请 Web 站点证书。

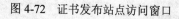

图 4-72　证书发布站点访问窗口

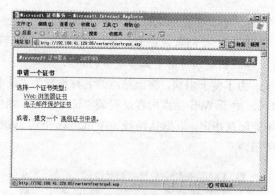

图 4-73　选择证书类型窗口

在接下来出现的如图 4-74 所示的"高级证书申请"窗口中，单击"使用 base64 编码的 CMC 或 PKCS #10 文件提交一个证书申请，或使用 base64 编码的 PKCS #7 文件续订证书申请。"链接，弹出如图 4-75 所示的"提交一个证书申请或续订申请"窗口，将图 4-71 中的申请文档 certreq.txt 的内容复制到"Base-64 编码的证书申请"文本框中，单击"提交"按钮，提交证书申请文件。

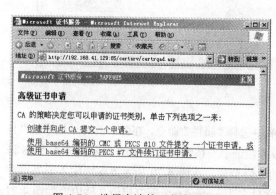

图 4-74　选择申请的证书类别窗口

图 4-75　提交证书申请窗口

选择证书编码为 Base64 编码，如图 4-76 所示，单击"下载证书"链接，将证书下载到本地硬盘，默认路径为桌面，默认文件名为 certnew.cer。

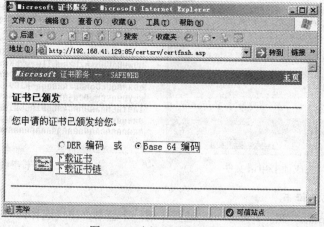

图 4-76　选择证书编码窗口

7. 安装 Web 站点证书

右击测试证书的 Web 站点，在弹出的快捷菜单中选择"属性"命令，在弹出的对话框中的"目录安全性"选项卡中单击"服务器证书"按钮，进入"挂起的证书请求"对话框，如图 4-77 所示，选中"处理挂起的请求并安装证书"单选项，单击"下一步"按钮，进入"处理挂起的请求"对话框，如图 4-78 所示，输入下载的证书文件 certnew.cer 的路径。

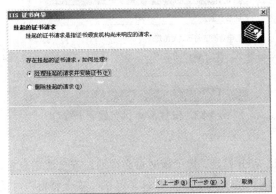

图 4-77　"挂起的证书请求"对话框

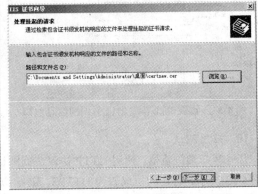

图 4-78　"处理挂起的请求"对话框

单击"下一步"按钮，进入"SSL 端口"对话框，如图 4-79 所示，输入该网站使用的 SSL 端口，默认端口为 443。

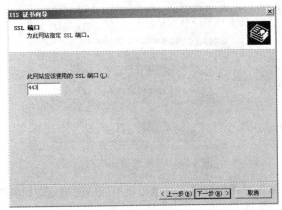

图 4-79　输入 SSL 端口值

图 4-80　设置安全通信

8. 设置 Web 站点安全通信

右击测试证书的 Web 站点，在弹出的快捷菜单中选择"属性"命令，在弹出的对话框的"目录安全性"选项卡中，单击"安全通信"项目中的"编辑"按钮，进入"安全通信"对话框，如图 4-80 所示。选中"要求安全通道"复选框和"要求客户端证书"单选项，则只有使用有效客户端证书的客户可以访问该测试网站，保护传输数据的安全。

9. 申请和安装客户证书

访问证书发布站点，在图 4-73 所示的窗口中选择"Web 浏览器证书"，出现"Web 浏览器证书-识别信息"窗口，要求输入客户端信息，以便识别用户身份。输入客户端相关信息，单击"提交"按钮，系统弹出一个"潜在的脚本冲突"窗口，提示只允许信任的网站为您请求证书。单击"是"按钮，在图 4-82 所示的窗口中单击"安装此证书"链接，将客户端证书安装完成。

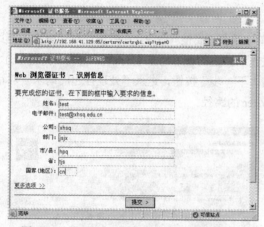

图 4-81　设置 Web 浏览器证书识别信息窗口

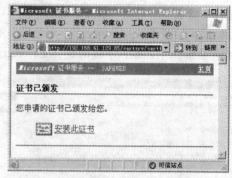

图 4-82　安装 Web 浏览器证书窗口

10.　应用测试

打开客户端浏览器，使用 HTTP 协议访问测试 Web 站点，提示该网页必须通过安全通道查看，如图 4-83 所示。将访问协议改为 HTTPS，继续访问，系统弹出如图 4-84 所示的"安全警报"对话框，单击"是"按钮。

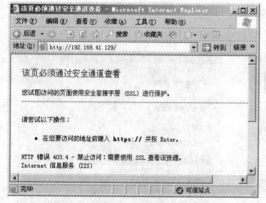

图 4-83　提示安全频道查看窗口

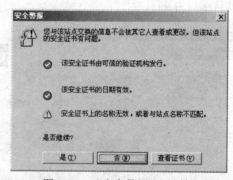

图 4-84　"安全警报"对话框

从图 4-85 中选择正确的客户端数字证书，单击"确定"按钮，就可以用证书正确地访问测试 Web 站点了，如图 4-86 所示。

图 4-85　选择数字证书窗口

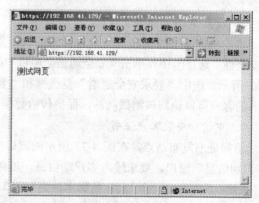

图 4-86　使用 HTTPS 协议访问测试 Web 站点的窗口

三、客户端证书的导出和导入

在图 4-82 中安装好的客户端证书可以导出，在其他计算机上使用，其操作方法如下。

1. 查看需导出的证书

运行 IE 的"工具"菜单中的"Internet 选项"命令，在弹出的对话框中选择"内容"选项卡，如图 4-87 所示。

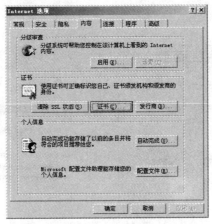

图 4-87　"内容"选项卡

单击"证书"区域中的"证书"按钮，将弹出如图 4-88 所示的"证书"对话框，该对话框列出其拥有的所有证书，选择"个人"选项卡，显示出前面安装的 Web 网站客户端浏览器证书。单击"查看"按钮，可以查看该证书的具体信息，如图 4-89 所示。

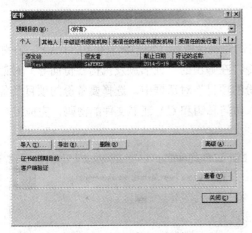

图 4-88　"证书"对话框

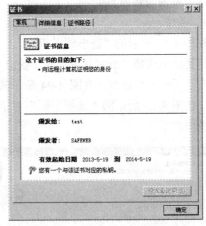

图 4-89　查看证书常规信息

2. 导出证书

在图 4-88 中单击"导出"按钮，进入"证书导出向导"对话框，选择导出文件格式为 Base64 编码 X.509（CER），指出要导出的文件名，如图 4-90、图 4-91 所示。单击"下一步"按钮，完成客户端证书的导出。

3. 导入证书

在图 4-88 中单击"导入"按钮，进入"证书导入向导"对话框，指定要导入的文件及导入的证书存储的系统区域，默认为个人，如图 4-92、图 4-93 所示。单击"下一步"按钮，完成导入证书操作。

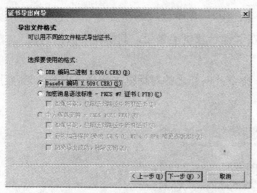

图 4-90　"导出文件格式"对话框

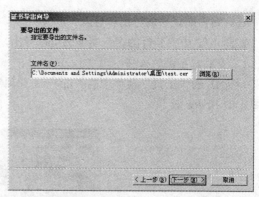

图 4-91　"要导出的文件"对话框

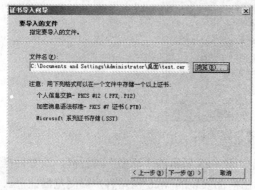

图 4-92　"要导入的文件"对话框

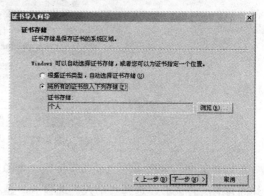

图 4-93　"证书存储"对话框

四、备份与还原 CA

1. 备份 CA

在图 4-64 所示的"证书颁发机构"窗口中，右击控制台中的"证书颁发机构（CA）"，在弹出的快捷菜单中选择"所有任务"→"备份 CA"命令，在弹出的"证书颁发机构备份向导"对话框中单击"下一步"按钮，在图 4-94 所示的"要备份的项目"对话框中，选择要备份的项目及备份位置，在图 4-95 所示的"选择密码"对话框中输入访问私钥和 CA 证书文件的密码，完成 CA 的备份操作。

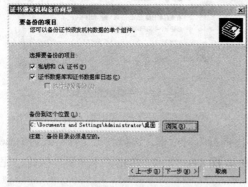

图 4-94　选择"要备份的项目"

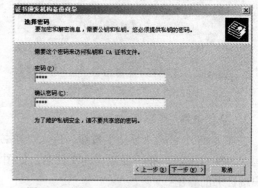

图 4-95　设定访问私钥和证书文件的密码

2. 还原 CA

在图 4-64 所示的"证书颁发机构"窗口中，右击控制台中的"证书颁发机构（CA）"，在弹出的快捷菜单中选择"所有任务"→"还原 CA"命令，系统弹出如图 4-96 所示对话框，提示还原操作需要停止证书服务，单击"确定"按钮。

图 4-96　提示停止证书服务

在弹出的如图 4-97 所示的"要还原的项目"对话框中，选择要还原的项目及还原位置，在图 4-98 所示的"提供密码"对话框中输入访问私钥和 CA 证书文件的密码，完成证书颁发机构还原向导操作。

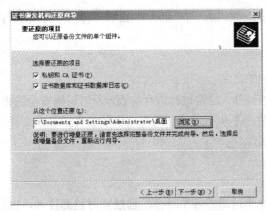

图 4-97　"要还原的项目"对话框

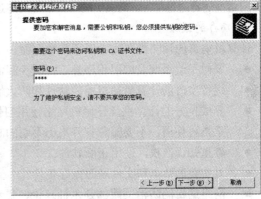

图 4-98　输入还原密码

回到"证书颁发机构"窗口，右击控制台中的"证书颁发机构（CA）"，在弹出的快捷菜单中选择"所有任务"→"启动服务"命令，完成 CA 还原操作。

4.5　计算机病毒、木马与防火墙

4.5.1　计算机病毒简介

计算机病毒是人为编制的可以自我复制的计算机程序，其干扰计算机正常运行并造成计算机软硬件故障，破坏计算机数据。计算机病毒在形式上多种多样，造成的危害也五花八门。

随着计算机的发展，计算机病毒传播的途径也从单机到了网络。既可以通过各种存储介质传播，如 U 盘、光盘、软盘、硬盘、存储卡等，也可以通过网络传播，如网络邮件、网页浏览、局域网传输、远程攻击、网络下载等。在网络传输途径中，网络邮件和网页浏览占了很大的比例。

1. 病毒的特点

不同的计算机病毒在引导方法、传播方式、感染目标、激活条件、危害形式、危害的大小上都有着很大的差异。计算机病毒具有破坏性、传染性、隐蔽性、潜伏性、可触发性、针对性、非授权性、不可预见性等特点。

2. 病毒的分类

现在的病毒种类繁多，既有破坏软件的，又有破坏硬件的；既有感染文本文件的，又有感染可执行文件的；既有恶作剧类型的，又有彻底破坏，不可逆转型的；既有定期发作的，也有随时发作的。通常将计算机病毒分为四种：系统引导型病毒、文件型病毒、复合型病毒、网络型病毒。

（1）系统引导型病毒。

专门感染软盘、U盘、硬盘主引导扇区的计算机病毒程序。一般来说会造成系统无法正常启动。

（2）文件型病毒。

文件型病毒是一种寄生病毒，通过操作系统的文件系统进行感染，感染的文件类型主要有COM、EXE、BIN、BAT、SYS、DLL等，通常采用将病毒代码整段落或分散插入到这些文件的空白字节中的方法来加载。

（3）复合型病毒。

复合型病毒既可以感染系统的引导扇区文件，又可以感染可执行文件。

（4）网络型病毒。

网络型病毒通过邮件、网页、网络共享等网络途径来传播，与单机病毒相比，具有更大的危害性。

3．病毒的预防

计算机病毒的预防需要注意以下几个方面：

- 及时下载系统及应用程序补丁，减少漏洞的产生。
- 运行实时的计算机病毒监控软件和防火墙软件，经常进行内存检查，及时清除安全隐患。
- 养成良好的计算机及计算机网络使用习惯，不从不受信任的网站下载软件，外来文件先杀毒再使用，不要随意打开来历不明的邮件。
- 尊重知识产权，使用正版软件。
- 对重要的数据和文件及时做好备份。
- 网络病毒的防治采用的是木桶理论，贯穿于网络的各个环节。通过实时监测技术，以较小的资源占用，达到全网防治的目的。将网络病毒的防治与网络管理集成，融入网络安全体系，建立多层防御，将病毒检测、多层数据保护和集中式管理功能集成起来，安装网络防病毒系统，提供全面的病毒防护功能。

4.5.2　计算机木马

木马是驻留在对方系统中的程序，是具有远程控制功能的黑客工具，其由服务器端程序和客户端程序组成，在入侵计算机上安装的是服务器端程序，黑客计算机上安装的是客户端程序，其具有隐蔽性、潜伏性、危害性、非授权性等特点。木马不仅具有后门的非授权进入系统的功能，而且具备远程控制的能力，对网络系统危害极大。

1．木马的种类

根据木马的功能，可将木马分为远程访问型、窃取密码型、破坏型和扩充型等。

- 远程访问型：通过开放端口和事先设置好的密码就能远程访问和控制。
- 窃取密码型：记录被入侵者的所有键盘操作，或者专门收集有关密码信息，并将有关信息发送到指定的邮箱内。
- 破坏型：删除文件、破坏系统。
- 扩充性：开放一个端口，暂时不做操作，为今后进一步入侵做好准备。

2．木马攻击过程

（1）配置木马。

为了使木马不被识别，黑客经常对木马进行伪装和配置，如将木马的文件名设置为一个友好的文件名、将木马文件与可执行文件、文本文件捆绑、定制木马运行端口、设置木马安装后自我销毁、设置发送中木马计算机在线消息的 QQ 和 E-mail 等。图 4-99 是某木马设置邮件通知对话框。

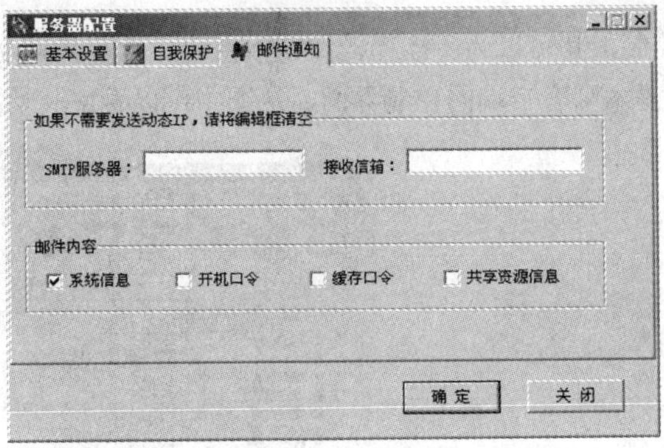

图 4-99 某木马设置邮件通知对话框

（2）传播木马。

黑客通过直接植入、E-mail 夹带、欺骗下载、文件捆绑、交互脚本、系统漏洞等多种方式进行木马的传播。

（3）运行木马。

木马发挥作用有三个要素：需要一种启动方式、在内存运行、设置特定端口以便与木马联系。

1）设置木马程序自动运行，常用的方法有设置注册表、win.ini 文件、system.INI 文件、autoexec.bat 文件、启动组、文件捆绑等。然后通过各种方法使计算机瘫痪，从而不得不重启计算机。

2）端口设置。每个木马都有一个端口，用于与木马联系，很多木马都是 1000 以上的端口，但是也有些木马利用系统的通用端口，如 80 端口，欺骗性更强。图 4-100 显示计算机开启了 7626 端口，该端口是冰河的默认端口。

图 4-100 查看本机开启端口

（4）信息泄露。

黑客利用 E-mail、QQ 等多种方式，使得中木马的计算机一联入网络，他能第一时间知道。

（5）建立连接。

在双方均在线的情况下，黑客利用客户端程序，通过木马端口及其设置的连接木马密码，就可以与中木马的计算机建立连接。图4-101是搜索中木马计算机的界面，图中显示已搜索到一台中木马的计算机，其IP为192.168.1.1。

（6）远程控制。

一旦计算机被黑客控制，其可以为所欲为，如窃取密码、执行各种文件操作、修改注册表、修改系统等操作。图4-102是木马客户端的控制界面，从图中可以看出其功能强大，危害性可想而知。

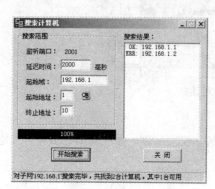

图4-101　搜索中木马的计算机窗口

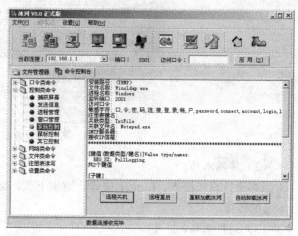

图4-102　某木马客户端控制界面

3. 木马的发现

木马的发现既可以用木马查杀工具查看，也可以从系统表现的一些现象进行判断，主要有以下几种：

（1）系统的异常情况。系统反应速度变慢，系统中多出一些来历不明的文件。特别应该注意临时文件夹temp，建议经常清理该文件夹。

（2）打开文件，没有任何反应。

（3）查看打开的端口。发现系统开启了一些可疑端口，并且外部计算机与该端口有数据传输，可以通过命令netstat -a -n查看本机开启的端口及端口与外界的连接。下面是某台计算机执行该命令后显示的内容：

```
C:\>netstat -a -n
活动连接
    协议      本地地址                外部地址              状态
    TCP     0.0.0.0:135             0.0.0.0:0            LISTENING
    TCP     0.0.0.0:445             0.0.0.0:0            LISTENING
    TCP     0.0.0.0:912             0.0.0.0:0            LISTENING
    TCP     0.0.0.0:990             0.0.0.0:0            LISTENING
    TCP     0.0.0.0:2869            0.0.0.0:0            LISTENING
    TCP     127.0.0.1:5679          0.0.0.0:0            LISTENING
    TCP     127.0.0.1:7438          0.0.0.0:0            LISTENING
    TCP     127.0.0.1:49179         127.0.0.1:49180      ESTABLISHED
    TCP     127.0.0.1:49180         127.0.0.1:49179      ESTABLISHED
    TCP     192.168.41.1:139        0.0.0.0:0            LISTENING
    TCP     192.168.41.1:49181      192.168.41.129:445   ESTABLISHED
    TCP     192.168.189.1:139       0.0.0.0:0            LISTENING
    ............
```

粗体显示的一行信息表明,计算机 192.168.41.129 利用 445 端口与本机 49181 端口建立了连接。

（4）检查注册表。发现注册表是否被修改,文件是否被捆绑。图 4-103 显示的是在注册表中查看到某文件与文本文件捆绑,有可能是木马文件。

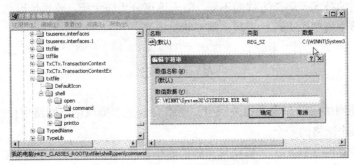

图 4-103　注册表中文件捆绑的窗口

（5）查看进程中是否有一些可疑进程被开启。

4. 木马的清除

通过防火墙的安全设置,可以有效地避免木马的攻击,利用杀毒软件、木马专杀工具、手工清除木马进程文件及捆绑、下载木马客户端自动卸载等方法可以将木马有效地清除。在图 4-102 所示的木马客户端程序中,可以单击“自动卸载冰河”按钮,卸载冰河木马。

4.5.3　防火墙

当内部网与因特网互联后,一方面可以充分利用因特网的各种网络资源,即 Web 网站浏览、邮件的收发、文件的上传与下载、网上聊天、网络游戏、网络教学、网络海量数据共享等;另一方面,内部网络也暴露在开放的因特网中,给网络入侵者带来方便,给内部网络带来极大的安全隐患。目前常用的安全防范措施就是配置装防火墙。

防火墙是一类防范措施的总称,它类似于建筑行业中的防火墙。可以防止外部网络上的危险在内部网络上蔓延。在计算机网络中,防火墙实际上就是一个或者一组硬件设备,它使得内部网络与外部网络之间互相隔离,限制网络互访,只允许合法用户访问网络资源,拒绝了未授权用户的访问,有效地保护内部网络,如图 4-104 所示,防火墙放置于两个网络之间（图中为企业内部网与因特网）,通过实施相应的访问控制策略,实现数据的安全传输。

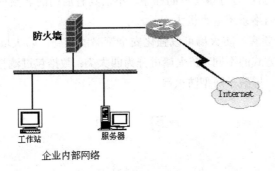

图 4-104　防火墙

防火墙有软件防火墙与硬件防火墙之分,软件防火墙采用软件实现,价格较便宜,其通过设置数据包传递规则来实现数据包过滤。硬件防火墙采用专门的硬件和操作系统,通过硬件和软件相结合，采用多种技术，如 NAT 技术、VPN 技术、代理技术、状态检查技术等来保证网络安全，硬件防火墙一般价格较贵。

防火墙处于 OSI 协议的网络层，是网络安全的最底层，用来负责网络间的安全认证与传输。根据防火墙所采用的技术及防范方式的不同，防火墙可分为四大类：数据包过滤型防火墙、多宿主网关防火墙、屏蔽主机型防火墙、屏蔽子网型防火墙等。

小　结

本章主要介绍网络安全理论及相关应用。网络安全是木桶理论，网络中任何一个环节出现问题都可能影响到整个网络的安全。

网络安全评价标准（TCSEC）将操作系统的安全等级由低到高分成了 D、C1、C2、B1、B2、B3、A1 七个等级。

防雷技术、磁盘阵列（RAID）技术、服务器集群技术、备份技术、共享权限、NTFS 权限的应用保证网络数据的安全。

在 Windows 2003 Serever 中，每个用户账号都有唯一的一个安全标识符（SID），SID 用来标识一个用户或组，具有唯一性。一个安全的用户账号的密码应该不使用弱口令，长度超过 8 位，符合密码复杂性要求，经常更换密码，不保存密码并且在本地安全策略中设置账户策略，强制用户必须按照设定规则设置用户账号。

进程是一个具有一定独立功能的程序关于某一数据集合的一次运行活动。简单地说，进程就是运行的程序。可以利用命令、任务管理器、性能工具管理进程。

目前常用的加密技术主要有对称加密和非对称加密。在对称加密中，数据发送方和接收方采用相同或者可以相互推导出来的密钥。非对称加密在加密的过程中使用一对密钥，数据发送方和接收方使用的密钥各不相同。一对密钥中一个用于加密，另一个用于解密，而且不可能从加密密钥推导出解密密钥；反之亦然。在实际应用过程中，人们通常将对称加密技术和非对称加密技术结合起来使用。本章通过文件加密和基于证书的网站两个实际案例，加深读者对加密技术的理解。

计算机病毒是人为编制的可以自我复制的计算机程序，其干扰计算机正常运行并造成计算机软硬件故障，破坏计算机数据。计算机病毒传播既可以通过各种存储介质传播（如 U 盘、光盘、软盘、硬盘、存储卡等），也可以通过网络传播（如网络邮件、网页浏览、局域网传输、远程攻击、网络下载等）。木马是驻留在对方系统中的程序，不仅具有后门的非授权进入系统的功能，而且具备远程控制的能力，对网络系统危害极大。

防火墙是网络安全要塞，防火墙可以强化安全策略的实施，防火墙具有日志功能。根据防火墙所采用的技术及防范方式的不同，防火墙可分为四大类：数据包过滤型防火墙、多宿主网关防火墙、屏蔽主机型防火墙、屏蔽子网型防火墙。

习　题

一、填空题

1. 网络安全是指网络系统的硬件、软件及其系统中的数据受到保护，不受偶然的或者恶意的原因而遭到破坏、更改、泄露，确保系统能连续、可靠、正常地运行，_____不中断。

2．_____将操作系统的安全等级由低到高分成了 D、C1、C2、B1、B2、B3、A1 七个等级。

3．目前常用的加密技术主要有两种：_____和_____。

4．_____加密算法是对称加密技术影响力较大的一种加密方法。该算法将数据按照_____位进行分组。

5．安全套接层（SSL）是基于_____的安全协议，使用证书进行验证。Web 服务器和客户端可使用该协议进行相互验证，并使用加密来保证消息完整性和保密性。

6．_____是唯一没有数据冗余功能的 RAID 技术，如果磁盘阵列中一块硬盘出现问题，则阵列中的所有数据都将丢失。

二、判断题

1．网络安全具备 5 个要素，分别是保密性、完整性、可用性、不可否认性、可控性。
　　　　　　　　　　　　　　　　　　　　　　　　　　　　　　　　（　　）

2．采用 RAID3 和 RAID5 都是最少需要两块硬盘，硬盘的使用效率是$(n-1)/n$。（　　）

3．Telnet 使用明文在网络上传送口令和数据，易受 Sniffer 侦听，其安全验证方式也是很容易受到"中间人"方式的攻击。采用 SSH 技术可以解决该问题。　　　　　（　　）

4．用户 SID 的唯一性是指删除一个用户后再重新创建该用户，SID 不变。　（　　）

5．为了避免被别人通过 PING 命令判断自己的操作系统类型，可以使用注册表修改自己的 TTL 值。　　　　　　　　　　　　　　　　　　　　　　　　　　（　　）

6．非对称加密在加密的过程中使用一对密钥，数据发送方和接收方使用的密钥各不相同。一对密钥中一个用于加密，另一个用于解密，而且不可能从加密密钥推导出解密密钥；反之亦然。
　　　　　　　　　　　　　　　　　　　　　　　　　　　　　　　　（　　）

三、论述题

1．什么是 RAID？常用的 RAID 技术有几种？各有什么特点？

2．什么是计算机病毒？其如何传播和预防？

四、操作题

1．使用工具验证用户账号 SID 的唯一性。

2．使用工具完成本机 C 盘中 TEST 文件夹的备份与还原。

3．将第 4 章操作题中的 Web1 网站设置为支持证书的网站。

第 5 章　网络综合布线技术

💬 知识点：

- 综合布线系统的组成
- 综合布线系统的测试

⚡ 难点：

- 综合布线系统的组成

◆ 要求

熟练掌握以下内容：

- 综合布线系统的组成
- 双绞线的测试

了解以下内容：

- 光纤的测试
- 测试仪的选择

5.1　网络综合布线的组成

传统的布线方法是各自为政，缺乏统一的技术标准和规范，电话、计算机、报警、广播等各自独立布线，使用不同的线缆和插座，由不同的厂家完成。设计复杂，各系统互不关联、互不兼容，施工量大，成本高。完工后，整个建筑物的线路是纵横交错，线槽大小、颜色、规格、风格各不相同，难以维护。

建筑物综合布线系统（Premises Distribution System，PDS）适时的推出，满足了布线应用的需求。建筑物综合布线系统 PDS 是将建筑物内各种系统（网络系统、电话系统、报警系统、电源系统、照明系统、监控系统等）所需的传输线路统一进行编制和连接，形成完整、统一、高效、兼容的建筑物布线系统。综合布线系统可以将语音、数据、图像等终端设备与大厦管理系统连接起来，构成一个完整的智能化系统。由于综合布线系统主要采用分层星型拓扑结构，与目前主流的计算机网络的拓扑结构相吻合，使得布线系统与网络系统有机地统一起来。

综合布线系统采用模块化结构，由六部分组成，即工作区子系统、水平干线子系统、垂直干线子系统、设备间子系统、管理子系统和建筑群子系统，如图 5-1 所示。

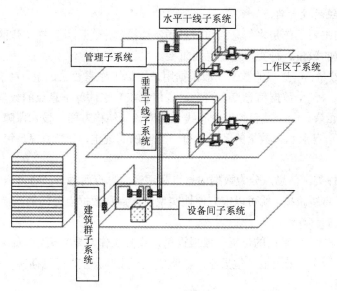

图 5-1　综合布线的组成

5.1.1　工作区子系统

工作区子系统是指工作人员利用终端设备进行工作的地方，如图 5-2 所示。在工作区子系统中，信息点是指布线系统中的一个设备连接点，与信息插座的一个插孔对应。常见的信息点主要有电话和计算机。习惯上，将电话信息点称为语音信息点，将计算机信息点称为数据信息点。

图 5-2　工作区

1. 工作区子系统的组成

工作区子系统由各种适配器、跳线、终端等组成。适配器是指各种转换接口，以便于连接不同的设备。跳线是两端带有接头的网线，用于连接终端设备和信息插座。为了避免频繁插拔跳线导致 RJ-45 头松动，使网络接触不良，可以在跳线上安装护套。根据使用的传输介质不同，跳线主要分为双绞线跳线和光纤跳线两种，如图 5-3 和图 5-4 所示。

图 5-3　双绞线跳线

图 5-4　光纤跳线

2. 工作区子系统的设计要点

工作区子系统的主要工作是将信息点与信息插座连接起来。因此，在工作区子系统的设计中，确定工作区内信息点的数量、种类、位置尤为重要。

（1）信息点的数量。信息点的数量一般根据用户实际工作需要来确定。对于未知用途工作区，根据 $9m^2$ 一对信息点（一个数据信息点、一个语音信息点）来估算信息点的数量。

（2）信息点的冗余。一个完善的综合布线系统应该从结构方面、技术保障方面、发展角度适当考虑信息点冗余，信息点冗余数量的多少没有一个明确的规定，一般情况是每个工作区域冗余一对信息点。

（3）信息点的种类。信息点分为数据信息点和语音信息点两种。二者可以灵活转换，只需在配线间将相应的跳线重新跳接，就可以很方便地实现语音点和数据点之间的互换，使综合布线系统的灵活性得到最完美的体现。

（4）信息点的位置。信息点的位置一般根据用户实际工作需要来确定。如果是封闭式办公室，信息插座一般安装在墙上，采用墙上型插座；如果是开放式办公室，信息插座一般均匀安装在地面上，采用地上型插座。

5.1.2　水平干线子系统

工作区子系统将终端连入信息插座，水平干线子系统将线路进一步延伸到每层的分配线间，如图 5-5 所示。水平干线子系统是整个综合布线系统中布线最多的环节，其设计的优劣将影响到整个布线系统的造价。

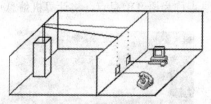

图 5-5　水平干线子系统

分配线间是每层楼布线线路汇聚的地方，办公区的所有信息点通过信息插座与水平线连接，再通过水平线连入到每层的分配线间。对于新建筑物，分配线间一般使用弱电竖井；对于旧建筑物，可能没有弱电竖井，则可以利用楼道作为分配线间。

水平干线子系统的功能是将工作区信息插座与楼层分配线间的水平配线架连接起来。配线架为使用双绞线的网络设备提供了连接接口，用于终结双绞线，其采用模块化设计，由前面板和配线模块组成，如图 5-6 所示。配线架的前面板用于连接集线设备或其他配线架的 RJ-45 端口，配线模块全部采用 RJ-45 插拔式模块，用于连接从信息插座或其他配线架延伸的双绞线。配线架的使用使得综合布线系统更加灵活，易于管理。目前常用的配线架均为超五类产品。

图 5-6　配线架

配线架的种类很多，按照接口类型的不同可以分为固定接口配线架和模块化配线架。按照配线架使用用途不同又可以分为模块化配线架和 110 配线架两种。模块化配线架又称为快接配线架，如图 5-7 所示。此种配线架主要用于数据信息点的连接，端口数量固定。目前市场中主要有 24 口和 48 口两种。

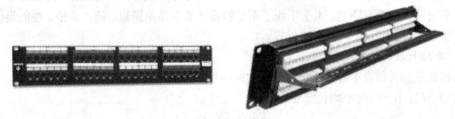

图 5-7　48 口配线架

110 型配线架主要应用于语音布线系统，是 110 型连接管理系统的核心部分，有 25 对、50 对、100 对、300 对等多种规格，如图 5-8 所示。

图 5-8　110 配线架

一、水平干线子系统的组成

水平干线子系统由水平线缆和工作区信息插座组成。水平干线子系统的线缆主要有屏蔽双绞线（STP）和非屏蔽双绞线（UTP），如果需要满足某些高速率通信的应用，也可以使用光缆，构建一个光纤到桌面的传输系统。信息插座是水平布线子系统的终结部件，为用户接入网络提供网络接口，如图 5-9 所示。信息插座由信息面板、信息模块和底盒组成，如图 5-10 所示。

图 5-9　信息插座

图 5-10　信息面板、信息模块和底盒

二、水平干线子系统的设计

对于新建筑物的布线，主要需要考虑的是布线的美观，因此其布线应采用暗线，主要有吊顶内布线、墙上布线、地面布线三种方式。与新建筑物水平干线子系统设计类似，旧建筑物水平干线子系统布线也分为上、中、下三种方案，与之不同的是，为了节省成本，其多数采用明线方式布线。

三、水平干线子系统的设计要点

水平干线子系统的主要工作是将工作区信息插座与楼层分配线间的水平分配线架连接起来。因此，结合建筑物的结构、布局和用途，选择合理的布线路由，减少布线长度，提高网络传输性能是水平子系统设计的重要环节。水平干线子系统的设计要求路由简短、施工方便、性能最优、造价最低、布线规范、易于维护、易于扩展等。

1. 布线长度的计算

布线长度的计算有多种方法，下面是实际应用中使用广泛的估算法的计算方法。

（1）计算水平线的平均长度 len：

$$len=(s1+s2)/2 \times 1.1+n$$

说明 $s1$ 代表最短水平线缆长度；$s2$ 代表最长水平线缆长度；1.1 代表加了 10%的布线余量；n 代表为打线设置的布线余量。

（2）计算每箱线可以布放的水平线数量 num：

$$num=305/len$$

说明：如果计算出的 num 有小数，则舍去小数，直接取整数部分。

（3）计算布线系统需要的布线箱数 sum：

$$sum=布线系统的信息点总数/num$$

说明：如果计算出的 sum 有小数，则 sum 的值为计算结果取整加 1。

例题：有一幢五层新楼欲构建局域网，实现主干 100M，终端 10M 交换到桌面。中心机房放在三层，各层数据信息点分布如下：一层 10 个，二层 20 个，三层 15 个，四层 8 个，五层 12 个。该楼层高 3m，楼长 40m，楼宽 8m，最短水平线缆长度为 16m，最长水平线缆长度为 24m，采用估算法计算出该网络水平子系统需要的双绞线数量。

解：设定为打线设置的布线余量 n 为 1m，则

（1）计算水平线的平均长度 len

$$len=(s1+s2)/2 \times 1.1+n=(16+24)/2 \times 1.1+1=23（米）$$

（2）计算每箱线可以布几根水平线 num

$$num=305/len＝305/23≌13（根）$$

（3）计算布线系统需要的布线箱数 sum

$$sum=布线系统的信息点总数/num=(10+20+15+8+12)/13=5（箱）$$

因此，该网络水平干线子系统需要的双绞线数量约为 5 箱。

2. 水平线缆的敷设

首先依照设计的要求和系统规划图对分配线间进行定位，确定线缆的路由。然后开始放线，放线时不得硬拉，布放线缆的牵引力应小于线缆允许张力的 80%，避免因拉力过大而损坏线缆结构，造成系统性能下降甚至断路，特别注意线缆的转弯位置一定要保持一定的转弯半径，避免因机械操作损害线缆，造成信号中断。

水平线缆必须逐条进行规范的编号标识，以表明起始端和结束端的位置，同时还必须在施工图上进行对应的编号标识，以免因线缆数目过多而在配线间一侧造成混乱，使得在测试过程中浪费时间，影响工期。

5.1.3　垂直干线子系统

垂直干线子系统将各楼层配线间的水平线延伸到中心机房，是整个建筑物综合布线系统的主干线缆，负责连接管理子系统和设备间子系统，如图 5-11 所示。干线子系统一般采用垂直路由，沿着垂直竖井布放，其连接的好坏将直接影响到各楼层信息点是否能正确地连入中心机房的设备。干线子系统的线槽引向管理子系统配线柜的部分可能需要沿水平方向安装，由垂直向水平过渡应留有足够大的空间，以保证线缆有充分的弯曲半径。

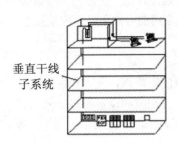

垂直干线子系统

图 5-11　垂直干线子系统

1. 干线子系统的通道

干线子系统提供建筑物的干线线缆，是综合布线系统的主干。干线子系统使用的最佳通道为弱电竖井。如果建筑物内没有弱电竖井，则可以使用线缆孔（即在每层楼板上开孔）来实现楼层间干线的布线。

2. 干线子系统的组成

干线子系统由连接设备间与各管理子系统之间的主干线缆组成。设备间以放射方式向各层分配线间布放线缆，干线子系统的两端分别端接在设备间和楼层分配线间的配线架上。

3. 干线子系统的设计要点

（1）干线线缆的选择。干线子系统的常用线缆有光缆、超五类双绞线、大对数线缆等，主干线缆的规格和数量由每个楼层所连接的终端设备类型及数量决定。如果终端设备是计算机（即数据信息点），则干线线缆有两种选择：光缆或双绞线；如果终端设备是电话（即语音信息点），则干线线缆应该选择大对数线缆。

（2）干线线缆的连接方法。根据综合布线系统使用的功能不同，干线线缆的连接方法也有很大的差异。主要有三种连接方法：分支递减法、一一对应法、合二为一法。

● 分支递减法

当综合布线系统是用来连接计算机网络时，由于其拓扑结构是分层的星型拓扑结构，则每层需要的干线取决于各楼层使用的分支交换机数量，即每层有几个分支就布放几根双绞线。如果某层楼只有一个分支交换机，则只需要布放一根双绞线即可。考虑到干线子系统为各楼层分支的主干，可以为每个分支布放两根双绞线，一根实际使用，另一根为备份线缆。

● 一一对应法

当综合布线系统是用来连接电话系统时，必须保证每一个语音信息点须有专一的线路连接到电话设备上，此时选择的干线线缆为大对数线缆，实现一一对应。

● 合二为一法

当综合布线系统是用来连接计算机网络并且网络规模较小时，则可以将水平干线子系统与垂直干线子系统合二为一，直接进行连接。

（3）干线线缆的路由选择。路由最短、施工方便是干线线缆的路由最佳选择，布线通道一般选择弱电竖井。

（4）干线线缆的保护。在干线子系统中，线缆可承受的垂直距离是一个必须考虑的保护因素。垂直距离是线缆在不降低其系统等级的情况下，可以承受长期拉伸应力的线性函数。线缆可以直接整个固定在墙上，也可以通过在墙上、布线管道中设置多点支撑的方法来减少垂直线缆的长期拉伸负荷。

由于干线线缆垂直布放，并且延伸到每个楼层的网络设备和计算机上，为了保护它们的安全，进行雷击防护是必不可少的环节，常用的方法是实现安全接地。

5.1.4　设备间子系统

设备间子系统是整个布线系统的汇聚点，各工作区的信息点通过水平干线子系统、垂直干线子系统，最后汇聚到设备间子系统，与相应的设备连接起来。设备间子系统利用机柜将多种设备（主干交换机、电话交换机、服务器、管理站、主配线架、UPS 等）放在一起，方便使用和管理，如图 5-12 所示。

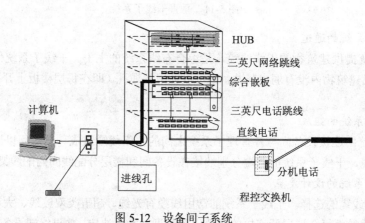

图 5-12　设备间子系统

1. 设备间的位置

设备间位置的选择主要基于以下两方面因素综合考虑：

● 布线距离

为了便于布线，将设备间放置在整个建筑物的居中位置，可以减少布线距离，提高线路传输质量。如果现实条件无法满足，应尽量选择中心位置，以减少布线长度。

● 入口线缆的连接

由于每个综合布线都需要与外部多种线路连接，如动力电源入口线、电话入口线、宽带入口线等。为了方便连接，设备间尽量与入口线接入位置靠近。

2. 设备间的环境要求

合适的温度、湿度、远离高强振动源、强噪声源、强磁场干扰源，良好的防尘效果，低噪声，供电稳定、方便使用是设备正常工作的保障。一般应将室温控制在 18 度附近，相对湿度保持在30%～50%，保持室内无尘或少尘，通风良好，亮度至少 30 流明。

3. 设备间的安全要求

设备间应有安全的防火装置，避免火灾的发生。考虑到设备间内放置了大量的有源设备，需要长期不间断使用电源供电。因此防火装置不能在有火情时启用水喷淋方式灭火。为了使设备稳定、可靠地工作，保护设备的安全，设备间还应该有一良好的防雷接地系统。

5.1.5 管理子系统

管理子系统设置在各配线间内，是水平干线子系统线缆端接的场所，也是垂直干线子系统线缆端接的场所，如图 5-13 所示。它提供了与综合布线系统中其他子系统连接的手段，使整个结构化布线系统及其连接的设备构成一个有机的整体。

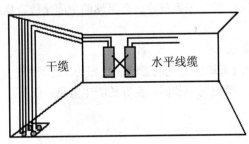

图 5-13 管理子系统

管理子系统的主要功能就是线路的跳线连接控制，管理子系统把水平干线子系统和垂直干线子系统连在一起，或把垂直主干和设备子系统连在一起，通过跳线连接可以安排或重新安排线路由。

一、管理子系统的组成

管理子系统设置在主配线间和楼层配线间内，由交连、互连和 I/O 设备组成的管理子系统为其他子系统提供连接手段。它由水平跳线连接（HC）、中间跳线连接（IC）、主跳线连接（MC）的配线硬件和色标规则组成。在楼层配线间内，水平线缆与干线线缆端接，设备间内干线线缆要与设备连接，这都需要安装相应线缆管理器件对线路进行端接，并通过跳线进行线路的调整、测试等管理工作，以实现综合布线系统的线路管理灵活性。管理子系统常用的管理器件是铜缆配线架和光缆配线架，具体规格及数量由所连接的线缆类型及容量所决定。

为了避免水平线缆因重力造成日后接触不良的可能，可以使用"线缆管理器"（理线器）进行线路整理。"线缆管理器"是一种安装在配线面板的托架，线缆从地面上升至配线面板后时，先固定在线缆管理器上，然后将线压入配线面板上的模块上，使模块不会受到线缆重力的拉拽，同时也使面板后部的线缆十分整齐，便于今后扩充时填入线缆，如图 5-14 所示。

图 5-14 理线器

二、管理子系统的设计要点

管理子系统的设计要点主要有七个方面：管理子系统的位置要求、管理子系统的空间要求、管理子系统的环境要求、布线标识、配线架数量的计算和端接工艺。

1. 管理子系统的位置要求

为了方便布线，节省布放线缆的数量，提高系统传输信号的速度，分配线间应尽量放置在每层楼的居中、靠近弱电竖井的位置，主配线间选择为整个建筑物的居中、靠近弱电竖井位置。

2. 管理子系统的空间要求

网络主干交换机、电话交换机、主配线架均安装在主配线间（中心机房）内；分支交换机、楼层配线架均安装在分配线间。在配线间内，所有数据配线架、语音配线架、跳线器件以及数据通信设备一起均整合入标准机柜，管理子系统应该有足够的空间来放置标准机柜，并方便机柜及其他设备的安装调试和移动。

3. 管理子系统的环境要求

必须充分考虑环境因素对管理子系统的影响。良好的工作环境：合适的光线、温度、湿度；远离高强振动源、强噪声源、强磁场干扰源；良好的防尘效果；低噪声；供电稳定、方便使用是配线间设备正常工作的基本保证。

4. 布线标识

布线标识的作用是方便系统安装、调试和维护，如图 5-15 所示。在布线系统中，网络应用的变化会导致连接点经常移动、增加和改变。一旦没有标识或使用了不恰当标识，都会使最终用户不得不付出更高的维护费用来解决连接点的管理问题。建立和维护标识系统的工作贯穿于布线的建设、使用及维护过程中，好的标识会给布线系统增色不少；劣质的标识则会带来无穷的痛苦和烦恼。

图 5-15　配线架上的布线标识

5. 配线架数量的计算

利用配线架的跳线功能可以使布线系统更加灵活、多样，配线架的个数、端口数由管理的信息点决定。

例题：有一幢五层新楼欲构建局域网，实现主干 1000M，终端 100M 交换到桌面。中心机房放在三层，机房内放置了 3 台服务器和 5 台管理站。各层数据信息点分布如下：一层 35 个，二层 56 个，三层 68 个（不含中心机房内信息点），四层 40 个，五层 22 个。计算该综合布线系统需要的配线架的数量。

分析：由于本系统每层信息点较多，因此应该在每一层设置一个分配线间连接水平干线子系统与垂直干线子系统。现在常用的配线架主要有 24 口和 48 口两种，根据各层数据信息点的分布情况可知各分配线间所需配线架的数量，如表 5-1 所示。

表 5-1　分配线间所需配线架数量表

编号	楼层	信息点数量	所需 24 口配线架数量	所需 48 口配线架数量
1	一层	35		1
2	二层	56	1	1
3	三层	68	1	1
4	四层	40		1
5	五层	22	1	
合计		221	3	4

在三层的中心机房设置主配线架，用于连接各个分配线间内的分支设备以及中心机房内的设备，选用一个 24 口配线架即可。因此，本综合布线系统需要 4 个 24 口配线架、4 个 48 口配线架。

6. 端接工艺

布线系统的端接工艺对近端串扰和衰减影响较大，而这两个参数是判断系统性能的重要依据。为了保证端接的效果，端接配件最好安装在配线间的机柜内。

（1）超五类模块化配线架的端接。

● 配线架固定

按照整体设计的要求，用螺钉将配线架按顺序固定在机柜的垂直滑轨上。

● 整理线缆

按顺序排列线缆，用扎线带将双绞线固定在配线架垂直通道的挂架上，避免双绞线的移动影响端接的效果，并在每根线的末端保留 20cm，以便进行端接。

● 剥线、打线

在每一根双绞线的末端，剥去所需长度的外皮，将八芯线捻开，按照线序将八芯线正确地安置到配线模块的插槽中，然后使用打线工具将线对压入配线模块，并将伸出的多余线头切断，清除切下的碎线头。

● 布线标识

将标签插到配线模块中，按照统一规定标识此区域。

（2）信息模块端接。

● 剥线

从信息插座底盒孔中将双绞线拉出 20～30cm，用工具从双绞线的末端剥去 10cm 的外皮，将八芯线捻开。

● 打线

取出信息模块，按照模块提供的 568A 或 568B 的色标，将八芯线正确地安置到信息模块的插槽中，使用打线工具将线对压入配线模块，并将伸出的多余线头切断，清除切下的碎线头。

● 固定信息模块

将制作好的信息模块扣入信息面板上，然后统一固定在底盒上。

● 布线标识

在信息插座上贴好标签，按照统一规定标识所接终端类型和序号。

（3）光纤的端接。

采用熔接技术进行接合端接是目前光纤端接最常用的方法。其主要步骤如下：

- 准备工作

剥掉光缆的外皮和缓冲层,将热缩套管套入光纤,用酒精清洁光纤,把光纤剪到要求的长度(5cm 左右)。在剪断光纤时,必须保证直角端面。

- 光纤熔接

光纤熔接是端接工作的中心环节,首先在熔接机上根据光纤的材料和类型,设置好最佳预熔主熔电流和时间以及光纤送入量等关键参数。将尾纤对准前面准备好的光纤末端,开始熔接。在熔接过程中应及时清洁熔接机 V 型槽、电极、物镜、熔接室,随时观察熔接中出现气泡、过细、过粗、虚熔、分离等不良现象。

- 盘纤

先将熔接后的光纤逐个放置于光纤盒固定槽中,从一端开始盘纤,固定热缩管,然后再处理另一侧余纤。盘纤是一门技术,也是一门艺术。科学的盘纤方法可使光纤布局合理、附加损耗小、经得住时间和恶劣环境的考验,可避免因挤压造成的断纤现象。图 5-16 是熔接好的效果图。

图 5-16 熔接好的光纤效果图

熔接好的光纤将接头插入耦合器,网络设备就可以通过耦合器与光缆连接。图 5-17 是在光纤配线盒内熔接后的光纤内部连接示意图。

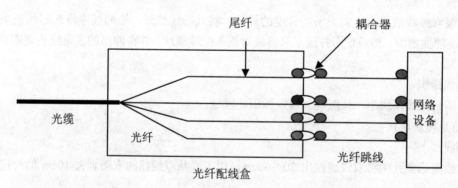

图 5-17 光纤熔接后内部连接示意图

5.1.6 建筑群子系统

建筑群子系统将一幢建筑物中的线缆延伸到其他建筑物群,其一端是设备间子系统,另一端为各建筑物的主配线架,它是各个建筑物综合布线系统的主干线缆,其连接的好坏将直接影响到各建筑物内的信息点是否能正确地连入中心机房的设备。

1. 建筑群子系统的组成

建筑群子系统包括线缆、电气保护设备(防止浪涌电压进入建筑物等)。建筑群子系统常用大对数线缆和光缆作为传输线缆,线缆敷设方式要根据工程造价及建筑群具体环境而定。

（1）大对数线缆。大对数线缆含有多对铜线，如图 5-18 所示，铜线间通过色谱区分。在综合布线系统中，常用的大对数线缆主要有 25 对、50 对、100 对、150 对等，它主要用于语音信息点的连接。

图 5-18　大对数线缆

（2）光缆。光缆由光纤、包层、护套组成，其传输的是光信号，具有带宽高、传输距离长、保密性好、抗干扰性好等特点，是楼与楼之间进行数据信息点连接的首选线缆。在综合布线系统中，常用的光缆有多模光缆和单模光缆。在小型综合布线系统中，由于各建筑物间距离较近，一般采用多模光缆；而在要求数据传输性能比较高的综合布线系统中，一般采用单模光缆。使用光缆接入需要使用很多光纤设备，主要有光纤接头、光纤耦合器、光纤跳线、光纤收发器和光纤配线架等。

● 光纤接头

光纤接头主要用于光纤与光纤、光纤与设备之间的连接，如图 5-19 所示。常用的光纤接头有 ST 型、SC 型和 FC 型。ST 型采用金属圆形卡口式结构；SC 型采用矩形塑料插拔式结构，容易拆装，主要用于多根光纤与空间紧凑结构的法兰之间的连接；FC 型采用金属双重配合螺旋终止型结构。

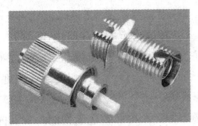

图 5-19　光纤接头

● 光纤耦合器

光纤耦合器如图 5-20 所示，它是实现光信号分路/合路的功能器件，广泛应用在电信、计算机网络、有线电视网络等多个领域。

● 光纤跳线

光纤跳线是带有光纤接头的光纤，用在管理子系统中连接各种光缆设备，如图 5-4 所示。

● 单/多模光纤收发器

单/多模光纤收发器实现光电转换，支持用户利用单模或多模光纤扩展和延伸 UTP 网络的规模，使得网络传输的距离更远，而无须使用昂贵的光口网络设备，如图 5-21 所示。

图 5-20　光纤耦合器

图 5-21　光纤收发器

● 光纤配线架

光纤配线架的作用是在管理子系统中将光缆进行连接，通常放在主配线间的机柜内，如图 5-22 所示。

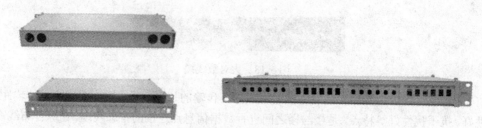

图 5-22　optopatch®1U 抽屉式光纤配线架

2. 线缆的铺设

建筑群子系统的布线主要采用室外光缆和大对数线缆在建筑物之间布线，当其布线的区域涉及公共场所时，需要向有关部门申请，待批准后方可布线。室外线缆的铺设主要有三种方式，分别为架空方式、直埋方式和管道方式。

（1）架空方式。架空布线方式利用电杆将光缆在建筑物之间悬空架设，通常应用于有现成电杆、对电缆的走线方式无特殊要求的场合。这种布线方式造价较低，但影响环境美观，且安全性和灵活性不足。

（2）直埋方式。直埋布线方式是按照选定的布线路由在地面上挖沟，然后将线缆直接埋在沟内。直埋布线方式具有较好的经济性和安全性，但更换和维护线缆不方便且成本较高。

（3）管道方式。管道方式布线是一种由管道和入口孔组成的地下系统，它利用地下管道将建筑群内的各个建筑物进行互连，形成一个统一的整体。使用管道方式布线便于维护，线缆不易受到损坏，可以有效地保护布放的线缆，并且不会影响建筑物的外观及内部结构。

3. 路由选择

在建筑群子系统中，首先需要确定障碍物位置，设置布线路由时要绕开该障碍物，在接近障碍物处应该采用一些屏蔽措施。当建筑物之间的区域属于公共场所而不允许布线时，可以与市政、电力、通信等部门进行协商，利用它们现有的布线通道，借道布线。

4. 备份

由于建筑群子系统布放的是建筑物之间的连接线缆，一旦所布放的线缆出现破损，将影响整个建筑物的数据或语音的通信，因此在建筑群子系统的设计中必须考虑备份措施。目前常用的备份措施就是采用备用线缆。

5.2　网络综合布线的测试

5.2.1　网络综合布线的测试方法

综合布线系统既要满足现有的数据、语音等应用系统的需求，更要满足未来的应用系统的需求。因此，综合布线的质量尤为关键，其直接影响相关应用系统能否正常工作，良好的线路质量是网络系统正常通信的前提和保障。

线路故障是目前数据、语音通信的主要故障。据有关方面统计，网络及通信系统的故障 70%

由连线引起。目前线路故障主要有连接故障和电气特性故障两种。连接故障主要包括线路短路、线路开路、线路线序连接错误等，导致线路连接故障的主要原因是施工的方法、工艺不当。例如，放线时用力过猛造成线缆的意外损伤，形成线路开路。电气特性故障是指电缆在信号传输过程中达不到系统的要求。影响电气特性的因素很多，如劣质的线材，由于现在作为双绞线的主要原料的金属铜大幅度涨价，有些生产厂家为了节省成本，使用纯度不够的铜甚至用铁丝镀铜来替代，这样的双绞线的传输数据的效果大打折扣。另外，施工不规范、不专业、线缆过力拉伸、线缆弯曲过大、线缆捆绑太紧、不能很好屏蔽干扰源等因素也是造成电气特性故障的一个主要原因。

由于综合布线系统的大部分线路采用暗线，安装在墙内、吊顶上及地板下，而这些故障的出现是随机的。因此在综合布线完成后，对整个布线系统进行全面的测试以决定线路是否能达到设计要求是必不可少的一道工序。只有通过严格的测试系统验证，才能保证数据、语音等应用系统通信的正常运转。

EIA/TIA-568A（电信工业协会）发布的 TSB-67 是目前公认的双绞线国际测试标准，在布线工程的施工及测试中要严格遵循这个标准，只有测试结果达到了该标准所规定的正常数值范围，才能保证线缆传输高速的网络数字信号。该标准在 1995 年的秋季被正式通过，它规定的主要测试指标有链路的接线图、链路长度、衰减、近端串扰、衰减串扰比、近端串扰总和、传输延迟和延迟偏差、等效远端串扰、回波损耗、结构返回损耗、直流环路电阻和特性阻抗等。

在综合布线施工中，为了保证综合布线的工程质量，一定要优选线缆、信息模块、配线架等布线材料，由专业的施工单位进行设计、施工和综合布线认证测试，并依据测试报告对工程进行验收。验收合格后，需保留所有相关综合布线文档，以便今后进行应用系统的维护。

1. 测试分类

目前综合布线测试主要有两类：线缆的验证测试和线缆的认证测试。

（1）线缆的验证测试。线缆的验证测试一般是在施工的过程中由施工人员边施工边测试，可以保证所完成的每一个连接的正确性。线缆的验证测试主要测试线缆的基本安装情况，如水晶头连接是否正确、线序是否正确、线缆的长度、线路是否短路、线路是否开路等。验证测试只测试线缆的基本指标，不测试线缆的电气指标。测试合格，只能保证线路通，可以传输数据，不能保证线路的通信质量。例如，某 100M 的网络只能以 10M 的速度通信，采用验证测试，各项指标也是合格的。

（2）线缆的认证测试。线缆的认证测试除了测试线缆的基本安装情况，还要求测试线缆是否满足有关的标准。以确保所安装的线缆能达到布线标准所规定的性能，测试的指标主要有链路的接线图、链路长度、衰减、近端串扰、衰减串扰比、近端串扰总和、传输延迟和延迟偏差、等效远端串扰、回波损耗、结构返回损耗、直流环路电阻、特性阻抗等。线缆的认证测试一般是在布线施工完成后，由综合布线认证工程师用专业的测试仪器进行全面的测试，以保证所完成的线路满足布线标准，达到预期的布线效果。

目前，普遍使用的是百兆快速以太网或千兆位以太网，进行线缆的验证测试只能保证该网络线路是连通，不能保证该线路可以准确无误地以百兆、千兆速度工作，不丢包。只有通过线缆的认证测试，各项指标都达到认证标准，才能实现真正意义上的百兆或千兆。

2. 测试的步骤

综合布线系统是网络的中枢神经，其性能对网络信息系统的影响很大；综合布线系统一经建设，反复改变会影响大楼的美观。因此，为了保证其性能，在系统完成后应该进行必要的测试。在开始测试之前，应该认真了解布线系统的特点、用途、信息点的分布情况，确定测试标准。测试的主要步骤如下：

（1）检测测试仪器。检测测试仪器，确保测试仪可以正常工作。

（2）设置测试仪参数。设置测试仪参数主要包括设置线缆类型、线缆的测试标准、设置 NVP 值核准、设置测试环境等。

（3）选择测试方式。根据测试的实际需要，可以选择"自动测试"或"单项测试"。

（4）测试中出现"失败"查找故障。如果测试时，发现有些线路不能达到规定的技术指标，则需要根据测试结果检测该线路，确定问题所在，尽早修复线路。

（5）重新测试修复后的线路。对修复后的线路重新测试所有的指标。需要注意的是，对修复后的线路不要仅仅检测上次测试中不合格的指标，因为此线路修复过程可能会影响线缆的其他性能，为了确保布线质量，必须重新对线缆进行全面的测试。

（6）保存测试数据。将测试仪与计算机连接好，安装测试仪的管理软件，将测试数据导入计算机，保存测试数据，供今后维护使用。

（7）打印测试数据。测试各项指标都合格后，可以将测试数据打印输出。

3. 测试模式

在综合布线测试的国际标准 TSB-67 里，按照测试范围定义了两种测试模式，分别是基本链路（Basic Link）和通道（Channel）。

（1）基本链路。基本链路是指通信回路的固定电缆安装部分，不含两端设备、跳线，其测试的范围是从工作区插座到管理区配线架水平线终接处（即水平线缆），然后两端各加上一根标准的测试跳线，如图 5-23 所示。布线施工公司一般采用基本链路测试模式。

布放的线缆

图 5-23   基本链路

（2）通道。通道测试是指从网络设备跳线到工作区跳线间的端到端的连接，用于验证端到端回路的传输性能，通常包括水平线缆、工作区子系统跳线、信息插座、靠近工作区的转接点及配线区的两个连接点，如图 5-24 所示。网络公司和最终用户一般采用通道测试模式。

布放的线缆

跳线   跳线

图 5-24   通道

布线工程的认证测试是对整个布线施工的最后检验，为了保证布线工程质量，应该选择除用户、施工单位外的第三方进行综合布线的认证测试，此时采用的测试方式必须是通道连接测试。需要注意的是，所选择的第三方应该是专业的综合布线公司、网络系统集成公司、监理公司，经过专业测试人员使用专业的认证测试仪器进行全面的测试，以确保工程质量。测试后需要测试方提供完整的文档报告，以便于用户今后的网络维护与管理。如果由于多种原因，无法选择第三方进行综合布线的认证测试，只能由用户与施工方双方进行认证测试，这时就要求用户必须对测试仪的选择、测试模式、测试指标有一定的了解，否则很难保证综合布线工程的质量。

4．测试方法

综合布线按照测试环节划分，主要有两种测试方法：边安装边测试、全面测试。

● 边安装边测试

边安装边测试是指在布线施工过程中，每安装完一个信息点或每布完一段线路，就使用测试工具测试信息点或线路的连通性，尽早发现问题并及时解决，这样就确保了每个信息点的正确安装及每一段线路的通畅。综合布线完毕，基本测试工作也完成了，为最后的认证测试节约了时间。边安装边测试主要的测试仪器有万用表、信息线缆测试器、电子教鞭等。万用表用于测试同轴电缆是否连通；信息线缆测试器用于测试双绞线中每一芯线路是否通畅，双绞线两端的线序是否一一对应，观察信息线缆测试器上的信号灯来判断线路情况，通常红灯代表线路反接、绿灯代表线路通畅、不亮代表线路断路、亮灯的顺序不对代表跨接；电子教鞭通过向光缆中的一端发送信号，在另一端测试是否可以看见，来判断布放的光缆线路是否通畅。

● 全面测试

全面测试是指在整个布线施工完成后，使用测试工具对所有的线路测试信息点或线路的连通性及各技术指标的值。全面测试主要的测试仪器有信息线缆测试器、Fluke 网络测试仪、OTDR、光功率计等。信息线缆测试器用于测试同轴电缆是否连通；网络测试仪用于测试布放双绞线是否达到设定的布线标准，根据设定可以测试多项指标。例如，Fluke DSP-4000/4100 数字式电缆分析仪具有强大的故障诊断能力，能够迅速识别和定位被测链路中的开路、短路和连接异常等问题，并具备丰富的接口和选件、智能化的网络流量监测，提供 Cable Manager 电缆管理软件、高可靠性和扩展性、超高带宽测试能力。可以测试接线图、链路长度、衰减、近端串扰、率减串扰比、近端串扰总和、传输延迟和延迟偏差、等效远端串扰、回波损耗、结构返回损耗、直流环路电阻、特性阻抗等多项指标；OTDR（背向散射仪）用来测试光缆，其主要的作用是用来分析故障、产品评价和确定断点。由于在光纤中传输光脉冲时，光纤中散射的微量光将返回光源端。因此，测试反射的返回光程度可以判断光缆传输信号的强弱。测试时，应该从两个方向测量接头损耗，通过求平均值，来确定最后的测试值光功率计可以测试光纤的通断、光纤的光功率、衰减、损耗等指标。

5.2.2 双绞线测试

双绞线故障的发生主要由链路中元件质量问题、链路的加工工艺、环境的电磁噪声干扰、线路老化、线路的异常损坏以及管理操作不当等原因引起。双绞线测试的主要内容有接线图、链路长度、衰减、近端串扰、衰减串扰比、近端串扰总和、传输延迟和延迟偏差、等效远端串扰、回波损耗、结构返回损耗、直流环路电阻、特性阻抗等，除长度、特性阻抗、环路电阻等项测试外，其余各测试项都是与频率有关的技术指标。TSB-67 全面地定义了双绞线布线的现场测试内容、方法以及对测试仪器的要求。TSB-67 中规定了必须测试参数有接线图、长度、衰减、近端串扰（双向），双绞线布线的其他参数都可以在这四项参数中表现出来，实际应用中可以根据测试仪器的功能和施工现场所具备的条件来进行选择。

1．接线图

接线图测试是综合布线系统的最基本测试指标，用于确认链路两端之间的连接是否正确、是否一一对应，并对安装连通性进行检查，测试仪能显示出电缆端接的线序是否正确。

在双绞线的布线过程中，由于布线工具采用不当、用力不均、施工人员布线方法不规范、接线技巧掌握不熟练等因素，特别是在墙内、吊顶、地板下进行布线时受施工环境的影响，不便于穿线。如果采用的穿线技术不当，所布放的线路就非常容易产生开路（线路断开）、短路（多芯线缆互相连通）、反接（同一对线在两端针位接反，比如一端为 1-2，另一端为 2-1）、错对（将一对线接到另一端的另一对线上，比如一端接在 1-2，另一端接在 3-4）等故障。

网络接线必须按照 EIA/TIA 568A 或 568B 标准去实施，保证线对之间的正确绞接、线路通畅，必须保证所有信息点无短路现象存在，连接的信息点正确（图 5-25）。

2. 链路长度

链路长度（Link Length）指线路连接的物理长度。按照测试标准要求，在综合布线的施工过程中应该测定每一条线路的实际长度，并记录在管理系统中，检测该线路是否符合介质规定的标准，防止线路长度超过标准规定指标，造成较大的信号损耗。例如使用双绞线时，整个通道包括跳线的长度不能超过 100m。

3. 衰减

衰减（Attenuation）是信号沿着一定长度的电缆传输所产生的损耗，是沿链路的信号损失度量，其度量单位为分贝（dB），主要表示初始传送端信号与接收信号强度的比值，信号衰减增大到一定程度，将会引起链路传输的信息不可靠。

衰减量由连接器对信号的衰减量、跳线对信号的衰减量、布线线缆对信号的衰减量三部分组成。衰减与线缆长度和传输信号的频率、测试时的温度、双绞线电阻等参数有关。随着线缆长度的增加，信号衰减也随之增加。传输距离越远，传输频率越高，衰减越大。因此，为了保证测试数据的准确性，应该测量应用范围内全部频率上的衰减。TSB-67 要求在测量的频段内，至少每间隔 1MHz 测试一次（图 5-26）。

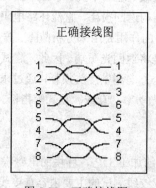

图 5-25　正确接线图

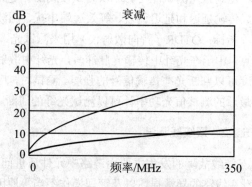

图 5-26　衰减测试图

在进行网络信号传输时，由于双绞线等传输介质采用的是金属导线，普遍存在着信号衰减问题。特别是在长距离信号传输中，如何降低传输介质的信号衰减是一项非常重要的工作。布完线实施网络连接的过程中可以使用网络设备（如交换机）来放大数据传输信号，减少衰减。

4. 近端串扰（NEXT）

串扰是指信号在双绞线上传输时，在相邻的线对中产生的感应信号。邻近线缆产生的串扰功率越低，意味着可以获得越好的系统性能。该技术指标对双绞线的数据传输性能影响很大，是必须通过的一个技术指标。由于串扰对线路不影响端对端的连通性，因此用普通的万用表不能检查出故障原因，只有通过使用专用的电缆测试仪才能检查出来，如图 5-27 所示。

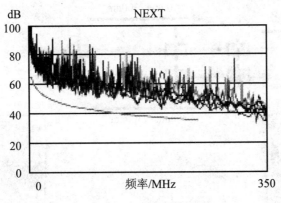

图 5-27　近端串扰测试

串扰分为近端串扰（Near End Crosstalk）和远端串扰（Far End Crosstalk）。近端串扰是出现在发送端的串扰，远端串扰是出现在接收端的串扰。对信号传输影响较大的是近端串扰。

近端串扰并不表示在近端点所产生的串扰，只表示在近端所测量到的值，其度量单位为 dB。近端串扰的测量包括每一条线缆通道两端的设备跳线和工作区电缆，它是传送与接收同时进行时产生的干扰信号，用于测量双绞线链路中，从一对线（发送线）到另一对线（接收线）的信号耦合（信号干扰），是双绞线链路性能评估的最主要的标准，也是最难精确测量的一个指标，尤其是随着信号频率的增加，其测量难度就更大。影响近端串扰的因素还有很多，主要有测试时的频率、通道长度、测试方向、双绞线的质量和安装工艺等。

5.2.3　光纤测试

TSB-140 是现场测试光纤布线系统长度、损耗和极性的附加指南，是测试光纤的国际标准。TSB-140 描述了使用光缆回损测试仪器 OLTS、光时域反射仪 OTDR（如图 5-28 所示）和可视故障定位仪 VFL 对光缆布线系统进行现场测试的方法。

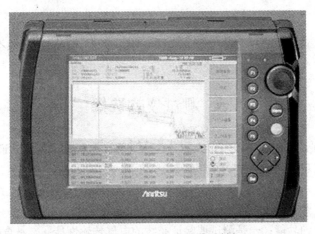

图 5-28　OTDR 光时域反射仪

光纤测试的主要内容有衰减、光功率损耗、链路故障等，图 5-29 是使用美国富禄克公司光缆测试仪测试时的连接图。

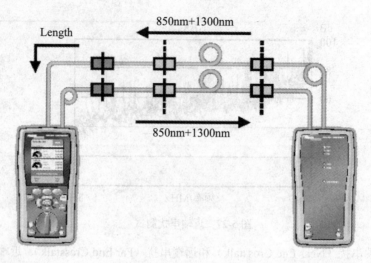

图 5-29　光缆测试图

1. 衰减

衰减是光纤测试的主要指标,当衰减测试结果在标准范围内,显示"Pass";反之显示"Fail"。如果光纤熔接时没有对接整齐、正确,光纤头没有一一对应,则光纤衰减测试将显示"Fail"。

在光缆系统的实施过程中,涉及光缆的敷设、光缆转弯时的弯曲半径的选择、光纤的熔接、光缆的跳线选择等多个环节,采用不同的设计方法和布线拓扑结构,连接网络设备的光缆所产生的光信号会产生不同的传输衰减。

2. 光功率损耗

光功率损耗是影响光纤传输性能的主要参数之一。光功率损耗主要是由光纤本身、接头和熔接点造成的。但是,由于光纤的长度、接头和熔接点数目的不确定,造成光纤链路的测试标准不像双绞线那样是固定的,因此对每一条光纤链路测试的标准都必须通过计算才能得出。计算公式如下:
光纤链路的损耗极限=光纤长度×损耗系数+每个接头损耗值×接头数量+每个熔接点损耗值×熔点数量。

3. 链路故障

链路故障主要包括熔接不良(有空气等)、断裂、接头处抛光不良、接触不良、光缆过长、弯曲度过大、填充物直径不匹配等。

5.3　测试仪的选择

目前市场上生产测试仪的厂家很多,大致分为两大类:验证测试仪和认证测试仪。验证测试仪只测试线缆的基本安装情况,比如:线缆连接是否正确;有无开路、短路等。认证测试仪除了测试线缆的基本安装情况外,还需测试线缆是否符合有关的标准。对于综合布线的测试应该选择认证测试仪,以保证网络数据的传输符合规定的标准。

测试仪有两个主要的功能:一是测试或验证布线的电气传输性能;二是查找布线系统的故障。故障的查找可以使用户在最短的时间内纠正布线错误、排除故障。在解决了布线故障之后,最好的办法就是对链路再进行一次认证测试,以确信布线达到指定标准的要求。图 5-30 是 Fluke DSP-4000/4100 数字式电缆分析仪,图 5-31 是测试时测试仪显示的测试结果。

图 5-30　Fluke 测试仪

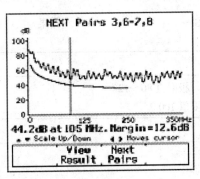

图 5-31　测试结果

　　TSB-67 标准明确定义了测试仪的精度级别，无论是测试基本链路测试还是通道测试，必须由第三方独立的认证机构对测试仪的生产与指标进行测试，测试仪的精度级别应达到二级精度，测试仪的精度是决定测试仪权威性的根本。选择布线测试仪时需要考虑的主要因素有：

　　● 　支持测试标准的种类，是否达到了指定的测试精度。

　　测试精度是布线认证测试仪的基础，所选择的测试仪既要满足基本链路认证精度，又要满足通道链路的认证精度。测试仪的精度是有时间限制的，精密的测试仪器必须在使用一定时间后进行校准。一级精度现场测试仪比二级精度现场测试仪的误差要大很多，所以推荐使用二级精度的测试仪来作布线系统的认证测试。

　　● 　测试速度的快慢。

　　精确的故障定位、快速的测试速度可以使用户及时纠正布线错误、排除故障，它是选择测试仪的另一个重要指标。例如，在测试五类线时，选择带有智能远端器的测试仪可以双向测试近端串扰，快速定位故障点。

　　● 　测试仪器被独立认证

　　测试仪器应被独立认证，如 UL 认证等。

　　● 　测试方法是否简单易用。

　　● 　是否支持多种类型电缆的测试。

　　可以测试多种类型电缆的测试仪性价比更高。

　　● 　测试结果能否转储打印。

　　测试完线路后，为了便于保存测试结果，测试仪应该具备相应的接口与 PC 连接，将测试结果传入计算机存储起来，如果需要，可通过打印机打印出来。表 5-2 是利用测试仪测试线路的一张实际报告。

表 5-2 测试报告

TJ-xhzd	测试总结果：PASS
地点：xhzd	电缆识别名：JG
操作人员：liuwd	日期/时间：05/25/2013　09：58：34am
额定传输速度：69.0%，阻抗异常临界限值：15%	测试标准：100BASE-TX
FLUKE DSP-100，S/N：7230101	电缆类型：UTP 100Ω Cat 5
余量：33.0 dB	标准版本：5.5　　软件版本：5.5
连线图 PASS　　　　　　　　　　　结果	RJ45 PIN：　1 2 3 4 5 6 7 8 S 　　　　　　　| | | | | | | | RJ45 PIN：　1 2 3 4 5 6 7 8

线对	1,2	3,6	4,5	7,8
特性阻抗/Ω，极限值 80～120 长度 m，极限值 100.0	1.2	1.2		
传输延迟/ns	6	6		
延迟偏离/ns	0	0		
电阻值/Ω	0.5	1.0		
衰减/dB	0.0	0.1		
极限值/dB	10.0	10.0		
余量/dB	10.0	9.9		
频率/MHz	16.0	16.0		

线对	1,2-3,6	1,2-4,5	1,2-7,8	3,6-4,5	3,6-7,8	4,5-7,8
近端串扰/dB				57.2		
极限值/dB				24.2		
余量/dB				33.0		
频率/MHz				62.3		
衰减串扰比/dB				57.2		
极限值/dB				21.7		
余量/dB				35.5		
频率/MHz				62.3		

　　文档资料是布线工程验收的重要组成部分，完整的文档包括电缆的标号、信息插座的标号、配线间水平电缆与垂直电缆的跳接关系、配线架与交换机端口的对应关系及测试报告等。

　　综合布线工程实施后，应建立完整的电子文档，以便今后的维护与管理。测试结果应包括表 5-2 中的大多数项目，对测试结果必须加以编号储存。

小　结

本章重点介绍了综合布线系统的组成和测试两部分内容。综合布线系统是将建筑物内各种系统所需的传输线路统一进行编制和连接，形成完整、统一、高效、兼容的建筑物布线系统。由于综合布线系统主要采用分层星型拓扑结构，与目前主流的计算机网络的拓扑结构相吻合，使得布线系统与网络系统有机地统一起来。

综合布线系统采用模块化结构，由六部分组成，即工作区子系统、水平干线子系统、垂直干线子系统、设备间子系统、管理子系统和建筑群子系统。

工作区子系统的功能是将用户终端系统连接到信息插座，是终端设备联入网络的第一步接入，为整个网络综合布线奠定基础；水平干线子系统的功能是将工作区信息插座与楼层分配线间的水平分配线架连接起来；垂直干线子系统提供建筑物的干线线缆，是综合布线系统的主干。垂直干线子系统使用的最佳通道为弱电竖井；设备间子系统是整个布线系统的汇聚点，各工作区的信息点通过水平干线子系统、垂直干线子系统，最后汇聚到设备间子系统，与相应的设备连接起来；管理子系统的主要功能就是线路的跳线连接控制，管理子系统把水平干线子系统和垂直干线子系统连在一起，或把垂直主干和设备子系统连在一起，通过跳线连接可安排或重新安排线路由；建筑群子系统将一幢建筑物中的线缆延伸到其他建筑物群，其一端是设备间子系统，另一端为各建筑物的主配线架，它是各个建筑物综合布线系统的主干线缆，其连接的好坏将直接影响到各建筑物内的信息点是否能正确地联入中心机房的设备。

在综合布线测试的国际标准 TSB-67 里，按照测试范围定义了两种测试模式，分别是基本链路（Basic Link）和通道（Channel）。

双绞线故障的发生主要由链路中元件质量问题、链路的加工工艺、环境的电磁噪声干扰、线路老化、线路的异常损坏以及管理操作不当等原因引起。TSB-67 全面地定义了双绞线布线的现场测试内容、方法以及对测试仪器的要求。TSB-67 中规定了必须测试的参数有接线图、长度、衰减、近端串扰（双向），双绞线布线的其他参数都可以在这四项参数中表现出来。

TSB-140 是现场测试光纤布线系统长度、损耗和极性的附加指南，是测试光纤的国际标准。TSB-140 描述了使用光缆回损测试仪器 OLTS、光时域反射仪 OTDR 和可视故障定位仪 VFL 对光缆布线系统进行现场测试的方法。光纤测试的主要内容有衰减、光功率损耗、链路故障等。

习　题

一、填空题

1. 综合布线系统采用模块化结构，由六部分组成，即工作区子系统、水平干线子系统、垂直干线子系统、_____、管理子系统和_____。

2. 级联线通常称为"交叉线"，两端连接 RJ-45 头的线序不同，一端使用_____，另一端使用_____。

3. 根据综合布线系统使用的功能不同，干线线缆的连接方法也有很大的差异。主要有三种连接方法：_____、一一对应法、合二为一法。

4. 综合布线按照测试环节划分，主要有两种测试方法：_____和_____。

5. 干线子系统提供建筑物的干线线缆，是综合布线系统的主干。可用于干线子系统的是_____。

二、判断题

1. 568A 的排列顺序是白绿、绿、白橙、蓝、白蓝、橙、白棕、棕。　　　　　　（　　）

2. 管理子系统是整个布线系统的汇聚点，各工作区的信息点通过水平干线子系统、垂直干线子系统，最后汇聚到设备间子系统，与相应的设备连接起来。　　　　　　（　　）

3. 目前综合布线测试主要有两类：线缆的验证测试和线缆的认证测试。　　　　　（　　）

4. 室外线缆的敷设主要有两种方式，分别为架空方式和直埋方式。　　　　　　（　　）

5. TSB-67 全面地定义了双绞线布线的现场测试内容、方法以及对测试仪器的要求。TSB-67 中规定了必须测试参数有接线图、长度和衰减，双绞线布线的其他参数都可以在这三项参数中表现出来。　　　　　　　　　　　　　　　　　　　　　　　　　　　　　（　　）

三、简答题

1. 基本链路测试与通道测试有何不同？

2. 屏蔽双绞线与非屏蔽双绞线有何不同？如何选择？

3. 为什么需要进行综合布线测试？

四、操作题

1. 双绞线跳线的制作与测试。

2. 信息模块与配线架的打线操作。

第 6 章　网络工程技术

💬 知识点：

- 网络工程的组织
- 网络工程的规划
- 网络工程招标
- 网络工程投标

⚡ 难点：

- 网络工程的规划

◆ 要求

熟练掌握以下内容：
- 网络工程的组织方式
- 网络工程的规划
- 网络工程招标
- 网络工程投标

了解以下内容：
- 网络工程招标公证

6.1　网络工程基础

6.1.1　网络工程概述

网络工程是研究网络系统的规划、设计与管理的工程科学，是指按计划进行的网络综合性工作。网络工程要求工程设计人员具备丰富的计算机网络的知识，掌握网络规划、设计、实施、管理的相关流程和相应技巧，能够熟练把握网络工程，使网络工程发挥应有的效益。网络工程的建设分为规划阶段、设计阶段、实施阶段、运行与维护阶段五个阶段。在设计阶段又可以进一步划分为逻辑设计阶段和物理设计阶段。

6.1.2　网络工程的组织

一、网络工程组织方式

网络工程的组织方式主要有三种。

1. 政府行为的网络工程

政府指定主管领导，并成立相应的机构，自上而下实施网络工程。其组织机构严密，一般包括领导小组、总体组和技术开发小组三个层次机构。领导小组指导总体组开展工作，审批总体组的各类报告，协调各部门的工作；总体组负责系统需求分析、总体方案的制定、下发网络工程的实施报告，对网络工程的实施进行宏观管理和控制，保证网络工程的质量；技术开发小组按照总体组制定的方案进行网络工程的具体设计，并完善网络工程相关文档。

2．用户单位统一组织的网络工程

用户单位指定主管领导和具体负责人，并成立相应的机构，开展网络工程工作。强调用户方的管理权力，由用户方的高层领导负责的领导小组全面指导网络工程工作。

3．公司承建的网络工程

一般采用项目经理制，由项目经理选择工程人员，制定方案，统一协调各方利益，保证网络工程有条不紊地按序进行。

二、网络工程监理

网络工程监理在网络建设过程中，给用户提供建设前期咨询、网络方案论证、系统集成商的确定和网络质量控制等一系列的服务，帮助用户建设一个性价比最优的网络系统。

针对每一个网络工程，网络工程监理的组织机构一般有一名总监理工程师、若干监理工程师和监理人员。

1．网络工程监理的主要内容

● 建设前期

向用户提供技术咨询，帮助用户做好需求分析、方案论证，选择适合的系统集成商。

● 施工期间

帮助用户控制工程进度，负责网络工程相关材料的质量检验，严把工程质量关，及时发现网络工程中存在的安全隐患，督促网络工程施工方按时、按质、按量完成网络工程的各方面工作。

● 建设后期

按照网络工程标准，帮助用户做好网络工程各项测试工作，为下一步的网络应用提供保证。

2．网络工程监理实施步骤

● 网络系统需求分析阶段

进行综合布线需求分析、网络系统集成需求分析和网络应用系统需求分析，提供监理方综合布线方案和网络集成方案。

● 网络工程招标投标阶段

与用户共同组织编制工程标底，协助用户进行招标工作的前期准备，发布招标通告或邀请函（编制招标文件，发标，向投标方提供咨询），接受投标，对投标单位资格资质审查，协助邀请专家组成评标委员会，参与开标、评标、决标和合同签定。

● 网络工程实施建设阶段

由网络总监理工程师编制监理规则，对网络综合布线建设、网络系统集成全过程进行监理。

● 网络工程验收阶段

协助用户按照合同、相关技术标准，对网络工程各个项目进行测试，主要内容包括网络设备的质量、工程材料的质量、工程的效果、网络工程的各种文档。

● 网络工程保修阶段

监督网络施工方按照合同履行网络工程的保修工作。

6.2　网络工程规划

网络工程规划就是为即将实施的网络工程提出一套完整的设计和实施方案，满足网络工程要求。在规划时，对建立一个什么形式、多大规模、具有哪些功能的网络等问题作出全面的论证，并对建网所需的人力、物力、财力投入等作出总体的计划，保证网络工程采用先进的技术，具有完善的功能、较高的可靠性和安全性，有足够的扩充能力和灵活的升级能力。网络工程规划是网络工程保质保量、按时完成的基础。

6.2.1　网络规划的主要内容

1. 需求分析

需求分析是对用户的实际需求进行归纳、总结，找出重点。需求分析是规划过程中最关键的阶段，也是经常被忽略的阶段。

2. 可行性论证

可行性论证包括技术的可行性和经费预算的可行性。

3. 网络工程方案设计

完成需求分析和可行性研究后，用网络技术语言将网络需求及实施方法表示出来，就形成了网络方案。在进行网络方案设计时，应遵循实用性、先进性、开放性、可靠性、安全性、经济性、可扩充性的原则。网络方案包括技术实现、设备选型、投资预算等。

4. 编写技术文档

完善以上各阶段，编写相关技术文档。

6.2.2　需求分析

网络工程最主要的一个环节就是需求分析，需求分析是进行网络工程的基础，是网络工程质量的保证。一份详细的网络工程需求分析需要全面了解用户的实际联网需求、网络实施环境的要求，为下一步设计网络工程方案奠定基础。

用户的需求分析可以从多个方面去考虑。目前，通用的方式是采用 5W+2H，其具体含义如下：

1. Who

了解用户是谁？处于哪种行业？其行业有何特殊性？其有何具体需求？

2. What

网络工程主要包括网络设备购置、综合布线系统、系统集成等，通过与用户的沟通（招标项目通过招标文件）确定本工程都包含哪些布线系统？用户需要使用哪些设备？该网络工程需要实现哪些功能？

3. When

了解用户什么时候使用该系统？该系统的使用对时间有何特殊要求？

4. Where

了解用户在什么地方使用？周围环境有何特殊性？确定工程实施的范围，主要包括实施网络工程的建筑物的数量，各建筑物的信息点数量、种类及分布情况。还要注意到现场查看并确定各建筑物配线间和设备间的位置，以及整个建筑群的中心机房的位置。

5. Why

了解用户为什么需要实施该网络工程？最大限度地满足用户的需求。

6. How to

了解用户怎样使用该系统？为用户提供一个可行的项目实施方案。

7. How much

了解用户的预算范围，为用户提供一个性价比高的、可行的项目实施方案。

6.2.3　可行性论证

需求分析所取得的资料经过整理后得到需求分析文档，但这种需求分析文档还需要经过论证后才能最终确定下来。可行性论证是对工程的背景、意义、目标，工程的功能、范围、需求，可选择的技术方案技术可行性、应用可行性、设备可行性、安全可行性，工程的设计要点、建设进度、工程组织、监理、经费等方面作出客观的描述和评价，指出工程建设中选择软硬件的依据，降低项目建设的总体风险。参与论证活动的人员包括网络工程专家、负责需求分析工作的网络工程师、相关部门的负责人及技术人员。可行性论证是网络规划的关键阶段，其意义重大，不容忽视，其主要作用是验证网络工程的可行性，减少网络工程建设的总体风险，降低后期实施的难度，提高客户服务水平和满意度，为网络工程合理选择软硬件系统提供理论依据，减少不必要的开支。

6.2.4　网络工程方案设计

1. 设计原则

网络工程是网络应用的基础，没有一套高效、稳定的网络系统，基于该系统的任何应用都只能是一句空话。

网络工程方案设计主要包括网络系统选型、综合布线系统设计、网络操作系统选型、网络设备选型、系统集成、网络安全与管理等，它们要求采用成熟而先进的技术，保证网络系统长期运行，并满足今后网络技术发展的需要。实施后的网络工程将为用户提供实用的、灵活的、可扩展的网络平台。根据以上要求，进行网络工程的设计主要原则如下：

（1）开放性。网络系统采用国际或国内相关标准去设计，并代表当今最新的技术成就。选择的网络产品也要符合国际与国内标准，兼容性好。

（2）可用性。可用性是一个综合的指标，它要求系统所有的硬、软件必须可靠，用户什么时候想用网络，网络总是能够运行的。如果出现故障，能够很快定位故障点，迅速修复。实施后的网络系统满足国际标准，具有良好的用户使用界面，系统管理功能完善且方便使用，能够适应现代和未来技术的发展。

（3）灵活性。网络系统能够满足应用的要求，能够连接不同类型的设备。例如，在综合布线系统中采用模块化设计，信息接口既可以连接数据信息点，又可以连接语音信息点，方便使用和管理。

（4）扩展性。当今社会，信息产业飞速发展，传统的联网方式已经不能满足信息技术发展的需要，选择"一劳永逸"的产品也不现实。事实上，只要规划的网络系统可以根据用户的需要不断升级，即可保持其可扩展性。例如，选择带有扩展插槽的网络设备，随时根据用户需要添加模块，扩展网络功能；使用光纤与双绞线混布方式构成一套完整的综合布线系统，对于特殊用户需求可把光纤铺到桌面，为将来的发展提供了足够的余量。一个好的网络系统，其可扩展性是极高的。

（5）高性价比。高性价比永远是用户的首选。在考虑性能价格比时，必须考虑由于系统瘫痪而造成的损失，在某些情况下，这种损失可能远远超过网络系统的投资。由于系统的可靠性取决于关键设备的可靠性，所以在选择关键设备时，应该把质量因素放在第一位，适度考虑冗余。在实现先进性、可靠性的前提下，达到功能和经济的优化设计。

2. 网络工程方案设计

网络工程方案设计主要包括总体技术方案设计和实施方案设计两个方面。

（1）总体技术方案设计。总体技术方案又称总体设计方案，总体技术方案在可行性论证方案基础上，进一步明确工程建设的目标、原则、方法，就工程的任务、技术细节、设备选型、建设规范等方面给出切实可行的设计思想和方案，使建设人员有明确的技术依据。

（2）实施方案设计。实施方案的作用是具体指导工程的建设内容、工期，说明采用的规范、经费的使用、工程的验收、用户的培训、后期维护等，它与技术方案的显著区别在于可操作性强，是工程建设的具体指导性文件，对工程的各部分、各阶段应有详细的实施细则和实施规程。

在实际的工程实施过程中，细化的工程实施方案是工程质量的保证。同时，几乎所有实施方案在应用中由于各种原因都会有一些小的改变，改变分为用户方变更和网络集成方变更两种。网络集成方的变更不能偏离原定的用户总需求和系统的总体目标，并且这些改变必须通过用户认可；用户方变更可能更容易偏离原定目标，应与用户协商调整。

6.3　网络工程的招标与投标

《中华人民共和国招标投标法》于 1999 年 8 月 30 日在第九届全国人民代表大会常务委员会第十一次会议通过。招标投标法规定工程项目金额在一定数额之上的必须进行公开招标，并报上级主管部门备案，标志我国工程的招投标进入到法治阶段。

招标是一种特殊的交易方式和订立合同的程序。广义的招标是指招标人根据自己工程项目的实际需求，提出一定的标准或条件，发出招标公告或通知，邀请投标商投标，最后由招标人通过对各投标人所提出的价格、质量、交货期限和该投标人的技术水平、财务状况等因素进行综合比较，确定其中最佳的投标人为中标人，并签定合同的过程。其中用户就是招标方，参与该项目的制造商或承包商称为投标方。

采用招标的目的是引入竞争机制，促进市场的良性发展，是目前国内常用的一种项目承包方式。

6.3.1　网络工程招标

网络工程招标是指委托方对网络工程项目的网络设备、施工材料和工程建设进行招标。网络工程招标的目的是以公开、公平、公正的原则和方式，从众多系统集成商中，选择一个有合格资质、并能为用户提供最佳性能价格比的系统集成商。

1. 网络工程的招标形式

网络工程的招标方式主要有公开招标、邀请招标、议标三种形式。为了保证网络工程的建设质量，对于大中型网络工程，网络建设方一般以公开招标的方式确定系统集成商。对于小型网络工程，网络建设方一般以邀请招标或者议标的方式确定系统集成商。

（1）公开招标。公开招标是指招标单位通过国家指定的报刊、信息网站、招标中心等介质发布招标公告，邀请符合条件的单位或组织参与投标。这种招标方式既为所有系统集成商提供了一个平等竞争的平台，又有利于招标方选择优质的系统集成商，控制工程的造价和施工质量，实现更高的性价比。该招标方式唯一的缺点是可能会出现大批量的投标单位，将会大大增加招标方的工作量去进行投标方的资格评审和工程评标。

（2）邀请招标。邀请招标方式属于有限竞争选择招标，由招标单位根据自己掌握的有关信息，对现有的系统集成商进行筛选，向有承担能力、资信良好的设计单位直接发出的投标邀请书的招标。根据工程规模的大小，一般邀请 3~5 个系统集成单位来投标。这种招标方式由于是有针对性地选择招标方，因此会显著地降低工程评标的工作量。该招标方式唯一的缺点是参与投标的投标方比较少，选择投标单位受到一定的局限性。

（3）议标。有些项目由于规模不大、工期比较紧；或者专业性比较强；或者保密性要求比较高，不适合大范围地进行招标。这时，招标方会邀请一至两家业界知名的系统集成商来直接协商谈判，称为议标。议标实际上是一种合同谈判的形式，也称为非竞争性招标或指定性招标。

2．网络工程公开招标流程

（1）招标准备。招标方聘请监理部门工作人员，根据用户的需求编制网络工程标底和招标文件。

（2）发布招标书。在投标截止日 20 日以前发布网络工程招标公告，并负责对该网络工程问题进行咨询。招标公告包括以下主要内容：

- 招标项目的名称、数量。
- 系统集成商的资格。
- 招标文件发放的办法和时间。
- 投标时间和地点。

招标机构应当在投标截止日 15 日以前发出投标邀请书。已索取或购买招标文件的系统集成商，在投标截止日 3 日前有权要求采购人对招标文件澄清，拟参加投标的投标单位（即系统集成商）应当根据招标文件的要求编制投标文件。

（3）接受投标书。接受投标单位递送的标书，对投标单位资格、企业资质等进行审查。审查内容包括企业营业执照、企业信用资质、网络系统集成工程案例、技术人员配置、网络代理资质、网络资质等。投标方必须在要求提交投标文件的截止时间前，将投标文件送达投标地点，并按要求携带相关资格文件的原件或复印件。

（4）开标。投标方宣读各自的开标一览书，准备评标。

（5）评标。邀请计算机专家、网络专家组成评标委员会，评标委员会主要依据以下条件来确定中标人。

- 投标人是否能够最大限度地满足招标文件中规定的网络工程各项综合评价标准。
- 投标人是否能够满足招标文件对网络工程的实质性要求，并且在同等条件下，投标价格最低（但不能低于成本价）。需要注意，价格并不是网络工程中标的唯一因素，性价比更为重要。另外，评标时可能要进行答辩，参加网络工程投标时要做相关准备。

（6）中标。评标委员会确定网络工程的中标人后，网络工程的招标人会向中标人发出网络工程中标通知书，同时将中标结果通知所有未中标的投标人。《中标通知书》对招标人和中标人具有同等法律效力，中标通知书发出后，网络工程的招标人如果改变中标结果，或者中标人放弃中标的网络工程，都要承担相关法律责任。

（7）签订合同。网络工程的招标人和中标人应当在中标通知书发出之日起的 30 日内，按照网络工程招标文件和中标人的网络工程投标文件订立书面合同。中标人按照合同约定或者经招标人同意，可将网络工程中部分非主体、非关键性工作分包给他人完成。接受网络工程分包的人应当具备相应的资格条件，并不得再次分包。网络工程中标人应当就分包项目向网络工程招标人负责，接受分包的人就分包项目承担连带责任。

3. 招标文件的主要内容

招标文件（Bidding Document）是招标人向投标人提供的为进行投标工作而告知和要求性的书面性材料。阐明需要采购货物或工程的性质，通报招标程序将依据的规则和程序，告知订立合同的条件。

招标文件既是系统集成商编制投标文件的依据，又是采购人与系统集成商签定合同的基础。因此，招标文件在整个采购过程中起着至关重要的作用。招标人应重视编制招标文件的工作，并本着公平互利的原则，保证招标文件严密、周到、细致、内容正确。编制招标文件是一项十分重要而又非常繁琐的工作，必要时需要聘请咨询专家参加。招标书包含内容丰富，主要如下：

- 投标邀请书。工程建设的目的、目标和原则。
- 投标人须知。系统集成商的资质等级要求、投标保证金的要求、工程期限和付款方式等。
- 合同主要条款。采购的货物、设备和网络工程的具体内容。
- 投标文件格式。
- 技术条款。
- 设计图纸。
- 评标标准和方法。
- 投标书和投标书保证格式。
- 投标补充资料表。
- 合同协议书及各类保证。

6.3.2 网络工程投标

网络工程投标是指投标人接到招标通知后，根据招标的要求填写投标文件，并将其送交给招标人的行为。招标与投标是一个过程的两个方面，代表双方的交易行为。投标人在索取、购买标书后，应该仔细阅读标书的投标要求及投标须知。在同意并遵循招标文件的各项规定和要求的前提下，提出自己的投标文件。

投标方要详细阅读标书，掌握招标方的实际需求，严格按招标流程去竞标，参加竞标需要注意以下几点。

1. 资质

为了确保网络工程的质量，绝大多数工程招标都对参与的投标方有一定的资质要求，如公司的注册资金的要求、公司的营业范围要求（查看公司执照）、公司的银行信用等级要求、系统集成商等级要求、网络产品代理证书要求、综合布线产品厂家针对该招标项目的授权书等。因此投标方必须按照招标书准备好相应的资质证明文件。

2. 开标时间

投标方一定要记住准确的开标时间，在开标前准备好相关资料，准时参加招标。

3. 投标文件

投标文件一般由投标书、投标书附件、投标保证金、法定代表人资格证明书、授权委托书、具有标价的工程量清单与报价表、施工计划、资格审查表、对招标文件中的合同协议条款内容的确认与响应、技术设计方案、开标一览表、按招标文件规定提交的其他资料等组成。投标文件包含的内容很多，以下内容是投标文件的重点。

- 设计方案

在与招标书相符的情况下，力求描述详细一些，主要包括网络工程的设计原则、设计思路、详细的设计方案、设备清单和工程报价等。为了便于招标方的选择，应该提供多套设计方案，设计方案一定要详细描述，既要专业性强，又要通俗易懂。设计方案是招标过程中评委评审的重点。

- 建议方案

在招标书要求的基础上，根据公司多年网络工程的经验，从多套设计方案中推荐一套可行的建议方案，并阐述充分的理由。

- 项目的实施措施、组织方式及进度计划

完善的项目实施措施、组织方式以及可行的项目进度计划是保证项目按质按量完成的基础和保证。

- 工程报价

工程报价是招标中最关键、最敏感的一个环节，一定要货真价实。投标人应在"开标一览表"中对招标项目提出合理的价格。高于市场的价格难以被接受，低于成本价将被作为废标。

- 投标方的业绩展示

投标方的业绩展示主要包括近几年内具有代表性的网络工程业绩，应反映出网络工程的名称、规模、地点、投资情况、合同文本内容和建设单位的工程验收和评价意见，对于获奖工程应有相应的证明文件。该项内容一定要真实、客观。

- 售后服务

良好的售后服务是项目正常运转的保证，其主要包括工程保证期、系统的维护响应时间、系统的升级服务、系统的培训服务等方面的承诺。

6.4　网络工程招标中的律师监督机制

在网络工程招标中，律师监督服务的主要范围如下：

（1）协助编制招标文件，从法律角度审查招标文件。

（2）代理发布招标通告，出售招标文件。

（3）协助招标方开展资格预审，审查投标人主体资格是否符合要求。

（4）对招投标中出现的一些问题，帮助招标方解决，并及时澄清及修改。

（5）就招标文件和合同出具法律咨询意见。

6.5　网络工程的招标与投标的公证

招标公证的方式有一次性公证和分阶段公证两种。公证制度需要现场监督，并出具公证书。招标公证制度的主要内容如下：

（1）审查招标方。

审查招标方是否具有规定的招标资格；审查招标程序安排、招标章程、招标文件等是否符合法律，是否符合公平、公正、诚实信用、择优选择的招标原则，并帮助招标人完善上述招标法律文件；审查评标委员会的组成和工作程序是否合理、合法，是否具有权威性、公正性。

（2）审查投标方。

审查投标方是否具有规定的投标资格，所提交的各项资格证明文件是否真实、合法、完备、有效，代理人的身份和代理权是否真实、合法。

（3）对招标活动的全过程进行现场监督。

小　　结

网络工程是研究网络系统的规划、设计与管理的工程科学，是指按计划进行的网络综合性工作。本章重点介绍网络工程组织、规划以及招投标等知识。网络工程的组织方式主要有三种：政府行为的网络工程、用户单位统一组织的网络工程、公司承建的网络工程。

网络工程监理在网络建设过程中，给用户提供建设前期咨询、网络方案论证、系统集成商的确定和网络质量控制等一系列的服务，帮助用户建设一个性价比最优的网络系统。

网络工程规划就是为即将实施的网络工程提出一套完整的设计和实施方案，满足网络工程要求。网络规划的主要内容包括需求分析、可行性论证、网络工程方案设计和编写技术文档。

网络工程招标是指委托方对网络工程项目的网络设备、施工材料和工程建设进行招标。网络工程的招标方式主要有公开招标、邀请招标、议标三种形式。为了保证网络工程的建设质量，对于大中型网络工程，网络建设方一般以公开招标的方式确定系统集成商。对于小型网络工程，网络建设方一般以邀请招标或者议标的方式确定系统集成商。

网络工程投标是指投标人接到招标通知后，根据招标的要求填写投标文件，并将其送交给招标人的行为。招标与投标是一个过程的两个方面，代表双方的交易行为。投标人在索取、购买标书后，应该仔细阅读标书的投标要求及投标须知，在同意并遵循招标文件的各项规定和要求的前提下，提出自己的投标文件。

习　　题

一、填空题

1. "5W+2H" 中的 5W 是指 Who、_____、When、Where、Why，2H 是指_____、How much。

2. 网络工程投标是指投标人接到招标通知后，根据招标的要求填写_____，并送交给招标人的行为。

3. 招标与投标是一个_____的两个方面，代表双方的交易行为。投标人在购买标书后，应该仔细阅读标书的投标要求及投标须知。在同意并遵循招标文件的规定和要求的前提下，提出自己的投标文件。

4. 在网络工程招标中，就招标文件和合同出具_____是律师监督服务的主要范围之一。

5. 《中标通知书》对_____和_____具有同等法律效力，中标通知书发出后，网络工程的招标人如果改变中标结果，或者中标人放弃中标的网络工程，都要承担相关法律责任。

二、判断题

1. 网络工程的组织方式主要有三种：政府行为的网络工程、个人行为的网络工程以及公司行为的网络工程。　　　　　　　　　　　　　　　　　　　　　　　　　　（　　　）

2. 邀请招标方式属于有限竞争选择招标，由招标单位根据自己掌握的有关信息，对现有的系统集成商进行筛选，向有承担能力、资信良好的设计单位直接发出的投标邀请书的招标。该招标方式的缺点是参与投标的投标方比较少，选择投标单位受到一定的局限性。　　　　（　　　）

3．招标书包含内容丰富，主要的有投标邀请书、投标审查表、投标人须知、投标文件格式、技术条款、设计图纸、评标标准和方法、投标书和投标书保证格式、投标补充资料表、合同协议书及各类保证。　　　　　　　　　　　　　　　　　　　　　　　　　　　　　　　（　　）

4．对于大中型网络工程，网络建设方一般以公开招标的方式确定系统集成商。对于小型网络工程，网络建设方一般以邀请招标或者议标的方式确定系统集成商。　　　　　　　　（　　）

三、简答题

招标公证制度的主要内容有哪些？

四、论述题

如何进行网络工程规划？

第7章　商务网站的组建技术

💬 知识点:

- 商务网站的规划
- 商务网站软、硬件平台搭建

⚡ 难点:

- 商务网站网络平台搭建
- 商务网站软件平台搭建

◆ 要求

熟练掌握以下内容:

- 商务网站的规划
- 商务网站网络技术的选择
- 商务网站网络设备的选型
- 商务网站操作系统、开发工具及数据库的选择

了解以下内容:

- 商务网站开发工具及数据库的使用

7.1　商务网站的规划

7.1.1　确定网站建设目标

当一个企业决定建网站了,第一步就必须明确建站的目的。不同类型和不同规模的企业,他们的建站目的是不同,因而其构建的网站的类型、规模、投入的资金也是不同的。网站的构建必须以实际需求为依据,并把握市场的脉搏,及时了解网络发展的趋势。

下面以网上花店为例,阐述一下它建立网站的目的。

- 提高花店知名度

通过网站,可在全世界的范围内宣传自己的公司,提高企业的知名度,增大业务量。而这些所投入的成本却很低。

- 拓宽销售渠道,扩大客户群

只要是上网的用户,不管他来自天南海北,世界上的哪一个角落,只要他访问你网上的花店,他就成为花店的客户。

- 延长营业时间

网上的花店是一年365天,一天24小时连续开放。客户随时可以上网购花。

- 提高服务质量

由于与客户是24小时保持联络,所以可以随时了解客户的购花需求,及时调整库存花结构,

更好地为客户服务。

● 节省人力资源，减少投资成本

在网上开花店，只需将花卉的目录、价格、简介、销售方法、结算方法等相关内容放入自己的网站，不用配备专门的销售人员，不必有门市，不用去装修，没有煤、水、电的花费。大大地节省了投资成本。

7.1.2 市场调研

确定了建站目的后，应该进行广泛的市场调研。市场调研可以从产品市场调研、产品的竞争力调研、产品的消费人群调研、产品的消费区域调研、竞争对手调研 5 个方面进行。

1. 产品市场调研

首先应该了解该产品目前市场有多大需求，今后的发展前景如何。如果某个产品，市场无论是现在还是将来需求都很小，属于夕阳产业，没有多少人对它感兴趣，那么不管你制作出如何好的一个商业网站，推销该产品，就只有投入了。

2. 产品的竞争力调研

与同类型产品做一个横向比较，明确产品的竞争力。创建商务网站的目的是增强自己的优势，弥补自己的不足。

3. 产品的消费人群调研

了解产品的消费群体，包括消费者的年龄、性别、文化水平、工作性质、收入情况、家庭情况、个人喜好等，以便有针对性地进行推广。调研方式很多，主要有：举办免费知识讲座、有奖问答，发放产品调查表、产品回馈表，收集权威机构的产品分析报告以及专业公司的调查报告等。

4. 产品的消费区域调研

了解产品消费地区的特点，为进一步通过商务网站去挖掘、拓展消费区域奠定基础。

5. 竞争对手调研

针对同类型网站进行深入的调研。由于时间、人力、财力等诸多因素，市场调研覆盖的范围有一定的局限性。为了保证调研结果的可行性，在调研同类型网站的时候，应尽可能包括本行业知名和优秀的网站，了解他们网站的性能和运行情况，根据自己的特点取长补短，开发出更加优秀的网站。

7.1.3 确定网站的主题与风格

构建网站的一个主要目的就是通过网络宣传自己，特别是商务网站，通过宣传自己公司及产品，可获取巨大的经济效益。如何宣传自己及相关产品，最主要的一个问题就是定位好网站主题。

1. 主题突出自己的特色，短小精悍

制作一个商务网站，其主题应与自己的产品相关，根据本企业生产或销售产品的特点，把其特色找出来，作为网站的主题，使网上游客一看就知，一找就有。主题的定位要小，内容要专一。

2. 主题要新颖，具有前瞻性

不要固守已有的模式，即使是成功网站的模式，也只能作为一个参考，吸取其成功的一面，结合自身网站的特点，分析今后的发展方向，设计一个具有前瞻性的主题。

3. 响亮的网站名字

名字是一个符号，代表一个企业的形象，包含有深刻的内涵。应该起一个好听、好记、有一定的内涵、给浏览者更多的视觉冲击和空间想象力的名字。给网站起名是网站设计的一部分，而且是很关键的一个要素。命名原则如下：

- 名字好记，朗朗上口。就像一些好的广告词一样，让人过目不忘，广为传播。
- 尽可能与企业名称、产品名称一致，成为企业的"网上商标"。
- 名字要有特色、有格调、有品位，不与他人雷同，能体现一定的内涵，给浏览者更多的空间想象力。
- 名字一定要合理、合法，不能用反动的、迷信的、不健康的名词语句。
- 针对国内用户的网站，名字最好用中文名称。

7.1.4　定位网站 CI 形象

不同企业拥有不同的网站风格。例如网络公司网站，要体现的是高科技、现代化、数字化；化妆品公司的网站要体现的是产品的新潮、高贵。风格是非常抽象的概念，往往要结合整个站点来看，而且不同的人其审美观也不同，对于风格的喜好也很不同。所以想使每一个人都满意是不可能的。

CI（Corporate Identity）意思是通过视觉来统一企业的形象。现实生活中的 CI 策划比比皆是。例如，可口可乐公司采用全球统一、独具特色的标志、色彩和产品包装，给人们的印象极为深刻。商务网站的 CI 形象体现在企业网站的标志（Logo）、网站中的色彩搭配等多方面。

1. 网站的标志

企业的标志就如同商标一样，是企业特色和内涵的集中体现，看见标志就让大家联想到企业，如铜板标志联想到中国银行。设计制作一个企业网站的标志，可以沿用本企业的标志，如奔驰公司的网站，如图 7-1 所示。也可以使用企业的中文拼音或英文名称作为标志，采用不同的字体、字母的变形、字母的组合，并做适当的优化变形，如中央电视台的网站，如图 7-2 所示。

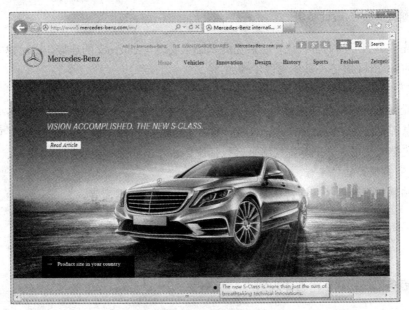

图 7-1　奔驰汽车的方向盘标志

2. 网站中的色彩搭配

蓝色象征着大方、庄重、沉稳、理智、高科技、现代化；红色代表了热情、奔放、活泼、欢乐；紫色象征的是高贵、庄重、神秘、女性化、浪漫化……

图 7-2　中央电视台的 CCTV 标志

色彩的选择、搭配直接影响到整个网站的视觉效果，单一颜色让人感觉单调、乏味；过多的颜色让人感觉轻浮、花哨。合理的色彩搭配给人以美的享受，是一个成功网站不可缺少的一部分。一个网站可以采用一种或两种主题色，用于网站的标志、标题、主菜单和主色块，给人以整体统一的感觉。当主题色确定好以后，在考虑其他配色时，尽量使用同一色系的色彩，色彩层次分明，产生良好的视觉效果。

7.1.5　确定网站的设计步骤

用户首先建立自己的内部网络，然后在此基础上实现与 Internet 的连接，进而建立自己的网站并提供相应的 Internet 服务。具体实现步骤如下：

1. 搭建商务网站网络平台

当一个企业选择自己组建网站时，需要做的一个重要工作就是构建网站的网络平台。网站的所有网络信息都存储在该网络平台上，网站的网络平台是整个网络的一个核心平台，它对整个网站的成功起着关键的作用。一个基本网络平台包括服务器、工作站、交换机、路由器、防火墙等。

2. 搭建商务网站软件平台

商务网站软件平台包括网络操作系统、Web 技术、网络数据库等。

7.2　搭建商务网站网络平台

7.2.1　商务网站网络平台整体规划

在搭建网络平台之前，对网站的需求进行系统分析是十分必要的，它对于建立完善的、符合实际需要的企业网站起到积极作用。对商务网站的需求分析主要包括以下几个方面：

（1）确定网站的安全级别。如果商务网站独成系统，不与企业内部网络连接，那么只需要考虑网站系统对外的安全性。如果商务网站与企业内部 Intranet 网络相连接，除了必须考虑网站的安全外，更重要的一点是必须有相应的措施来确保内部网络的绝对安全。

（2）确定网站内外的信息流量。内部的信息流量的确定便于我们进行 Intranet 的网段划分，将数据交换最为频繁的用户分散在不同网段上，以抑制整个网络的广播风暴，提高网络效率。外部的信息流量是指企业外部访问本网站的信息流量以及企业内部工作站访问外部站点的信息流量的总和，它是选择广域网连接方式、带宽的主要依据。

（3）确定商务网站的建设规模。了解商务网站的应用范围，确定其需要使用服务器、工作站、网络设备的用途、数量、技术参数要求。

7.2.2　网络技术的选择

商务网站最简单的设计方案是：Intranet+公网 IP+Internet 接入。首先在企业内部是构建一个采用 TCP/IP 协议的企业内部网 Innernet，然后在 Innernet 基础上采用 Internet 技术实现 Intranet，保证商务网站在 Intranet 上可以正常运转，最后申请公网 IP 地址，连接 Internet 连接线路，采用广域网技术将 Intranet 连接到 Internet 上，完成商务网站构建。网络技术的选择需要考虑如下几个因素：

- 高性价比

所选网络技术必须具有较高的数据传输速度、较低的数据延时，易于管理，数据传输可靠安全，具有很高的性能价格比。

- 便于扩展

选择网络技术应考虑到今后的升级，随着技术的发展和应用的不断深入，对网络系统的要求也越来越高。所以选择网络技术时，首先必须满足现阶段的需求，其次还要考虑到今后是否能够以较低的代价顺利地升级，以保护用户现有的投资。

- 与网站具体应用结合起来

选择网络技术，必须与网站的具体应用结合起来，保证系统的可使用性。

在目前网络技术中，千兆以太网技术速度可以达到 Gb/s 数量级，技术成熟，与以太网、快速以太网完全兼容，是目前的主流网络技术，是企业网络主干的最佳选择。图 7-3 是一个商务网站的网络拓扑结构图，该网络采用千兆位以太网技术，为整个的网络提供高达 1000×2M（全双工）速率的主干带宽，二级网络设备采用 100M 以太网交换机，实现用户端的 100M 交换到桌面。

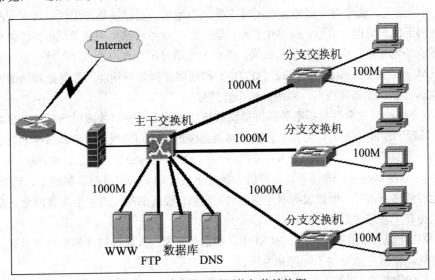

图 7-3　商务网站网络拓扑结构图

7.2.3　商务网站网络设备的选型

1. 网络设备选择原则

构建商务网站需要购置多种网络设备，它是成功构建网站的第一步。在选择和购买网络设备时，需要注意以下几个方面：

（1）网络产品品牌的选择。根据所需的网络产品，对不同厂商进行对比分析，从中选择有实力的、质量价格比最优的、具有良好的售后服务的厂商的产品。为了便于管理，尽量使用同一厂商产品，并且选择同一家系统集成商对所有设备进行集成。

（2）网络产品主要技术指标。选择网络产品要仔细考察基本指标，如选择服务器时考察其支持 CPU、SCSI 硬盘的数量、是否支持硬件 RAID；选择交换机时考察其背板带宽的数值、端口支持的 MAC 地址数、是否支持 VLAN 技术、是否支持三层交换技术；选择路由器时考察其端口的数量、广域网连接方式、安全技术方案等技术参数。

（3）网络设备的扩充能力。网络设备应该具有良好的扩充能力，以便将来需要时可以很容易地升级和对网络进行扩容。

2. 服务器

服务器是指安装了网络操作系统，在网络中为其他计算机提供文件访问、打印、通信、网络服务等功能的计算机，它一般拥有比普通计算机更高的处理器、更大的存储空间，是整个网络的核心部件，存储着网络中重要的数据，具有可靠性高、吞吐能力强、配置高、安全性强等众多特点。

用户在选择服务器时首先应该从自己的实际需求出发，预测自己在一两年后的需求变化并作出清楚的需求分析，然后再从以下几个方面作出选择。

（1）高性能。高性能是指服务器有着优越的性能指标，如采用服务器专用处理器、内存、热插拔硬盘；使用智能 I/O 技术，减轻主 CPU 的压力，优化总线传输，增加 I/O 吞吐能力。

（2）扩充性强。随着客户数量的增加，网络应用的不断扩展。为了保证网络应用不被中断，网络服务器必须具备一定的扩展性。因此，我们在选择服务器时就应该充分考虑服务器的可扩展性能。例如，从结构设计上预留硬盘、电源、插槽的扩展空间，多硬盘、多电源支持，冗余的插槽设计将为服务器今后的扩充提供有力的保证。

（3）可用性高。由于网络服务器在网络中处核心地位，通过提高可用性，最大程度地减少停机时间，有利于保护关键性数据、提高生产率，这一点对商务网站至关重要，稍有疏忽就会给自己和用户造成业务的中断，从而造成巨大损失。提高服务器可用性有两个方式：减少硬件的平均故障间隔时间（Mean Time Between Failure，MTBF）和利用智能处理功能。智能处理功能可以在出现故障时自动执行系统或部件切换，以免或减少意外停机。

（4）安全性高。安全性是指服务器可提供的持续无故障时间。故障时间越少，服务器的安全性越高。服务器的性能和质量直接关系到整个网络系统的安全可靠性。服务器部件冗余是提高服务器安全性的一个重要技术，通过在 CPU、CPU 风扇、CPU 电源模块、硬盘、内存保护、PCI 通道、SCSI 控制卡、电源、网卡、阵列卡甚至整机上的冗余设计，采用带电热插拔技术、智能 I/O 技术，最大程度地降低单点故障，保证服务器正常运转。当然，设备部件冗余至少需要两套完全相同的部件，也大大提高了系统的造价。

（5）模块化设计。通过对电源、SCSI 卡、硬盘、网卡、风扇等部件的模块化设计，结合设备的热插拔性能，使服务器更利于管理和维护。

（6）可管理性强。服务器的可管理性涉及系统本身的维护、资源开发、用户资源管理以及支持的最关键的性能。拥有丰富管理软件、简易的操作界面，无疑是保证服务器长期正常运转的一个必备条件。

3. 交换机

交换机是组成网络系统的核心设备，选择交换机需要从交换能力、交换端口的数量、交换方式、配置、芯片、交换机技术等多个方面去考虑。

（1）交换能力的选择。影响交换机交换能力的主要因素有端口速率、背板带宽、包转发率 3 个指标。

● 端口速率

交换机的端口速率有 10M、100M、10/100M、1000M 四种。在大型企业网络中，主干交换机都是采用千兆以太网交换技术。而 100M 交换机则在中小型企业网络的主干中发挥作用，或者在大型企业网络中扮演二级交换机的角色。

● 背板带宽

高背板带宽可以在高负荷下为交换机提供高速交换。很多低档交换机虽然也称为 100M 交换机，但是其背板带宽很低，无法实现真正的 100M 交换。

● 包转发率

包转发率即交换机每秒转发数据包的数量，应该选择包转发率高的交换机。

通过对交换机的端口速率、背板带宽、包转发率 3 个指标进行综合的选择，确保交换机总交换能力符合实际的需求。

（2）交换端口的数量。根据实际应用需要确定所需带宽，画出相应网络拓扑结构图，服务器、管理站等重要设备都应放置在主干交换机上，其他设备则连接在分支交换机上。以此为依据计算出主干交换机、分支交换机实际所需端口数，应适当考虑近期有可能的扩展，确保所有设备都能够连接到合适的端口上。

（3）交换方式的选择。交换机有三种交换方式，有些交换机只支持直通式、存储转发式，并不支持碎片隔离。应尽量选择支持三种交换技术的交换机，以适应各种不同的应用。

（4）配置的选择。目前市场上的交换机从设计理念上讲只有两种：模块化交换机和固定配置交换机。模块化交换机具有很强的扩展性能，通过增加扩展模块，如千兆以太网模块、快速以太网模块、FDDI 模块、ATM 模块等，增加网络端口数量，实现不同网络之间的互联。模块化交换机价格比较昂贵，一般作为大型企业网络主干交换机使用。固定配置交换机具有固定端口的配置，无法进行端口的扩充，但是价格比较便宜，是分支交换机及中小型企业主干交换机的首选产品。

（5）芯片的选择。交换机的 CPU 芯片分为两种：通用的 CPU 芯片和专用的 CPU 芯片。通用 CPU 芯片不是专门为交换机设计的，当交换机的多个端口同时传输数据时，极易造成数据丢包，导致网络堵塞。专用的 CPU 芯片是针对交换机而设计的，效率比较高，可以有效地减小冲突，获得高速的带宽。在网络主干交换机中，处理器的任务十分繁重。因此，一定要选择采用专用芯片的交换机。

（6）交换机技术的选择。根据应用的不同，可能需要交换机具备相应的技术来满足联网的需要，如网络管理能力（智能交换机）、VLAN 管理能力、路由选择能力（三层交换机）、容错能力等。

4. 路由器

路由器是一种典型的网络层设备，用于连接多个逻辑上分开的网络，当数据从一个子网传输到另一个子网时，可通过路由器来完成。路由器具有判断网络地址和选择路径的功能，它可以连接不同传输速率并运行于各种环境的局域网和广域网。

选择路由器时，要根据网络规模、数据的流量、网络的安全级别、使用的场合等诸多因素进行综合考虑。

高档路由器采用模块化设计，具有高端口密度、吞吐量大、安全性高、扩展能力强、支持多种协议等特点，主要用于大型企业网络互联。

中档路由器也采用模块化设计，具有多端口、一定的扩展能力、支持常用协议等特点，主要用于中小型企业网络互联。

低档路由器一般拥有 1～2 个局域网端口、1～2 个广域网端口、支持拨号连接和低速专线连接、配置简单，主要用于小型企业实现远程接入。

7.3　搭建商务网站软件平台

7.3.1　商务网站操作系统的选择

网络操作系统是计算机网络系统的重要组成部分，它是运行在服务器上的软件。网络操作系统定义了资源如何在网络上共享，为服务器提供了基本运行环境，以便安全、可靠地存储数据并同时满足大量用户的请求。

网络操作系统的选择非常重要，决定了网络环境的整体观感。同时，网络操作系统将决定组建的网络系统使用网络协议的类型、应用的软件种类、数据流动的方式、网络互联的能力、设备的选型、服务器的管理方法、客户端的登录方式等多方面。在规划和设计网络方案，选择网络操作系统时，需要从如下几个方面进行考虑：

● 兼容性

网络的客户端可能采用不同的操作系统，拥有不同的计算机产品，因此网络操作系统应该与各种计算机产品、各种操作系统兼容。

● 扩展性

支持多服务器、多 CPU、大内存、快速存储器，能实现服务器之间、服务器与工作站之间的快速信息传输，使系统能自由地伸缩；支持多种网络协议，能实现不同系统和网络之间的无缝连接；支持远程访问，远程用户能快速连入网络；应用支持广泛，有着丰富的应用软件，方便网络的应用，通常这些应用软件包括电子邮件系统、系统备份软件、防病毒软件、Web 软件、文字编辑软件、多媒体软件等；开放的程序设计和技术支持，便于系统的再开发。

● 可管理性

完善的网络管理非常重要，它可以帮助网络管理人员更好地管理网络、查找问题和最佳地设置服务器。

● 可靠性

可靠性是保证网络正常运转的基础，网络系统是否支持 RAID、支持 RAID 的级别，是否支持热插拔设备，是否具备日志功能，是否具备 UPS 电源智能监控性能。它们是考察网络操作系统的可靠性的关键指标。

● 安全性

通过对用户权限和资源使用的控制，保证网络系统的安全性能。具有良好安全性能和资源控制功能是整个网络安全的重要前提。

● 价格因素

高性价比的产品永远是用户的首选。

根据商务网站的特点，其网络操作系统通常选择 Windows Server 2003 或者 Linux。

7.3.2　商务网站开发工具的选择

Web 技术是互联网的核心内容，Web 技术的出现使得互联网迅猛发展。早期的网站采用静态的网页，只提供简单的用户浏览信息功能，无法实现用户和网站的交互，无法满足商务网站的需求。

CGI 技术的出现，弥补了不能交互的缺点。但用户在使用 CGI 程序时，CGI 采用进程作为资源分配的基本单位，资源浪费严重，限制访问网站的用户数和访问速度。

采用线程机制的 API 的推出，解决了 CGI 的不足，使 Web 程序获得飞速的发展。API 的缺点是不太稳定，并且要求较高程序的设计水平。

1995 年，Java 的出现给网站设计带来了曙光。Java 是一个跨平台的程序设计语言，以其一次编译、处处运行的优势，迅速得到了推广。与此同时，网站的软件技术出现了 3P，即 ASP、PHP、JSP。

（1）ASP 是嵌入在 HTML 中的一种服务器端编程的 Web 开发技术，客户端请求网页时，ASP 文件先在服务器端编译执行，再以 HTML 格式传送给客户端浏览器显示，保护了 ASP 程序的安全。ASP 使用的脚本语言是可扩充的，不仅可以使用默认的 VBScript 语言，也可以使用 JavaScript 或 JScript，其主要缺点是大量的 HTML 代码和 VBScript、JavaScript 代码混合在一起，修改程序非常困难。

（2）PHP 是自由软件，其源代码也是向外公开的。不仅它是免费的，和其配合使用的 Apache Server、MySQL 数据库也是免费的。

PHP 具有跨平台性，而且代码可以重用。采用类似 C 和 Perl 的语言格式，配备相当丰富的函数库，如实现文件上传、存取数据库中的二进制图片数据、作图、XML 解析等功能都可以通过函数实现，而这些功能在 ASP 中需要引入专门的控件才可以实现。其缺点是技术支持匮乏、编程语言不易掌握、数据库接口函数不统一。

（3）JSP（Java Server Pages）是由 Sun Microsystems 公司倡导、许多公司参与一起建立的一种类似于 ASP 的动态网页技术标准。它是在传统的网页 HTML 文件中插入 Java 程序段和 JSP 标记，从而形成 JSP 文件。

3P 有一个共同的缺点，就是 HTML 网页代码和脚本混杂，大大增加了网站开发和维护的难度。

1. .NET 技术

.NET 技术是由微软公司推出的，采用可扩展标记语言（Extensible Markup Language，XML）格式交换信息，XML 是目前通用的一种数据存储格式，简单易学。

.NET 应用程序框架是一个多语言组件开发和执行环境，它支持 C++、C#、Visual Basic 及 JScript，是 Microsoft 公司发布的一套编程工具和应用编程接口（API）。

2. ASP.NET

ASP.NET 技术是 Microsoft 公司推出的新一代动态 Web 开发技术，是全新的服务器端 ASP 脚本。ASP.NET 是使用.NET 应用程序框架提供的编程类库构建而成的，它提供了 Web 应用程序模型，该模型由一组控件和一个基本结构组成，使用该模型可以让 ASP.NET Web 开发变得非常容易。

ASP.NET 采用完全的基于组件和模块化的可视化设计，使用 VB.NET 和 C#等面向对象的模块化语言编写程序，采用网页与程序分离技术提高了代码利用效率，便于维护和修改。

ASP.NET 程序的运行需要 Web 服务器的环境支持，并且根据服务浏览器请求指示在服务器上执行程序，ASP.NET 页面是在服务器上执行以后产生结果的。

（1）ASP.NET 运行过程。ASP.NET 页面以.aspx 扩展名存储。页面由文本、HTML 标记、ASP.NET 特定服务器标记和脚本组成，存储在 Web 服务器上。当 Web 客户端在浏览器请求访问一个 ASP.NET 文件时，ASP.NET 引擎先将 ASPX 文件转换成源程序代码，然后编译成一个 DLL 文件，接着将此网页当成一个类，在内存中建立此对象的实体，并进行初始化操作，最后才将纯标记执行结果返回到客户端的浏览器。很显然，所有的动态过程都发生在 Web 服务器端，保证 Web 服务的性能。

（2）ASP.NET 与 ASP 比较。ASP.NET 在 Web 编程中引入了一些独特的新技术，与 ASP 相比，其具有如下特点：

● 语言独立性

ASP.NET 是基于通用语言的编译运行的程序，通用语言的基本库，消息机制，数据接口的处理都能无缝地整合到 ASP.NET 的 Web 应用中。ASP.NET 是语言独立化的，用户可以根据自身的特长以及需要来选择构建 ASP.NET 应用程序的语言，如 C#、VB 或 J#。而典型的 ASP 则仅限于 JScript 或者 VBScript 页面。

● 运行速度快

ASP.NET 在服务器端动态地将页面编译成可以快速运行的本机编程指令，而 ASP 在每一次页面请求时都解释编程结构。

● 事件驱动编程模式，代码简洁

ASP.NET 引入了事件驱动模型，将代码与标记内容分离，极大地提高了页面的可读性和可维护性。而 ASP 的页面采用自顶向下的线性方式执行，将 HTML 标记与程序指令混合在一起，不便于维护。

（3）ASP.NET 三层架构。ASP.NET 采用三层架构，便于组件的重用，自底向上分别为：数据访问层（DAL）、业务逻辑层（BLL）和表示层（PL）。

三层结构是一种严格分层方法，即数据访问层只能被业务逻辑层访问，业务逻辑层只能被表示层访问，用户通过表示层将请求传送给业务逻辑层，业务逻辑层完成相关业务规则和逻辑，并通过数据访问层访问数据库获得数据，然后按照相反的顺序依次返回将数据显示在表示层。

（4）ASP.NET 客户端。用户使用浏览器作为 ASP.NET 应用程序的客户端，进行 ASP.NET 应用程序的访问。

（5）数据库连接。ASP.NET 通过 ADO.NET（Active Data Object 动态数据对象）上的 Managed Provider（管理供应商）所提供的应用程序编程接口（API）来实现数据源的数据访问。

3．ASP.NET 开发工具

ASP 使用 DreamWare、FrontPage、记事本等工具进行页面开发，这些工具不会对 ASP 应用程序的开发和运行带来性能提升，必须安装 IIS 后才能运行应用程序。

Visual Studio 是.NET 框架进行应用程序开发的最常用工具，Visual Studio 能够快速构建 ASP.NET 应用程序，并为 ASP.NET 应用程序提供所需要的类库、控件和智能提示等支持。ASP.NET 开发人员可以直接使用现有的 ASP.NET 控件，拖动相应的控件到页面中，实现复杂的应用程序编写，完成高效的应用程序开发。在 Visual Studio 环境中，Visual Studio 提供了虚拟的服务器环境，能够直接编译和运行 ASP.NET 应用程序。

7.3.3　商务网站数据库的选择

在企业信息化的今天，网站将不再是一个独立的信息孤岛，网站上的信息越来越多，它的内容将与企业的业务直接发生关系。这时如何方便有效地让网站信息"活"起来，主要是看网站制作的手段，如果靠写 HTML 网页的方式更新一个网站，且不说更新成本会有多高，就时间来说，它也是不能保证的。

为了使信息"活"起来，通常采用数据库的方法来实现信息的存储，将网站的网页与数据库连接起来，使得网站随时可以获取数据信息。特别是当数据库的记录动态更新时，网站也可同时获取动态数据信息；反之当网站的数据信息发生变化，与之相连的数据库的相应记录也会发生动态变化。

最常见的动态数据库例子就是网站的用户信息表，当一个用户在某个网站申请一个合法用户名时，其在网页上输入个人信息，一旦单击"确认"按钮，将动态更新到与该网页相连的数据库里。一个合法的用户在登录某个网站时，其必须先输入用户名及密码，然后网页通过与之相连的数据库调用相关记录，可以确认该用户的合法性及相关的权限，实现了网页与数据库的动态连接。

目前数据库的种类很多，可以应用于网站的数据库，最常用的有 Oracle、MySQL、SQL Server 等。

1．Oracle

Oracle 由甲骨文公司开发，支持多用户、大事务量的事务处理，支持分布式数据处理，具有良好的兼容性、可移植性、可连接性，在数据库领域一直处于领先地位。Oracle 数据库系统广泛应用在银行业。

2．MySQL

MySQL 是一个小型关系型数据库管理系统，开发者为瑞典 MySQLAB 公司，MySQL 数据库运行速度快，是一种完全免费的产品，用户可以直接从网上下载数据库，用于个人或商业用途，而不必支付任何费用。

3．SQL Server

SQL Server 是一个客户机/服务器系统，其结构可以划分为客户机（Client）和服务器（Server）两部分。SQL Server 最初由 Microsoft、Sybase 和 Ashton-Tate 三家公司共同开发，并于 1988 年推出了第一个 OS/2 版本，后来微软公司开始为 Windows NT 平台开发新的 SQL Server 版本，1996 年，Microsoft 推出了 SQL Server 6.5 版本；1998 年，推出了 SQL Server 7.0 版本。2000 年，在 SQL Server 7.0 版本的基础上，Microsoft 公司推出了 SQL Server 2000 数据库管理系统。SQL Server 2000 在数据库性能、数据可靠性、易用性方面做了重大的改进，是最经典的、拥有大量用户的 SQL Server 数据库版本。

2005 年，Microsoft 推出了 SQL Server 2005，其是一个全面的数据库平台，使用集成的商业智能（BI）工具提供了企业级的数据管理。SQL Server 2005 数据库引擎为关系型数据和结构化数据提供了更安全、可靠的存储功能，便于构建和管理高可用和高性能的数据应用程序。

2008 年 3 月，Microsoft 推出了 SQL Server 2008，它添加了许多新的特性和关键的改进，成为至今为止最强大和最全面的 SQL Server 版本。其采用 Transact-SQL 技术在客户机和服务器之间传递信息，扮演着后端数据库的角色，是数据的汇总与管理中心。SQL Server 在电子商务、数据仓库和数据库解决方案等应用中起着重要的作用，为企业的数据管理提供强大的支持。

2012 年 3 月 7 日，微软发布最新的 SQL Server 2012 RTM（Release-to-Manufacturing）版本，SQL Server 2012 的定位是帮助企业处理每年大量的数据（Z 级别）增长，使用"大数据"来替代"云"的概念。

基于微软操作系统平台，SQL Server 是网站数据库首选；基于 Linux 操作系统，对于中小型网站可以采用 MySQL 作为数据库。

小　结

本章论述了商务网站的规划以及软硬件平台的选择。网站的设计从规划开始，一个商务网站的规划分为确定网站建设目标、市场调研、确定网站的主题与风格、定位网站 CI 形象和确定网站的设计步骤 5 个步骤。

搭建商务网站网络平台最简单的设计方案是：Intranet+公网 IP+因特网接入。首先在企业内部是构建一个采用 TCP/IP 协议的企业内部网 Innernet，然后在 Innernet 基础上采用 Internet 技术实现 Intranet，保证商务网站在 Intranet 上可以正常运转，最后申请公网 IP 地址，连接 Internet 连接线路，采用广域网技术将 Intranet 连接到 Internet 上，完成商务网站构建。选择网络技术是构建 Intranet 的一个主要环节，为 Intranet 选择合适的网络设备是保证网络性能的前提。

商务网站操作系统、开发工具、数据库的选择为搭建商务网站软件平台奠定基础。

习　题

一、填空题

1. 确定了建站目的后，应该进行广泛的市场调研。市场调研可以从产品市场调研、产品的竞争力调研、产品的消费人群调研、_____、竞争对手调研 5 个方面进行。

2. CI（Corporate Identity）意思是通过_____来统一企业的形象。

3. 交换机有三种交换方式，有些交换机只支持直通式、_____，并不支持碎片隔离。应尽量选择支持三种交换技术的交换机，以适应各种不同的应用。

4. ASP 是嵌入在 HTML 中的一种服务器端编程的 Web 开发技术，客户端请求网页时，ASP 文件先在_____编译执行，再以 HTML 格式传送给_____浏览器显示，保护了 ASP 程序的安全。

5. 包转发率即交换机_____的数量，应该选择包转发率高的交换机。

二、判断题

1. 模块化交换机价格比较昂贵，一般作为大型企业网络主干交换机使用。固定配置交换机具有固定端口的配置，无法进行端口的扩充，但是价格比较便宜，是分支交换机及中小型企业主干交换机的首选产品。　　　　　　　　　　　　　　　　　　　　　　（　　）

2. PHP 是自由软件，其源代码也是向外公开的。但和其配合使用的 Apache Server、MySQL 数据库等是商业软件。　　　　　　　　　　　　　　　　　　　　　　　　（　　）

3．JSP 是由 Sun 公司倡导、许多公司参与一起建立的一种类似于 ASP 的动态网页技术标准。它是在传统的网页 HTML 文件中插入 Java 程序段和 JSP 标记，从而形成 JSP 文件。（　　）

4．影响交换机交换能力主要因素有端口速率、背板带宽、端口数量 3 个指标。（　　）

三、简答题

1．ASP.NET 与 ASP 比较有哪些优势？

2．构建商务网站时如何选择交换机？

第8章　网站应用实例

🗨 **知识点：**

- 远程教育
- 系统工作流程
- 系统的功能结构
- 数据库设计
- 安全设计

⚡ **难点：**

- 数据库设计
- 安全设计

◆ **要求**

熟练掌握以下内容：
- 系统需求分析
- 系统总体设计
- 数据库设计
- 安全设计

了解以下内容：
- 远程教育

8.1　远程教育网站概述

1998 年国务院批准了教育部《关于发展我国现代远程教育的意见》，标志着中国的现代远程教育开始进入了一个崭新的快速发展阶段。目前，国内的远程教育已逐步进入以计算机网络技术和多媒体技术为基础的现代远程网络教学阶段。远程网络教学又称网上教育，它是以计算机网络技术、多媒体技术为基础，以决策科学、系统科学和人工智能为指导，采用远程交互式多媒体教学手段，实现了跨越时间和空间的教学活动。人们在开放的计算机网络环境下，不受时间和空间的限制，从网上共享优秀的教学资源，并可以与其他在线学习者、教师讨论，完成双向交互式的教学活动。

我国第三代领导人江泽民总书记在全国教育工作会议上讲："终身学习是当今社会发展的必然趋势。要逐步建立和完善有利于终身学习的教育制度。要以远程教育为依托，形成覆盖全国城乡的开放教育系统，为各类社会成员提供多层次、多样化的教育服务。"

实施远程网络教育将为推进我国教育的大众化和终身化奠定良好的基础，从而逐步缩小与发达国家的差距，从整体上提高国民的素质。

远程网络教育系统的开发模式主要有三种：个别化学习模式、协作型学习模式和教师辅导模式。

（1）个别化学习模式。根据受教育对象的特点不同，制定不同的教学方法，以满足个别化的学习要求。主要包括在线浏览模式、课件资源下载模式、在线测试模式等。

（2）协作型学习模式。为多个学习者提供对相同问题用不同观念和方法进行观察比较和分析综合的环境，使学习者在同一环境中互相学习、互相交流、互相促进。采用的 Web 技术主要有 BBS、聊天室等。

（3）教师辅导模式。强化教师在教学过程中的指导作用。采用 Web 技术实现在线的辅导，并配合在线作业系统、在线考试系统、在线点播系统，提高远程教学质量。

成人高校技能课远程教学网站应该综合这三种模式的特点，实现自主学习、交互学习和教师辅导学习。

8.2　系统需求

在网络远程教学模式中，教学工作重点不再是以教师为中心，而应该转变为以学生为中心。因此针对教学过程中所涉及的不同用户（任课教师、教务管理人员、学生），其所具备的特征也应该与常规教学方式不同。教务管理人员是网络远程教学的管理者；任课教师是网络远程教学的信息提供者和设计者，是网上教学的领航员；学生是网络远程教学的对象。

根据以上的分析，一套可行的成人高校技能课远程教学系统应该达到以下目标：

（1）学校教务管理部门。可以按照技能课教学的实际需求，实时、方便地设置技能课开课信息，管理技能课的开展情况。

（2）技能课任课教师。可以及时、有效地将各种教学资源发布到网上，管理该课程的教学工作，并可以及时了解到学生的学习进展情况。

（3）学生。可以随时随地利用 Internet/Intranet 访问成人高校技能课远程教学网站，教学网站上有丰富的教学资源，方便学生使用，可以实现网上模拟教学和教学实验，并可以通过网络与教师实现交互式教学，顺利完成学习任务。

总之，设计成人高校技能课远程教学网站的主要目的就是，利用计算机技术、多媒体技术构建一个技能课远程教学平台，实现技能课教学的网络化，方便在职学生随时随地、自由自在地学习，使"工学矛盾"造成的教学负作用降到最低，并方便教师和教务管理人员对技能课的管理工作，提高了工作效率。

8.3　系统的总体设计

远程教学只是教学的一种形式，不论形式如何高级、先进，但教育的精髓是教学的内容。技术为应用服务，成人高校技能课远程教学网站正是在这样的思想指导下开发的。

1. 系统设计原则

设计系统时，应该遵循先进性、实用性、易用性、扩展性的设计原则。

● 先进性

要求网络远程系统采用当前主流开发技术，成人高校技能课远程教学网站平台网络操作系统采用 Windows Server 2003，软件开发模式采用 Browser/Server 三层结构，软件开发技术采用 ASP.NET 技术，数据库服务器采用 SQL Server。

- 实用性

作为现有教学系统的补充，利用本系统，学生在 Internet/Intranet 环境下可以随时随地学习，解决了工学矛盾对学生学习产生的影响，保证了教学质量。

- 易用性

具有良好的可视化的用户界面，操作简便。

- 可扩展性

系统采用模块化的设计方法，用户可以根据实际的需求增加教学模块，实现相应的功能。

2．系统软件平台选择

（1）架构的选择。通过对 C/S 模式、B/S 模式进行对比和分析，考虑到系统的灵活性、安全可靠性，成人高校技能课远程教学网站采用三层 B/S 结构模式进行开发。

（2）网络操作系统平台。网络操作系统的基本任务是屏蔽本地资源与网络资源的差异性，提供各种基本的网络服务功能。综合各种网络操作系统的特点，基于易用性、安全性、可靠性、兼容性、软件的支持等因素，本设计选择 Windows Server 2003。

（3）软件开发平台的选择。时下业界主流的 B/S 的开发技术有两种：一种是 Sun 公司的 J2EE 解决方案；另一种是 Microsoft 公司的 Visual Studio.NET，这两种解决方案各有千秋。在本设计中使用的是 Microsoft Visual Studio.NET 中的 ASP.NET，开发语言主要采用的是 VB.NET。

SQL Server 作为微软公司的 ".NET" 战略中为企业开发的数据库产品，与 ASP.NET 的兼容性好，易于使用，功能完善，目前已广泛地应用到各行各业中。因此，本系统数据库选择 SQL Server。

3．系统网络结构

网络的拓扑结构是指网络中各节点相连接的方法和形式。目前主要的拓扑结构种类有总线型、星型、环型、网状型等。本系统采用目前主流的星型拓扑结构，其拓扑结构如图 8-1 所示。

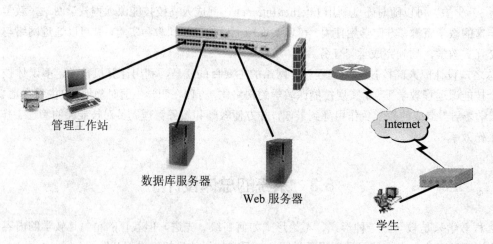

图 8-1　成人高校技能课远程教学网站网络拓扑结构示意图

至此，本设计的开发模式、开发平台、开发技术、数据库技术已经定型，即采用星型网络拓扑结构、Browser/Server 开发模式、ASP.NET+ SQL Server 技术进行开发，与 ASP.NET 相配合，网络操作系统选择 Windows Server 2003。

4．系统工作流程

成人高校技能课远程教学网站系统的工作流程如图 8-2 所示。

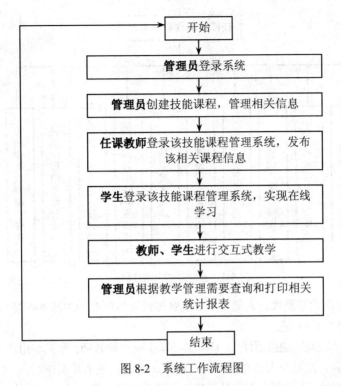

图 8-2　系统工作流程图

由图 8-2 可以看出，成人高校技能课远程教学网站可以在网上全面模拟技能课教学过程，满足教务、任课教师、学生等各个方面的实际需要。在该系统中，任课教师可以编辑适合技能课课程教学的个性化的实验、作业和考试试卷，在线批改作业和实验报告，并及时反馈给学生。学生通过教学录像、教学课件的在线点播学习到相关课程知识；通过模拟实验软件完成相关实验内容；通过网络传递提交课程作业、实验报告，完成在线考试等功能，并及时得到教师的批阅意见；通过在线论坛，学生与学生之间、学生与老师之间可以方便地实现教学交互。

在线论坛贯穿整个远程教学过程。例如，某个注册学生在远程教学的任何一个环节都可以在论坛中发表主题，提出自己在该技能课程学习中遇见的一些问题，其他同学和教师看见这个帖子后，就会及时回复主题，帮助这位同学解决问题。重要的一点是，教师可以在论坛中发表主题，提出相关问题，由同学们按照分组进行实时讨论，实现教师与学生的互动。这也极大地方便了任课教师的教学，便于其了解本课程学生的学习状况，以便及时调整教学实施方案。

该系统充分利用了计算机网络技术辅助教学的优势，既解决了工学矛盾，又可以帮助学生巩固上课所学内容（一遍不行可以多遍）。

5. 系统的功能结构

系统的功能结构是指技能课远程教学系统功能模块的划分。本系统按照功能流程划分为 10 个模块：技能课程信息管理模块、人员基本情况管理模块、注册用户管理模块、选课管理模块、开课班级管理模块、信息发布模块、技能课程教学资料管理模块、技能课程教学论坛管理模块、技能课程信息统计模块、技能课程数据维护模块，如图 8-3 所示。对应的用户角色分别为教务管理人员、任课教师和学生。

（1）技能课程信息管理模块。技能课程信息管理模块由系统管理员维护，实现技能课程的添加、删除、修改与查询工作，并负责各技能课授课教师、授课专业班级及上课学生的指派，各技能课程信息文档（包括教学大纲、教学目标、教学参考文献）的添加、删除、修改与查询等功能。

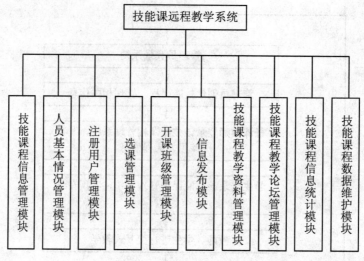

图 8-3　系统功能模块划分

（2）人员基本情况管理模块。人员基本情况管理模块包括对学生基本信息和教师基本信息的添加、修改、查询、显示等功能。

（3）注册用户管理模块。注册用户管理模块可以实现授课教师、学生等用户的注册信息管理，包括注册号、注册密码、注册个人信息的添加、删除、修改、显示等操作。

（4）选课管理模块。选课管理模块是提供给注册学生进行选课的功能模块，根据课程信息管理模块中指定的技能课程与授课班级的对应关系，显示出该学生可选课程列表，注册学生可以从可选课程列表中选择其需要学习的技能课程，如果已经选择了该门课程，再选择就会有错误提示。选择技能课程后，需要在该课程下选择开课班级，当学生选择了开课班级（教室），也就等同于选择了任课教师（不同教室对应不同的任课教师）。由于目前成人高校还没有采用学分制，因此本系统的选课模块主要功能是学生选择开课班级，即选择上课时间段，该项功能的实施可以有效地缓解在职学生的工学矛盾。

（5）开课班级管理模块。开课班级管理模块主要功能包括：选课学生在所选开课班级中选择小组和座位号（用于排座位、实验分组和小组讨论）；授课教师可以对开课班级的信息进行查询和编辑，并根据实际需要调整开课班级学生的座次表；教务管理人员可以设置学生选择该开课班级的终止时间以及该开课班级的最大选课人数等。

（6）信息发布模块。信息发布模块提供信息发布的功能，管理员可以通过该信息平台发布教学信息，并可以在系统的首页滚动显示。例如，发布指导学生合理选课的信息，避免学生选课过度地集中；授课教师可以通过该信息平台发布通知和教学信息。例如，调整上机时间的通知等，使学生可以及时了解到相关信息，保证了正常教学秩序的顺利完成。

（7）技能课程教学资料管理模块。任课教师通过技能课程教学资料管理模块可以实现技能课程相关的教学资料（课程录像、课件、教学文档、作业题目、实验内容、考试内容、学生各项成绩、模拟实验软件等）的添加、删除、修改与查询等功能；选修该技能课程的注册学生可以通过技能课程教学资料管理模块实现相关教学资料的下载和在线播放，实现实验报告、作业的提交，实现在线考试、模拟实验和课程成绩查看等诸多功能。

（8）技能课程教学论坛管理模块。注册学生可以通过技能课程教学论坛管理模块发表主题，提出自己在学习、实验中遇到的一些疑难问题。任课教师和其他同学可以及时回复主题，帮助这些同学解决学习中遇到的困难。任课教师还可以组织教学讨论，了解学生学习中遇到的问题，便于其及时调整教学方案，提高教学效率。管理员可以对论坛信息进行有效的管理。

（9）技能课程信息统计模块。技能课程信息统计模块可以帮助教务管理人员及时查询或打印技能课程的相关统计信息，如授课教师开课情况统计、学生选课情况统计、学生各项成绩统计等信息。

（10）技能课程数据维护模块。管理员可以通过该模块实现技能课数据库信息的备份和还原工作，确保这些信息的安全。

8.4 系统数据库设计

关系数据库逻辑设计主要采用实体－联系方法（E-R 图），其设计过程如下：首先根据用户的实际需求，直观地识别出不同的实体、属性、联系等元素，然后用 E-R 图将这些元素表示出来。在创建 E-R 图之后，数据库设计人员就可以通过相关的转换规则，将实体－联系转换为关系数据库的关系模型，并确定各关系模式的属性、关键字和完整性约束。图 8-4 展示了本系统主要组成部分的 E-R 图，包含本系统中 6 个主要的表之间的关联关系。

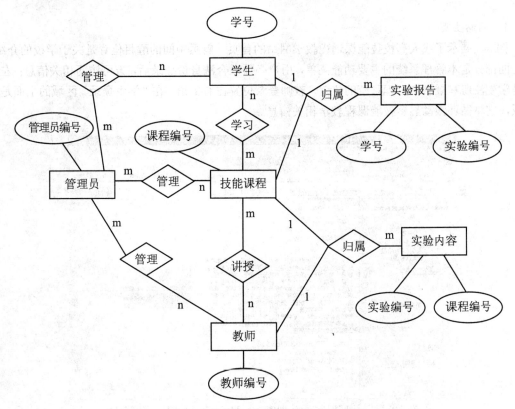

图 8-4 本系统主要组成部分的 E-R 图

其他的表之间的关联关系简单描述如下：

作业表、教师发布资料表与实验内容表类似，都归属于技能课程和教师，属于多对一的关系，每个任课教师都可以布置多份作业，上传多份教学资料，每门课程都可以包含多份作业、多份教学资料；学生作业表与实验报告表类似，都归属于技能课程和学生，属于多对一的关系，每个学生都可以上传多份作业，每门课程都可以包含多份作业；信息发布、主题信息表、回复主题信息表归属于管理员、教师、学生，属于多对一的关系，每个教师、管理员可以发布多条公告信息、主题信息、回复主题信息，每个学生可以发布多条主题信息、回复主题信息。

在本系统中，主要数据库表有21个，分别是学生基本信息表（stinfo表）、学生选课注册表（stlogin表）、学生开课班级表（stclass表）、学生座位表（stseat表）、教师基本信息表（tinfo表）、教师注册表（tlogin表）、教师发布资料信息表（t_up表）、课程信息表（course表）、教师－课程表（xk_teacher表）、学生－课程表（xk_student表）、作业信息表（homework表）、作业提交表（hw_tj表）、实验信息表（syinfo表）、实验报告提交表（sy_tj表）、成绩权重表（rate表）、发布信息表（message表）、管理员信息表（ainfo表）、主题信息表（info-topic）、回复主题信息表（an-topic）、考试题目信息表（info-exam）、学生成绩信息表（result- exam）。

在数据库的设计中需要考虑数据完整性，保证数据的正确性和相容性，它包括实体完整性、参照完整性和用户定义的完整性。其中，实体完整性和参照完整性规定关系模型必须满足的两个完整性规则。

8.5　系统功能的实现

1. 网站主页

图8-5展示了成人高校技能课远程教学网站的首页，首页中间的醒目位置是关于学校的介绍；最上面部分是本管理系统的主要功能菜单，用户必须以合法身份登录后，方可访问相关信息；左下角是学生注册和登录本管理系统的位置，教师登录位置在右上角。在"学生登录"区域的上面是公告板，它将循环滚动显示技能课程教学相关信息。

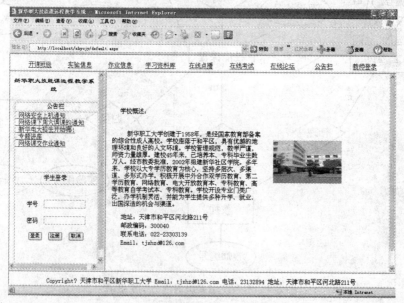

图 8-5　技能课远程教学系统首页

2. 管理员主要功能介绍

管理员首先按照技能课程开设要求创建课程，新增课程在建立的同时，会在网站服务器的指定位置自动生成对应的文件夹，以后学生上传的实验报告文件、作业文件，任课教师提供的教学辅助材料均放置在该文件夹下。

管理员在添加课程的同时，可以设置本课程的相关课程信息，如课程的教学大纲、教学目标、教学参考资料等，如图 8-6 所示。接着根据教务的要求，管理员需要指定教授该门课程的教师以及要学习这门课程的学生，在该系统中，允许对一门课程指定多名任课教师，其界面如图 8-7 所示。

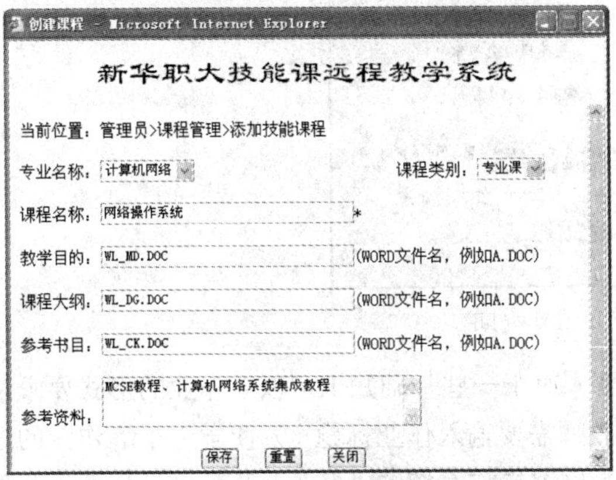

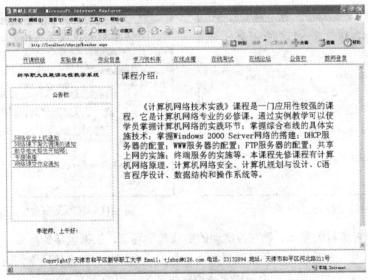

图 8-6　添加技能课课程信息界面 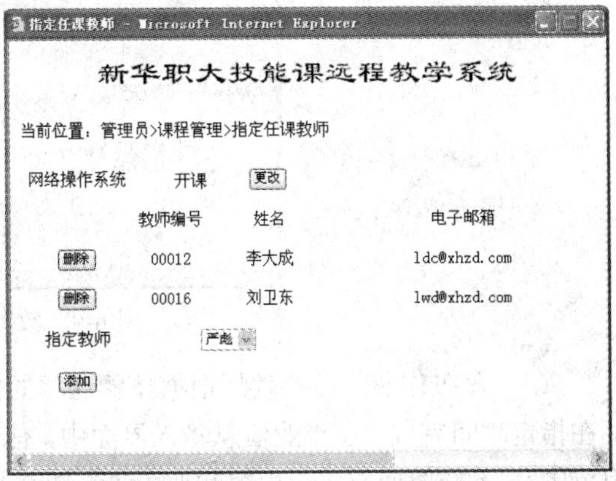　　　　　图 8-7　为技能课程指定任课教师

3. 任课教师主界面及相关功能介绍

任课教师根据管理员指定的用户名和密码登录系统，选择相关技能课程后，就可以进入该技能课程远程教学系统，其主界面如图 8-8 所示。

图 8-8　教师主界面

在该系统中，任课教师可以模拟实际课堂，实现多项功能，主要的功能如下：

（1）发布课程通知。任课教师可以利用公告板发布课程相关通知，如开课通知、调整上机时间、调整座位等通知，使学生可以及时了解到教学的相关信息。图 8-9 是任课教师发布通知的界面，在通知输入窗口中，首先需要输入通知的标题，其长度不能超过 50 个字，且不允许为空，其作用是方便学生了解此通知的要点。然后指定通知的对象，通知的对象可以是全体学生、某个开课班的全班同学，也可以是某个同学，默认为全体学生。由于只有指定的通知对象可以看见相关的通知信息，因此借助这项功能，任课教师可以有针对性地辅导部分同学的学习。

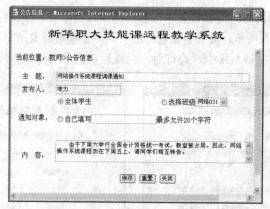

图 8-9　教师发布通知界面

（2）发布作业。任课教师根据技能课程的需要，对于一些基础知识可以以作业的形式要求学生在指定时间完成。在作业信息输入界面中，任课教师需要输入作业标题（方便学生了解作业的适用范围）、上交时间、作业内容和要求等。图 8-10 是网络操作系统的"资源共享"部分作业，其作用是使学生在做相关的实验前，加深对共享权限、NTFS 权限、分布式文件系统的理解，特别是对"有效权限"分析的能力，以提高做实验的效果。

（3）实验内容的发布。任课教师可以根据所教技能课程的需要，布置相关实验，指定实验要求、实验内容、实验地址等相关信息。发布实验信息的界面如图 8-11 所示。

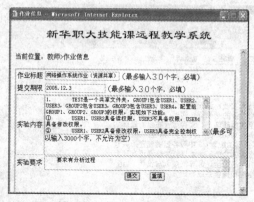

图 8-10　教师发布作业界面

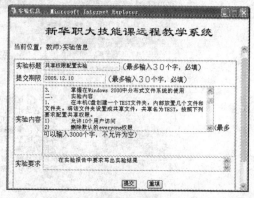

图 8-11　教师发布实验信息界面

（4）教学参考资料的发布。针对技能课的实践教学环节，根据教学的需要，任课教师可以把教学录像、教学课件、实验模拟软件等教学参考资料发布到网站，以方便同学们随时随地学习。这一点对于成人高校来说尤为重要。由于成人高校学生多为在职的职工，普遍存在工学矛盾，很多学生无法保证出全勤。因此利用该教学平台，使学生可以充分利用自己的空闲时间，随时随地上网学习，对于学习中存在的问题还可以通过在线论坛、电子邮件及时与老师和同学沟通，避免学习上问题的积累。图 8-12 是任课教师添加网上点播课件的界面。

（5）考试试题的发布。由于技能课教学的主要目标是培养学生的实际操作技能，因此基础知识考试在课程中占的比重并不是很多，考试的作用主要是检查学生对本课程基础知识的掌握程度，督促同学学习，同时也便于教师及时了解学生的学习情况（特别是基础知识的掌握程度），以便合理安排教学。在技能课网络考试部分只设置了单选题和多选题。教师输入考试试卷的界面如图 8-13 所示。

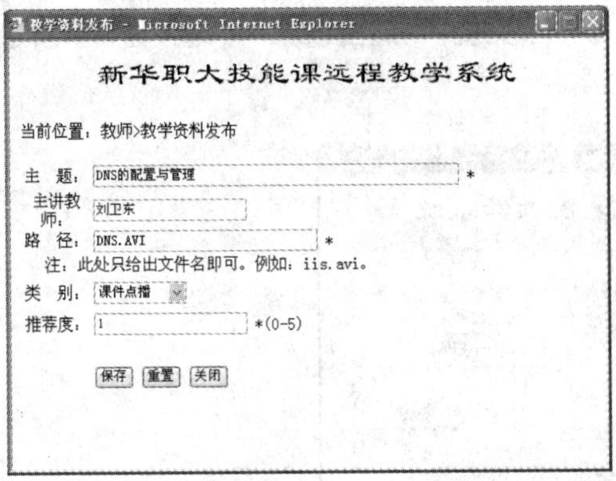

图 8-12 教师发布网上点播信息的界面 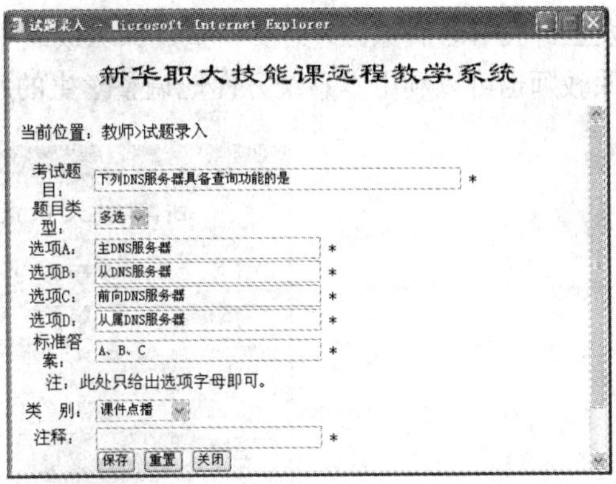　　　　图 8-13 教师发布网上试卷的界面

4. 学生主界面及相关功能介绍

只有注册的学生才能进入该远程教学系统，浏览者只能看见首页信息。需要注意的是，本系统只允许本校的在编学生进行注册，并且每个学生只允许成功注册一次。注册成功后，该学生就可以根据管理员指定的用户名和密码登录系统，根据技能课程列表选择需要学习的课程，进入技能课远程教学系统。学生进入管理系统后的主界面如图 8-14 所示。

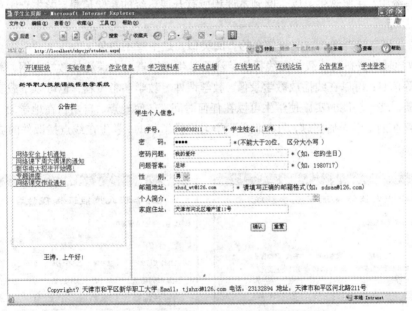

图 8-14 学生进入技能课远程教学系统的界面

在学生主界面，在左边醒目的位置滚动显示教学通知标题，右边是注册学生的基本信息。在信息的上面是学生主界面的菜单，学生可以选择不同的菜单，实现相应的功能。首先需要选择此课程的开课班级，不同的开课班级对应不同的任课教师，换言之，选择开课班级也就是选择任课教师。选完开课班级后，还需要在该开课班级中选择小组号和座位号，如图 8-15 所示。无论学生是在教室上该课程的理论部分，还是在实验室做相关实验，都是由小组号（列，1～6）和座位号（行，A～J）唯一地确定其座位。为了避免选择重复的座位号，注册学生在选择相应的开课班级后，可以通过单击"查询名单"按钮了解该班现有的座位情况，如果输入重复的座位号或者已经加入到某开课班级的某个小组，系统会提示"输入错误"。如果在实际教学中，某个同学由于上课时间与上班时

间发生冲突等各种原因，需要调整开课班级或座位号，可以选中"退出该班"单选按钮，重新选择。任课教师也可以利用本系统方便地调整学生的座位号。

图 8-15　注册学生加入开课班级的界面

　　选完开课班级后，注册学生就可以利用本系统实现在线学习功能。主要功能如下：

　　（1）实验信息的查询。通过该项功能可以查阅到本课程的相关实验信息，为了便于学生学习交流，在本系统中，注册学生可以查阅到本课程所有开课班级的实验信息。学生查阅实验信息的界面如图 8-16 所示。

　　（2）作业信息的查询。与实验信息的查阅类似，这里就不重复了。

　　（3）教学辅助资料的下载与在线播放。注册学生可以查看本课程的教学大纲、教学目标、教学参考资料等信息；可以在线播放教学录像、教学课件等教学参考资料；也可以下载实验模拟软件完成课程实验。这一功能的实施使学生可以在任何时间、任何地点、自由自在地学习，解决了成人高校中普遍存在的工学矛盾问题，为在职学生学习提供了帮助。学生在线点播课件的界面如图 8-17 所示。

图 8-16　注册学生查询实验信息的界面

图 8-17　学生在线点播课件界面

　　（4）实验报告/作业的上传。学生完成实验/作业后，需要将实验报告/作业以文件形式上传到网站服务器上的指定位置，由任课教师批阅。为了保证正确上传作业，系统提供了两项保证措施，一是不允许传输空作业文件（要求学生重新选择文件）；二是对于部分学生在已经上传作业后，发现需要修改作业时，系统提供"确认重传"按钮，允许学生重新上传相同文件名的作业，并覆盖网站服务器对应作业数据表中的旧文件。图 8-18 是重传作业文件的界面。

（5）教学通知的查看。学生既可以在"学生主界面"选择教学通知的标题查看具体的教学通知内容，也可以通过"公告管理"菜单选择通知列表，然后再选择教学通知的标题查看具体的教学通知内容，通知列表的界面如图 8-19 所示。

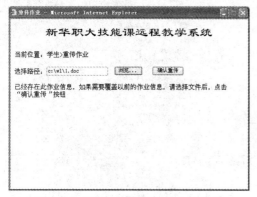
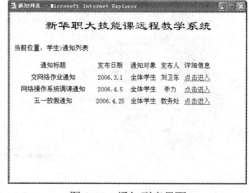

图 8-18　注册学生重新上传作业界面　　　　　　图 8-19　通知列表界面

（6）成绩查询。学生上传作业，教师批阅后，学生可以在"成绩查询"菜单中查看该作业的成绩。学生成绩主要包括 5 个实验成绩、实验总成绩、作业成绩、考试成绩及课程最终总成绩。最终课程总成绩=实验总成绩×实验成绩权重+作业成绩×作业权重+考试成绩×考试权重（实验成绩权重+作业成绩权重+考试成绩权重=1），由于技能课注重在技能方面考核学生应知应会的能力，因此应加强技能方面的的实验及考核，实验总成绩=各个实验的成绩×各自的权重（技能课各个实验的实验权重和为 1）。成绩查询界面如图 8-20 所示。

（7）"个人资料"修改。在学生的主页面可以修改学生的注册信息，特别是注册密码信息，为了保证个人信息的安全，建议学生经常修改。

（8）在线考试。任课教师可以指定整个开课班级的学生在指定的时间选择"在线考试"菜单，统一进行网络考试，考试题有两种：单选题和多选题。考试时间为 20 分钟，本考试系统主要用于课程的课堂小测验，如图 8-21 所示。

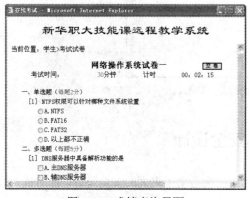
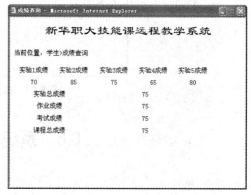

图 8-20　成绩查询界面　　　　　　　　图 8-21　学生在线考试界面

整个教学过程就这样循环往复地进行着，穿插在其中的是教学交流的重要手段——在线论坛，其界面如图 8-22 所示。在任何一个过程或状态下，管理员、学生和教师都可以选择在线论坛，以实名方式来发布消息、交流课程有关信息（学生提问、学生分组讨论、教师解答问题等）、发表自己的观点等，在师生之间实现真正意义上的教学交互。

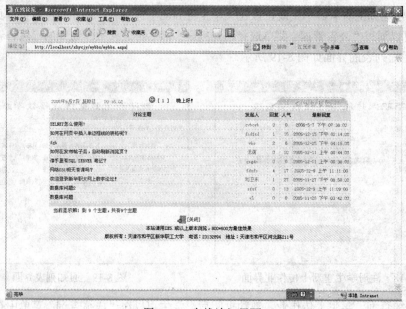

图 8-22　在线论坛界面

在教学过程中或者是学期末，经常需要查询或者打印学生的各项课程成绩，进行各项信息汇总。在本系统中，此项功能由管理员来完成。图 8-23 展示的是本系统设计的学生技能课作业成绩查询和打印界面。

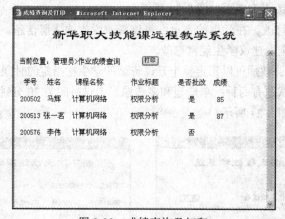

图 8-23　成绩查询及打印

8.6　系统的安全设计

Internet/Intranet 日益发展、迅速普及的同时，也给网络带来了更大的安全隐患，针对成人高校技能课远程教学网站的特点，进行了如下安全设计。

1. 登录验证

为了保证系统的安全，无论是何人采用何种方式访问本管理系统，都必须以合法的注册用户访问。注册用户信息由管理员统一管理，并且只有是本校在册的教师和学生才能完成注册工作，在注册时，对于学生，系统会审核学生学号和姓名；对于教师，系统审核教师的编号和姓名。只有二者都正确的学生或教师方能注册。并且一旦注册成功，会将学生基本信息表或者教师基本信息表的"是否已注册"字段设置为 1，换句话说，每个学生或老师只允许注册一次。

2. 权限分配

由于本系统有四个角色———管理员、教师、学生、普通用户，为了确保系统数据库的安全，在设计数据库时，针对 21 张表，分别给不同的角色根据需要分配不同的访问权限。

3. 日志管理

在 IIS 中启用日志记录，按天创建日志文件，由管理员管理日志，随时了解网站系统的状况。

4. 双机热备份技术

为了确保本成人高校技能课远程教学网站能够满足学生随时随地方便学习的要求，网站服务器采用双机热备份方式，其结构如图 8-24 所示。

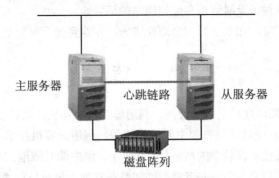

图 8-24　双机热备份示意图

在图 8-24 中，系统采用主从（Active/Standby）模式，两台服务器同时运行，一台服务器被指定为系统的主服务器，另一台服务器作为备用的服务器。在主服务器工作时，从服务器处于监控准备状态。两台服务器之间采用两条心跳链路：连接两台服务器串口的串口线、连接两台服务器第二块网卡的级联线。主机和备机间通过此心跳链路，周期性地发出相互检测信息的测试包，如果此时主机出现故障，备机通过主心跳链路将无法接收到主机的检测包，这时备机会自动检测第二条心跳链路，如果还是接收不到主机的检测包，备机会认定主机出现故障，其将立即根据事先已设定好的规则，接替主机的工作，完成双机热备份的切换。

为了保证主机出现故障时，系统可以无缝地切换到备机，本系统采用虚拟 IP 地址映射技术，用户访问的系统服务器的 IP 是一个虚拟 IP 地址。当主服务器工作时，系统将主机的 IP 地址映射到虚拟 IP 地址；当从服务器工作时，系统将从机的 IP 地址映射到虚拟 IP 地址；对于用户来说，不管系统采用哪一台服务器工作，用户都访问虚拟 IP 地址。因此在主/从服务器切换时，用户端基本上没有觉察。

5. 数据的安全

为了保证数据库的安全，将 Web 服务器和数据库服务器分别安装在不同的服务器上，并且在数据库服务器上使用 3 块支持热插拔的 SCSI 硬盘，采用 RAID5 技术、定期备份技术来保证数据的安全。

6. 网络安全措施

本系统的服务器和管理站放在校园网中，受到来自校园网内部和外部（Internet）的多方面威胁。因此，采用以下措施来保证其安全。将本系统相关的计算机设置一个单独的 VLAN，外界访问网站使用虚拟 IP 地址映射技术实现（通过配置防火墙使用该功能）。

对 Web 服务器和数据库服务器的操作系统进行如下安全配置：

（1）合理设置账号策略和本地策略，关闭不必要的服务。

（2）为用户账号设置安全访问密码，为相应文件夹设置合理的 NTFS 权限。

（3）及时安装系统或应用软件最新补丁，修复相关漏洞。

对 Web 服务器进行如下安全配置：

（1）停用默认的 Web 站点，创建新 Web 站点，使用虚拟目录来发布网站。

（2）合理分配网站访问权限，及时限制可疑计算机对本网站的访问。

（3）设置网站日志，及时监控网站的访问信息。

（4）设置自动、定期备份重要数据。

（5）安装防火墙、入侵检测系统和网络防病毒软件，合理定制策略并及时进行升级操作。

（6）安装网络管理软件，及时管理和监控网络的运转。

（7）制定网络安全制度，加强全员安全防御措施。制定意外事件处理措施，防患于未然。

小　　结

本章以成人高校技能课远程教学网站为例，利用前 7 章的知识，论述了该网站创建的过程。

设计成人高校技能课远程教学网站的主要目的就是，利用计算机技术、多媒体技术构建一个技能课远程教学平台，实现技能课教学的网络化，方便在职学生随时随地、自由自在地学习，使"工学矛盾"造成的教学负作用降到最低，并方便教师和教务管理人员对技能课的管理工作，提高了工作效率。

成人高校技能课远程教学网站按照功能流程划分为 10 个模块：技能课程信息管理模块、人员基本情况管理模块、注册用户管理模块、选课管理模块、开课班级管理模块、信息发布模块、技能课程教学资料管理模块、技能课程教学论坛管理模块、技能课程信息统计模块、技能课程数据维护模块，对应的用户角色分别为教务管理人员、任课教师和学生。针对成人高校技能课远程教学网站的特点，通过设置注册审核的登录验证方式、针对不同角色合理分配权限、启用日志管理、冗余与数据备份结合、操作系统安全配置、Web 服务器安全配置等方法来保证该网站的安全。

习　　题

论述题

1．数据库设计需要注意什么？

2．举例说明如何保证网站的安全。

参考文献

[1]　闽江学院软件人才培训基地．计算机网络基础．北京：高等教育出版社，2005．

[2]　杨威，王云，刘景宜．网络工程设计设计与系统集成．北京：人民邮电出版社，2005．

[3]　张彝．网络综合布线工程设计．北京：人民邮电出版社，2002．

[4]　李慧文，何占清．网络工程布线．北京：电子工业出版社，1998．

[5]　刘国林，综合布线系统工程设计．北京：电子工业出版社，，1997．

[6]　黎连业．网络工程与综合布线系统．北京：清华大学出版社，1999．

[7]　刘卫东．结构化综合布线．天津：天津大学出版社，2009．

[8]　计算机网络基础教程（第 2 版）．北京：人民邮电出版社，2008．

[9]　田丰．中文 Windows Server 2003 体系结构规划、设计、实施与管理．北京：冶金工业出版社，2009．

[10]　杭州华三通信技术有限公司．路由交换技术．北京：清华大学出版社，2011．

[11]　张国清．网络设备配置与调试项目实训（第 2 版）．北京：电子工业出版社，2012．

[12]　胡胜红等．网络工程原理与实践教程（第 2 版）．北京：人民邮电出版社，2012．

[13]　石志国等．计算机网络安全教程（修订本）．北京：清华大学出版社，2010．

[14]　李俊宇．信息安全技术基础．北京：冶金工业出版社，2011．

[15]　刘卫东．商务网站建立与维护．天津：南开大学出版社，2011．